# 混杂动态和复杂系统故障诊断

Fault Diagnosis of Hybrid Dynamic and Complex Systems

［法］穆阿马尔·赛义德-穆查韦（Moamar Sayed-Mouchaweh） 主编

姚兆　隋鑫　金朝　顾乐旭　纪璐　李子懿　译

张磊　主审

国防工业出版社

·北京·

## 内容简介

本书介绍了用于解决混杂动态和复杂系统故障诊断的最新方法和技术,这些技术针对不同的应用领域,采用不同的基于模型和数据处理的方法。同时,根据不同类型的混杂动态复杂系统特性,这些方法还采用了混杂自动机模型、混杂 Petri 网、混杂键合图、扩展卡尔曼滤波器等建模工具,涵盖了在递增/非递增方式,单机/联机/脱机等故障诊断方法,为混杂动态和复杂系统故障诊断提供了方法路径。

本书可供从事混杂动态和复杂系统故障诊断设计、研发、制造等工作的科学研究人员和工程技术人员,及其相关领域的高校教师、研究生、高年级本科生,以及希望从事混杂动态和复杂系统故障诊断的其他科研工作者学习参考。

First published in English under the title
Fault Diagnosis of Hybrid Dynamic and Complex Systems
edited by Moamar Sayed-Mouchaweh, edition:1
Copyright © Springer International Publishing AG, part of Springer Nature, 2018
This edition has been translated and published under licence from
Springer Nature Switzerland AG.
Springer Nature Switzerland AG takes no responsibility and shall not be made liable
for the accuracy of the translation.

本书简体中文版由 Springer 授权国防工业出版社独家出版。
版权所有,侵权必究

### 图书在版编目(CIP)数据

混杂动态和复杂系统故障诊断 /(法)穆阿马尔·赛义德-穆查韦主编;姚兆等译. -- 北京:国防工业出版社, 2025.1. -- ISBN 978-7-118-13135-2

Ⅰ. TN911.6

中国国家版本馆 CIP 数据核字第 2024DT3286 号

※

国防工业出版社出版发行
(北京市海淀区紫竹院南路 23 号 邮政编码 100048)
天津嘉恒印务有限公司印刷
新华书店经售

＊

开本 710×1000 1/16 插页 2 印张 17¾ 字数 307 千字
2025 年 1 月第 1 版第 1 次印刷 印数 1—1500 册 定价 168.00 元

(本书如有印装错误,我社负责调换)

| 国防书店:(010) 88540777 | 书店传真:(010) 88540776 |
| 发行业务:(010) 88540717 | 发行传真:(010) 88540762 |

# 译者序

提早发现并隔离故障是维持系统性能、确保系统安全和延长系统使用寿命的关键。现实世界中大多数系统都具有混杂动态系统的特性，混杂动态系统（hybrid dynamic system，HDS）是一类兼有离散事件和连续变量两种运行机制的动态系统。在混杂动态系统中，动态行为会根据该系统所处的离散模式（配置、结构、外形），随时间的推移而不断演化。

本书介绍了用于解决混杂动态系统和复杂系统故障诊断等复杂问题的最新、最先进的方法和技术。这些技术针对不同的应用领域（感应式电动机，大容器中的化学过程，反应器和阀门，点火式发动机，污水管网，移动机器人，行星探测器雏形等），采用了不同的基于模型和数据处理的方法。对于不同类型的混杂动态系统和复杂系统，这些方法采用了不同的建模工具（混合自动机模型，混合 Petri 网，混合键合图，扩展卡尔曼滤波器等），涵盖了在递增/非递增方式中，单机/联机/脱机、参数化的/离散的、突变式的/磨损式的故障诊断。本书中提到解决混杂动态系统和复杂系统故障诊断相关问题的理论方法和工程经验，均处于国际前沿。

通过阅读本书能够解决非常重要并具有探索前景的混杂系统故障诊断方法研究领域的相关问题，为研究人员和工程师可以进一步开展富有成效的调查、创新以及初涉该领域的初学者们提供研究思路和探索灵感的实用知识。

本书由陆军装甲兵学院士官学校姚兆主译并统稿，张磊审稿。参加翻译工作的有隋鑫、金朝、顾乐旭、纪璐、李子懿。鉴于译者水平有限，书中难免存在不妥之处，希望读者及时指正。

# 前　言

　　在线故障诊断对于确保复杂动态系统安全运行至关重要，有些故障正在影响系统行为。故障发生的后果是很严重的，可能造成人员伤亡、有害物质泄漏的环境问题、高昂的修理费用以及由意想不到的原因导致生产线停止而引起的经济损失。因此，提早发现并隔离故障是维持系统性能，确保系统安全和延长系统使用寿命的关键。现实世界中大多数系统都具有混杂动态系统（HDS）特性。在混杂动态系统中，动态行为会根据该系统所处的离散模式（配置、结构、外形），随时间的推移而不断地演化。因此，为确保故障诊断结果的正确性，基于模式的故障诊断方法必须同时考虑离散的和连续的两种动态过程，以及二者之间的相互作用。此外，在混杂动态系统中，可能会出现两种类型的故障：参数性故障和离散化故障。参数性故障是指用来描述连续动态过程的参数值发生异常变化，而离散化故障则指系统离散模式中发生意外的、异常的变化。

　　由于离散性与连续性共存，所以复杂动态系统故障诊断的关键挑战与系统的状态评估和状态跟踪密切相关。因此，故障诊断需要在系统模式变化期间，从系统产生的所有混杂轨迹中甄别出健康和故障状态。然而，跟踪混杂系统的所有可能轨迹在计算上是难以处理的，特别是在系统出现故障时。原因是多方面的。首先，故障在系统模式中会引起的变化是未知的。因而，从由正常模式转换引发的行为变化中区分出由故障引发的行为变化是具有挑战性的。其次，预先列出系统所有的运行模式，在计算上是难以实现的，特别是当系统出现故障的时候。事实上，由于连续系统具有一个无限的状态空间，所以试图计算混杂动态系统的可达状态集合似乎是一个无法解决的问题。

　　另一个挑战是故障诊断的鲁棒性和实时性（故障检测和隔离）。实际上，诊断引擎必须能够管理故障警报和处理不确定因素，并且能够快速地发布诊断决策，以便给管理操作人员足够的时间来实施纠正和维护操作。最后，诊断引擎（推理）必须能够很好地适应具有多个离散模式的大型系统。实际上，同时表现离散和连续动态过程的全局模型可能太过巨大，因而不能用于物理结构中具有大量离散模式的系统。

这本由施普林格出版社出版的图书介绍了用于解决混杂动态系统和复杂系统故障诊断等复杂问题的最新、最先进的方法和技术。这些技术针对不同的应用领域（感应式电动机、大容器中的化学过程、反应器和阀门、点火式发动机、污水管网、移动机器人、行星探测器雏形等），采用了不同的基于模型和数据处理的方法。对于不同类型的混杂动态系统和复杂系统，这些方法采用了不同的建模工具（混合自动机模型、混合 Petri 网、混合键合图、扩展卡尔曼滤波器等），涵盖了在递增/非递增方式中，单机/联机/脱机、参数化的/离散的、突变式的/磨损式的故障诊断。

最后，我非常感谢所有参编者和审稿人对本书所做出的宝贵贡献，为混杂动态系统和复杂系统的故障诊断的研究和出版创造了条件。我还要感谢玛丽·E. 詹姆斯女士在作者与施普林格出版社签订合同的过程中提供的支持。我希望本书能够在解决这一非常重要并具有探索前景的研究领域的相关问题上，成为学者和工程师进一步开展富有成效的研究、创新以及刚刚涉及该领域的初学者们产生研究动机和探索灵感的一个实用基础。

Douai, France　Moamar Sayed-Mouchaweh
法国，杜埃　穆阿马尔·赛义德-穆查韦

# 目 录

**第1章 序言** ... 1

1.1 混杂动态系统：定义、分类和建模工具 ... 1

1.2 混杂动态系统的故障诊断：问题描述、方法和挑战 ... 3

1.3 本书要旨 ... 6

    1.3.1 第2章 ... 6

    1.3.2 第3章 ... 7

    1.3.3 第4章 ... 8

    1.3.4 第5章 ... 8

    1.3.5 第6章 ... 9

    1.3.6 第7章 ... 9

    1.3.7 第8章 ... 10

    1.3.8 第9章 ... 11

    1.3.9 第10章 ... 11

参考文献 ... 12

## 第 2 章 基于元认知随机向量函数连接网络的电动机故障检测与诊断 ……………………………………………………………… 14

### 2.1 引言 ………………………………………………………… 14
#### 2.1.1 感应电动机 …………………………………………… 14
#### 2.1.2 混杂动态系统 ………………………………………… 15
#### 2.1.3 本章的方法 …………………………………………… 17

### 2.2 感应电动机故障检测与诊断 ……………………………… 19
#### 2.2.1 感应电动机的故障检测与诊断的特点 ……………… 19
#### 2.2.2 单源和多源故障检测方法 …………………………… 21

### 2.3 eT2RVFLN 架构 …………………………………………… 22
#### 2.3.1 eT2RVFLN 的认知架构 ……………………………… 22
#### 2.3.2 eT2RVFLN 的元认知学习策略 ……………………… 24

### 2.4 实验设计 …………………………………………………… 32

### 2.5 数值结果 …………………………………………………… 33

### 2.6 结论 ………………………………………………………… 36

### 参考文献 ………………………………………………………… 37

## 第 3 章 基于模型的混杂动态系统故障诊断的最佳自适应阈值和模式故障检测 …………………………………………………… 42

### 3.1 引言 ………………………………………………………… 42

### 3.2 键合图 ……………………………………………………… 46
#### 3.2.1 混合键合图（HBG）模型 …………………………… 49

### 3.3 不确定系统的诊断 HBG 模型 …………………………… 50
#### 3.3.1 参数不确定性建模 …………………………………… 51

## 目录

    3.3.2 测量不确定度建模 ·········· 52
    3.3.3 ARR/GARR 和自适应阈值 ·········· 53
    3.3.4 故障特征矩阵与相干向量 ·········· 55
    3.3.5 最佳阈值和模式故障检测方法 ·········· 56

3.4 案例研究：基准混杂双罐系统 ·········· 60
    3.4.1 混杂双罐系统的 ARRs/GARRs ·········· 62
    3.4.2 混杂双罐系统的最佳自适应阈值 ·········· 64
    3.4.3 混杂双罐系统 FDI 研究 ·········· 66

3.5 结论 ·········· 71

参考文献 ·········· 72

# 第 4 章 用极大-加代数方法诊断混杂动态系统 ·········· 76

4.1 引言 ·········· 76

4.2 问题陈述 ·········· 77
    4.2.1 混杂系统模型 ·········· 77
    4.2.2 目标 ·········· 78
    4.2.3 系统架构 ·········· 78

4.3 相关工作 ·········· 79
    4.3.1 混杂系统的代数描述 ·········· 79
    4.3.2 佩特里（Petri）网模型 ·········· 80
    4.3.3 诊断混杂系统 ·········· 80

4.4 行为建模：SMPL 系统 ·········· 80
    4.4.1 极大-加（max-plus）代数 ·········· 80
    4.4.2 连续动态：max-plus 线性系统 ·········· 81
    4.4.3 切换 max-plus 线性系统 ·········· 81
    4.4.4 随机 SMPL 系统 ·········· 82
    4.4.5 方法的通用性 ·········· 82

4.5 运行实例 ............................................................. 83
    4.5.1 标称模型 ..................................................... 83
    4.5.2 故障模型 ..................................................... 85
    4.5.3 极大-加（max-plus）模型 ................................... 85

4.6 用 SMPL 自动机诊断混杂系统 ................................. 86
    4.6.1 观测器 ......................................................... 86
    4.6.2 隔离故障 ..................................................... 86

4.7 计算复杂性 ......................................................... 87
    4.7.1 故障检测 ..................................................... 88
    4.7.2 故障隔离 ..................................................... 88
    4.7.3 近似算法 ..................................................... 88

4.8 诊断方案 ............................................................. 89
    4.8.1 情况 1：$T_3$ 泄漏 ............................................. 89
    4.8.2 情况 2：$V_3$ 堵塞 ............................................ 89
    4.8.3 情况 3：$T_2$ 堵塞 ............................................ 90

4.9 混杂动态系统覆盖类型 .......................................... 90

4.10 总结 .................................................................. 92

参考文献 ................................................................... 92

## 第 5 章 混杂动态系统的监测：在化工过程中的应用 ........ 95

5.1 简介 .................................................................. 95

5.2 扩展卡尔曼滤波器产生的残差 .................................. 96
    5.2.1 状态估计量：扩展卡尔曼滤波器 ........................... 97
    5.2.2 残差的产生 .................................................. 97

5.3 残差估计：特征量产生 ........................................... 98

5.4 关联矩阵的确定 …………………………………… 100

5.5 故障隔离 …………………………………………… 102

    5.5.1 原理 …………………………………………… 102

    5.5.2 距离 …………………………………………… 103

    5.5.3 做出决策 ……………………………………… 106

5.6 复杂化学过程的监测 ……………………………… 107

    5.6.1 参考模型的仿真 ……………………………… 108

    5.6.2 检测 BR1 ……………………………………… 108

    5.6.3 诊断 …………………………………………… 110

5.7 结论 ………………………………………………… 112

参考文献 ………………………………………………… 112

# 第6章 混合键合图在混杂系统故障诊断中的潜在干扰 …… 115

6.1 简介 ………………………………………………… 115

6.2 描述 BG 建模框架中的潜在干扰 ………………… 117

    6.2.1 混杂系统建模的混合键合图 ………………… 117

    6.2.2 BG 模型中的潜在干扰 ……………………… 118

6.3 混合键合图潜在干扰特征 ………………………… 121

6.4 SHBG-PC 激励示例 ……………………………… 123

6.5 HBG PC 计算结构 ………………………………… 125

    6.5.1 算法 …………………………………………… 125

    6.5.2 激励示例中的 SHBG-PC ……………………… 127

6.6 离散故障和参数故障的通用框架 ………………… 129

    6.6.1 假设 …………………………………………… 129

  6.6.2 用于故障隔离的故障特征矩阵 …… 130
  6.6.3 诊断框架 …… 131
  6.6.4 方法的复杂性 …… 133

6.7 示例研究 …… 134
  6.7.1 案例研究的结果 …… 137

6.8 结论 …… 139

参考文献 …… 141

# 第7章 基于混合动态系统模型的汽车发动机故障诊断 …… 145

7.1 简介 …… 145

7.2 SI 发动机的 HNS（混合非线性系统）建模 …… 148
  7.2.1 模型方程 …… 150
  7.2.2 模型参数及整定 …… 153
  7.2.3 故障建模 …… 153

7.3 发动机状态估算 …… 154
  7.3.1 扩展卡尔曼滤波器 …… 155
  7.3.2 具有自适应 $Q$ 或 $R$ 的估计量 …… 156

7.4 残差预测与联合估算 …… 157
  7.4.1 残差预测 …… 157
  7.4.2 基于预测残差的广义似然比检验（GLRT）的故障检测 …… 158
  7.4.3 故障隔离 …… 159

7.5 结论 …… 160
  7.5.1 估算结果 …… 160
  7.5.2 故障诊断结果 …… 162

7.6 结论 …… 166

参考文献 ………………………………………………………………… 166

# 第8章 采用结构模型分解的混合系统诊断 ……………………… 170

## 8.1 引言 ………………………………………………………… 170

## 8.2 混合系统建模 ……………………………………………… 172
### 8.2.1 组合建模 ……………………………………………… 173
### 8.2.2 故障建模 ……………………………………………… 176
### 8.2.3 因果关系 ……………………………………………… 176
### 8.2.4 结构模型分解 ………………………………………… 179

## 8.3 问题描述 …………………………………………………… 182
### 8.3.1 架构 …………………………………………………… 183

## 8.4 混合系统的定性故障隔离 ………………………………… 184
### 8.4.1 故障特征 ……………………………………………… 184
### 8.4.2 混合系统诊断 ………………………………………… 186
### 8.4.3 可扩展性 ……………………………………………… 187

## 8.5 案例研究 …………………………………………………… 188
### 8.5.1 系统建模 ……………………………………………… 190
### 8.5.2 结构模型分解 ………………………………………… 192
### 8.5.3 诊断 …………………………………………………… 193
### 8.5.4 结果 …………………………………………………… 194

## 8.6 结论 ………………………………………………………… 195

参考文献 ………………………………………………………………… 196

# 第9章 基于混杂粒子Petri网的混杂系统诊断——在星球探测车上的理论和应用 …………………………………………… 199

## 9.1 引言 ………………………………………………………… 199

## 9.2 相关研究 ········ 201

## 9.3 混杂系统健康监测方法 ········ 203

## 9.4 混杂系统建模 ········ 206
### 9.4.1 混杂粒子 Petri 网 ········ 206
### 9.4.2 示例 ········ 209
### 9.4.3 用于诊断的 HPPN 标记演化规则 ········ 210

## 9.5 混杂系统诊断 ········ 212
### 9.5.1 不确定性 ········ 212
### 9.5.2 诊断器生成 ········ 214
### 9.5.3 诊断程序 ········ 217

## 9.6 案例研究 ········ 219
### 9.6.1 漫游车简介 ········ 219
### 9.6.2 漫游车建模 ········ 221
### 9.6.3 仿真结果 ········ 222

## 9.7 结论 ········ 225

参考文献 ········ 226

# 第 10 章 基于行为自动抽取的混杂动态系统诊断 ········ 230

## 10.1 简介 ········ 230

## 10.2 混合系统诊断方法概述 ········ 231
### 10.2.1 诊断架构 ········ 231
### 10.2.2 历史回顾 ········ 233

## 10.3 混杂系统诊断框架 ········ 235
### 10.3.1 混杂自动机模型 ········ 235

10.3.2 一致性指标 ·················· 238
10.3.3 模式可辨别性分析 ············ 239
10.3.4 行为自动机抽象 ·············· 241
10.3.5 混杂诊断器 ·················· 243
10.3.6 模式跟踪逻辑 ················ 243

10.4 增量混杂系统诊断 ················ 244
10.4.1 增量诊断架构 ················ 244
10.4.2 增量混合系统诊断框架 ········ 244

10.5 应用案例研究 ···················· 247
10.5.1 巴塞罗那污水管网 ············ 247
10.5.2 混杂建模 ···················· 249
10.5.3 混合系统诊断 ················ 250
10.5.4 增量混合系统诊断 ············ 255
10.5.5 结果 ························ 258

10.6 结论 ···························· 261

参考文献 ······························ 262

# 第 1 章
# 序言

## 1.1 混杂动态系统：定义、分类和建模工具

大多数的真实系统，例如车辆、飞机、电力电子设备、制造系统等，都是混杂动态系统（HDS）[1]。在混杂动态系统中，离散的和连续的动态共存。离散动态通过离散状态变量描述，连续动态通过连续状态变量描述。HDS 表现出不同的连续动态行为，具体取决于当前的运行模式 $q$：

$$\dot{X} = A_{(q)} X + B_{(q)} u$$

式中：$X$ 为状态向量；$u$ 为输入向量。对于线性系统，$A_{(q)}$ 和 $B_{(q)}$ 是适当规模的常数矩阵。

有不同类别的 HDS，例如，自动切换系统[2]、离散控制的切换系统[1]、分段仿射系统[3]、离散控制的跳跃系统[4]。许多复杂系统是嵌入式的，从某种意义上来说，它们是由具有离散控制器的物理设施所组成。因此，通过控制器对系统设备进行作用时，系统会在不同配置模式之间产生一些离散的变化（例如，执行器）。这种类型的混杂动态系统称为离散控制的连续系统（DCCS）或离散控制的切换系统[4]。分段仿射系统[3]是 HDS 的另一个重要类别，其中，复杂的非线性被一系列更简单的分段线性行为所取代。

图 1.1 中所示的三单元功率转换器[5]，就是 DCCS 的一个例子。系统的连

续动态由状态向量 $X=[V_{c_1},V_{c_2},I]^T$ 描述。其中，$V_{c_1}$ 和 $V_{c_2}$ 分别代表电容器 $C_1$ 和 $C_2$ 的浮动电压；$I$ 代表从电源 $E$ 经由 3 个基本开关单元 $S_j(j\in\{1,2,3\})$ 流向负载 $(R,L)$ 的电流。后者代表离散动态系统。每个分立开关 $S_j$ 有两个离散状态：$S_j$ 打开或 $S_j$ 关闭。该系统的控制有两个主要任务：①平衡开关之间的电压；②调节负载电流至期望值。为实现这些目标，控制器通过将离散命令"$CS_j$"或"$OS_j$"应用于每个分立的开关 $S_j(j\in\{1,2,3\})$（图1.1）的办法来改变开关的状态（从开启到闭合或从闭合到开启）。其中，"$CS_j$"代表"关闭开关 $S_j$","$OS_j$"代表"开启开关 $S_j$"。因此，这一例子即为一个 DCCS。

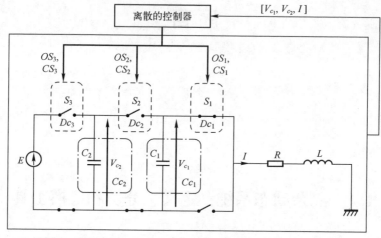

图 1.1　三单元功率转换器作为离散控制的连续系统（DCCS），其中电容 $C_1$ 和 $C_2$ 代表连续原件（$Cc$），开关 $S_1$，$S_2$，$S_3$ 代表分立原件（$D_c$）

在文献中广泛运用 3 种主要的建模工具来对 HDS 进行建模。它们分别是混合佩特里网[6]、混合键合图[7]和混合自动机模型[8]。

混合佩特里网（HPN）通过组合离散和连续部分来模拟 HDS。HPN 以元组进行形式化定义：

$$HPN=\{P,T,h,Pre,Post\}$$

式中：$P=P_d\cup P_c$ 为一有限的、非空的库所集合。其中离散的库所集合 $P_d$ 以圆形表示，连续库所集合 $P_c$ 以双圆表示。$T=T_d\cup T_c$ 为一有限的、非空的变迁集合，由双方框表示。其中 $T_d$ 为离散变迁，$T_c$ 为连续变迁。$h:P\cap T\to\{D,C\}$，称为混合函数，代表每一个节点，或者是离散节点($D$)，或者是连续节点($C$)。$Pre:P_c x T\to\mathbb{R}^+$ 或 $Pre:P_d x T\to\mathbb{N}$ 为一函数。该函数定义了一个由一个库所指向一个变换的有向弧。$Post:P_c x T_j\to\mathbb{R}^+$ 或 $Post:P_d x T\to\mathbb{N}$ 定义了由一个变换指向一个库所的有向弧函数。

混合键合图是对具有不连续状态的物理动态系统的图形描述。进一步讲，它代表离散模式之间的转换。与常规键图相似，它是一种基于能量的技术手段。它是由一系列顶点和边界线定义的有向图。顶点代表元件，进一步讲：①将能量转化为势能（C-components）、惯性能（L-components）以及耗散能量（T-components）的无源元件。②作为能量源或pf（压力流量）源的活动元件。边界线称为键（绘制为半箭头），代表元件之间的能量传递。由边界线互连的各个元件就组成了整个系统。该模型由节点1和节点0所表示。节点1为具有共同流向的各元件，节点0为用以连接不同种类能量的变压器、回转器等。为了获得在各离散模式之间转换过程中的系统信息，混合键合图添加了受控节点（CJs），进而得以考察由于离散转换所导致的各个分量模式的局部变化。CJs可以在激活（ON）和失活（OFF）两种状态之间切换。一个激活的CJs就像传统的键合图节点一样。失活的CJs会使得其所控制的整个事件节点失效，进而不会影响系统的任何部分。

混合自动机模型是HDS的一个数学模型，它以单一形式将用于捕获离散变化的转换与用于捕获连续动态的微分方程相结合。混合自动机是一种有限状态机，具有一组有限的连续变量，其值由一组常微分方程描述。混合自动机由元组定义：

$$G=(Q,\Sigma,X,\text{flux},\text{Init},\delta)$$

式中：$Q$为状态集合；$\Sigma$为离散事件集合；$X$为连续变量的有限集合，用于描述系统的连续动态；$\text{flux}:Q\times X\to\mathbb{R}^n$为表征$Q$的每个状态$q$中的$X$的连续动态的函数；$\text{Init}=(q\in Q,X(q),\text{flux}(q))$为初始状态集合；$\delta:Q\times\Sigma\to Q$是状态转换函数。转换$\delta(q,e)=q^+$对应于在离散事件$e\in\Sigma$发生之后从状态$q$到状态$q^+$的变化。

## 1.2 混杂动态系统的故障诊断：问题描述、方法和挑战

故障可以定义为系统或其组件之一的至少一个特征属性与其正常或预期行为的非允许偏差。故障诊断是检测故障并确定能够解释故障发生可能原因的过程。在线故障诊断对于确保复杂动态系统的安全运行至关重要，尽管存在影响系统行为的故障。

发生故障的后果可能很严重，会导致人员伤亡、环境有害排放、高维修成本以及生产线意外停机造成的经济损失。因此，尽早检测和隔离故障是保持系统性能、确保系统安全和延长系统寿命的关键。

故障可能出现在系统的任何部分，包括执行器（发动机功率损失、汽缸泄漏等）、系统内部（例如油箱中的泄漏）、各类传感器（例如显示值与实际相比存在偏差或噪声增大影响读数）以及控制器（即控制器没有正确响应输入传感器读数）。故障的发生可能是突然的（例如泵的启动故障或关闭故障以及阀门卡在开启状态或卡在关闭状态）、间歇或逐渐的（元件老化）。故障也可能单独发生或多个故障伴随发生。在前一种情况中，故障现象可由一种故障原因解释。在后一种情况中，故障可能是由多种原因诱发的。在 HDS 中，故障可能以系统特征参数变化为表征，此种情况称为参数故障。故障也可能以异常或不可预测的模式变化的形式发生，称为离散故障。离散故障大多与执行元件故障相关，通常表现出很大程度上的不连续性。而参数故障多与磨损老化相关，其故障的发展通常非常缓慢。对于参数故障，在故障检测和隔离（确定故障原因）之后，需要一个故障鉴定阶段来评估故障的振幅（例如截面油箱泄漏）、发生时间、重要性等。

以三单元转换器为例，可以考虑对 8 个故障进行诊断[4]，如表 1.1 所示。参数故障（电容器标称值的异常偏差）主要是由于元件老化或污染所致。离散故障（开关卡在开启或关闭位置）发生得更频繁，且其后果更具破坏性。例如，在开路（开关卡在断开位置）故障中，系统的运行性能会下降，这样，不稳定的负载可能会导致系统进一步损坏。因此，必须对这些故障进行诊断，以确保系统安全和高质量运行。

表 1.1　三单元转化器故障诊断

| 故障类型 | 故障编号 | 故障事件——故障描述 |
| --- | --- | --- |
| 离散故障 | $F_1$ | $f_{s1so}$-$S_1$ 卡滞在开启 |
| | | $f_{s1sc}$-$S_1$ 卡滞在关闭 |
| | $F_2$ | $f_{s2so}$-$S_2$ 卡滞在开启 |
| | | $f_{s2sc}$-$S_2$ 卡滞在关闭 |
| | $F_3$ | $f_{s3so}$-$S_3$ 卡滞在开启 |
| | | $f_{s3sc}$-$S_3$ 卡滞在关闭 |
| 参数故障 | $F_4$ | $f_{C_1}$-由 $C_1$ 老化引起的 $C_1$ 标称值异常变化 |
| | $F_5$ | $f_{C_2}$-由 $C_2$ 老化引起的 $C_2$ 标称值异常变化 |

故障诊断的具体任务[9,10]通常是通过将模型所定义的预期行为与各类传感器观测到的系统行为之间的差异进行对比来完成的，可以离线也可以在线进行。离线诊断假定系统不在正常条件下运行，而是处于试验台中，即做好了先前的故障再次发生的准备。这样的试验是以输入（例如指令）和输出

(例如传感器读数)为基础的,目的是获取试验信号与系统正常运行信号之间的差异。在在线诊断中,系统被认为是可操作的,并且诊断模块的设计是为了持续监控系统行为,隔离并识别故障。在这些方法中,我们可以区分使用输入和输出的主动诊断,以及仅使用系统输出的被动诊断。诊断也可以是非增量的(即诊断推理引擎是离线构建的)或增量的(诊断推理引擎是在线建立的,以响应观察)。

对于 HDS 的故障诊断,各类文献提供了多种方法。可将其分为内部的、基于模型的、外部的,以及数据驱动的方法。内部的方法(图1.2)运用数学或/和结构模型,通过利用物理知识或/和实验数据来表示可测量变量之间的关系。可将其分为基于残差和基于集员[11]的两种手段。基于残差的方法将数学模型的响应与观察到的变量值进行比较,进而生成可以用作故障诊断基础的指标。通常,该模型用于估计系统状态、输出或参数。基于残差来监视系统和模型响应之间的差异,然后,就可以通过分析该差异的趋势,进而来检测由故障所引起的系统特征变化。

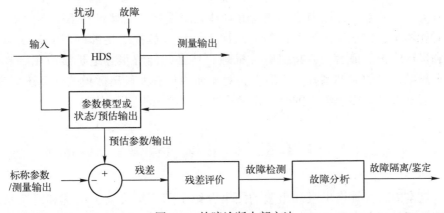

图1.2  故障诊断内部方法

基于集员的故障诊断技术主要用于检测某些特殊故障。通常,这种方法放弃与测试数据不兼容的模型,而基于残差的方法则不同。

外部方法[3,12-15](见图1.3)将系统视为黑盒子,换句话说,这种方法不需要任何数学模型来描述系统的动态行为,而是运用一套专门的检测方法或与动态系统相关的启发性知识来构建一组从检测域到决策域的映射。包括专家系统、机器学习以及数据挖掘技术。

由于连续和离散动态的共存,HDS 故障诊断的关键挑战与状态估计和跟踪密切相关。因此,故障诊断需要在系统生成的所有混合轨迹的模式改

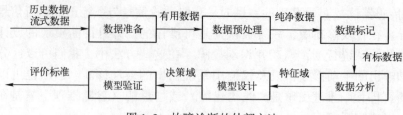

图 1.3 故障诊断的外部方法

变期间区分健康状态和故障状态。然而，跟踪混杂系统的所有可能轨迹在计算上是难以处理的，特别是在存在故障的情况下。其原因是多方面的。首先，故障会导致系统模型发生未知的变化，这使得区分由于故障引起的行为变化与由正常模式转换引起的行为变化变得困难。其次，预先列举系统的所有操作模式在计算上是难以处理的，特别是在存在故障的情况下。实际上，由于连续系统的状态空间是无限的，所以，计算 HDS 的状态集是不可实现的。

另一个挑战与故障诊断的鲁棒性及其发布决策（故障检测和隔离）的耗时有关。实际上，诊断引擎必须能够管理无序报警并处理各种不确定性事件，同时能够足够快地发出诊断决策，从而为操作人员提供足够的时间来实施干预和进行维护。最后，诊断引擎（推理）还必须能够很好地扩展应用到具有多个离散模式的大型系统。实际上，对于那些具有大量离散模式的系统而言，同时表示离散和连续动态的全局模型可能太大而无法实际构造。

## 1.3 本书要旨

这本由施普林格出版社出版的图书介绍了用于解决动态系统和复杂系统故障诊断等复杂问题的最新且最先进的方法和技术。这些技术针对不同的应用领域（感应式电动机、大容器中的化学过程、反应器和阀门、点火式发动机、污水管网、移动机器人、行星探测器锥形等），采用不同的基于模型和数据处理的方法。对于不同类型的混合动态和复杂系统，这些方法采用了不同的建模工具（混合自动机模型、混合佩特里网、混合键合图、扩展卡尔曼滤波器等），涵盖了在递增/非递增方式中，单机/联机/脱机、参数化的/离散的、突变的/磨损、损耗的故障诊断。

### 1.3.1 第 2 章

本章提出了一种通过学习历史数据（可用的传感器数据）来建立模型

的方法,从而对感应电动机的故障进行诊断。主要考虑 5 种故障类型,分别是:正常、转子断条、不平衡电压、定子绕组故障和偏心问题。所采用的方法为一种进化 2 型随机向量函数连接网络(eT2RVFLN),因为它允许处理工业过程中常见的 4 个问题:时间系统行为、数据流中的不确定性、不断变化的学习环境以及大量的系统特征。该方法在实施过程中可分为 3 个阶段:① "what-to-learn" 阶段允许选择相关的训练样本子集;② "how-to-learn" 阶段除去和生成网络隐藏层中的节点,进而实施特征选择和参数学习;③ "when-to-learn" 阶段将样本分配给没有涉及保留的样本集,立即进行学习。本章评估了感应电动机的诊断方法,并将该方法与两个数据集上的其他 5 个分类器进行了比较(一个具有噪声增加,另一个没有增加噪声)。结果表明,所提出的方法在其分类率、学习时间和训练期间使用的样本数量方面优于其他方法。

## 1.3.2 第 3 章

本章介绍了一种在单次故障事件中同时存在离散故障和参数故障时的故障检测和隔离的方法,即采用基于混合键合图的方法。该方法的优点在于其能够同时考虑到参数不确定性(乘法)和测量噪声(加法)。混合键合图产生的残差因此对不确定性和噪声具有鲁棒性,并且对离散故障和参数故障又都很敏感。实际上,这些残差不仅考虑到偏离系统健康状况的程度,还考虑到偏离的方向(增加/减少)。其目的是改善故障隔离,特别是当参数故障的行为(故障特征)与离散故障相似时。在这种情况下,与连续动态系统相比,故障隔离要复杂得多,因为离散模式故障可能发生在混杂动态系统的参数故障之外或与参数故障一起发生。因此,当检测到故障时,残差不一致的原因必须确定为离散模式故障或参数故障。对于前者,可根据故障的发生,启动重新配置/关闭程序;而在后一种情况中,需要进行参数估计来评估带有已知离散模式信息的可疑参数的大小,以计算其严重性。然后再将这些信息提供给决策系统进行故障调试。参数故障和离散模式故障之间的区别取决于残差的大小。生成的残差在一定的时变阈值范围内,然后用于生成不同参数故障或离散模式故障的故障特征。将该方法应用于混合双罐系统离散故障和参数故障的数值模拟诊断。该方法的优点在于能够根据参数不确定性和测量噪声的鲁棒阈值大小区分离散故障(例如,阀门卡在开启/关闭)和参数故障(阀门部分卡在开启/关闭)。然而,对于具有多种离散模式的大型系统,其计算复杂度呈指数增长。

### 1.3.3 第4章

本章提出采用基于极大—加（max-plus）代数的方法来处理混杂动态系统的参数故障和离散故障，特别是没有并发性地切换线性系统。后者等同于连续分段仿射（PWA）系统，其中状态空间被划分为有限数量的多面区域。后者中的每一个都与系统在其间切换的不同仿射动态相关联。使用max-plus代数的优点是它能够将系统时间动态上的推论（在传统代数中是非线性的）转换为max-plus代数中的线性。max函数模拟事件之间的同步性：一旦与某个事件相关的所有进程都顺利完成，则该事件就会发生。plus函数模拟一个进程的时间：过程完成的那一刻必须等于开始时间和过程完成所花费的时间之和。本章所采用的方法认为切换行为是随机的，以便捕获故障的随机属性，一般基于3个步骤。第一步是以运用观测器为基础，来生成用于检测故障发生的残差。第二步是判断最可能的离散模式，以便计算相应的残差集。第三步是基于一个成本函数和一组残差优化来计算最可能的故障。诊断推论是基于系统的时间特性的：事件发生得太早、太迟或根本不发生。这些属性是使用时间事件图建模的，它是时间佩特里网（Petri net）的一个子类。本章以两个反应罐、两个反应器和7个阀门组成的化学过程为例，论证并检验了所提出的方法。不同的反应罐和反应器中溶剂含量的变化代表着连续的动力学，而打开和关闭不同的阀门则代表着系统的离散动力学（切换）。参数故障模拟为反应罐或反应器泄漏或阀门部分卡在开启/关闭位置。离散故障以卡在开启/关闭位置的故障形式呈现。该方法的主要优点体现在诊断推理的线性计算的复杂程度上。该方法的主要缺点是，需要采集有关于每个离散和参数故障行为的具体信息。对于具有多个离散模式的大型系统，这种方法的缺点可能会影响其可扩展性。

### 1.3.4 第5章

本章采用了一种基于模型的混杂动态系统故障诊断方法。该方法基于3个步骤：残差生成、残差评估和故障定位。残差的获取是通过离线和在线实现的。为了离线生成残差，使用一个称为PrODHyS的混杂动态模拟器来生成参考模型。后者代表正常、无故障、系统行为。然后，将故障注入参考模型，以模拟由此产生的故障行为。然后，生成对这些简单故障和复合故障敏感的残差，并进行归一化，从而获得理论（模拟）故障特征。通过比较参考模型和预判模型的状态，在线生成残差。后者是通过使用扩展的卡尔曼滤波器获得的，它可以提高对噪声和不确定性事件进行监控的鲁棒性，从而避免错误的警报。对在线生成的残差进行归一化处理,得到瞬时故障特征。然后,利用改进版的曼哈顿距离计算出后者与离线故障特征之间的距离。该距离可提供故障发生及其程度的相关信息。该方法采用一个由互通且可共享的资源(反应器/阀门)组成的复杂化学系统来进行单个和复合故障的检测和隔离。在该系统中,事件的处置持续进行。该方法的主要优点是能够对单个的及复合的故障进行诊断,与此同时还可对系统性能(质量)下降的情况进行诊断。然而,这种方法需要建立系统动态的参考模型,并能够模拟故障行为。这无疑增加了具有多个离散模式的大规模系统的故障诊断过程的计算量。

## 1.3.5 第6章

本章提出了一个基于模型的诊断框架,用于诊断某一类 HDS 的参数故障和离散故障。这类 HDS 具有被离散事件所控制的连续行为。在这类系统中,混杂行为的主要来源是离散的执行器,如流体系统或电气系统中的阀门或开关。使用的模型是混合键合图(HBGs),能够提供系统动态的图形描述(系统中不同变量之间的链接)。诊断是在验证由代数或微分方程表示的一组假设的一致性(或冲突)的基础上进行的。该验证能够根据观测到的偏差生成故障假设(残差)。然后,再从残差中提取故障特征,从而隔离故障源。这种方法假定离散故障在系统行为上表现出很大的不连续性,而参数故障与撕裂和磨损有关,并且其导致的故障具有更加缓慢的动态特性。本章用两个实例说明并评价了所提出的方法。第一个例子是一个简单的电路,该电路由两个分立开关、两个并联电池以及由一个电阻和一个容量的负载所组成。第二个例子是使用开/关阀的混合四油箱系统。离散故障为执行器(开关/阀门)卡在开启或关闭位置,参数故障与由元件老化或污染所引起的电阻、容量、流体的标称值的异常减小或增加有关。该方法的主要优点是不需要对系统运行模式(配置)进行完整的描述,并且该方法可以对非线性行为进行建模。然而,为了在每个配置中建立系统变量之间的代数或微分方程,还是需要对全局模型有足够的掌握。这可能成为大型混杂动态系统诊断的一个障碍。

## 1.3.6 第7章

本章提出了一种基于模型的火花点火式汽车发动机在线故障诊断方法。在这里,汽车发动机的瞬态动力学(流体的前后流动、活塞循环的不同行程、燃油喷射、点火和燃烧等)被以极佳的方式建模为具有非线性连续动态的各种离散模式的混杂系统。所提出的故障诊断方案,从输入和测量的连续状态评估阶段开始,采用单扩展卡尔曼滤波器(EKF)进行评估。接下来是剩余预测阶段，进而对与每个假想故障对应的剩余向量进行预测。而后，假设验证阶段使用预测残差和实际残差为每个故障生成故障验证函数，再将每个验证函数与其各自的由模拟实验确定的阈值进行比较。最后是隔离阶段，该阶段旨在使用谓词逻辑和过程信息隔离故障源，前提是最多可能发生一个故障。一旦故障被隔离，就可使用标称 EKF 本身的联合估计，或双重估计，或其他一些单独的估计量（如粒子滤波器）来识别故障的参数（例如大小）。该方法适用于点火发动机参数故障的诊断，如歧管泄漏、喷油器体泄漏、汽缸阀磨损和传感器故障等。这种方法的优点是它的计算效率较高，进而可以实现在线即时的故障诊断。然而，它需要一个额外的计算，用以完善一系列被隔离的可能故障。这会影响其在线执行精确故障诊断的能力。

### 1.3.7 第 8 章

本章针对混杂动态系统提出了一个基于模型的定性故障诊断框架，该框架既可以诊断参数故障，也可以诊断离散故障，并且可以处理观测延迟。该方法基于模型结构的分解，将模型分解为相互独立的子模型。输入和输出变量在本地分配给每个子模型。然后根据每个子模型以及不同的切换方式生成残差。残差被定性地转换为 0（无变化）、—（减少）和+（增加）3 种变换，用于残差中的幅值和斜率。一旦检测到残差以统计上显著的方式从零偏离，就为该残差产生符号（0，—，+），并将其反馈到故障隔离模块。由于使用了本地子模型，因此残差生成器将仅包含该子模型的本地模式，其数量小于系统模式的数量。因此，必须搜索更少的模式并提高诊断效率。所提出的这种方法被应用于两个实例。第一个实例是一个电路，它包括一个电压源、两个电容器、两个电感器、两个电阻器和两个开关，这些原件通过一系列串行和并行的线路相连。传感器测量不同位置的电流或电压。每个开关可以处于以下两种模式之一："开"和"关"。因此，该电路可以表示为具有 4 种系统级模式的混杂系统。第二个实例是高级诊断和预测试验台（ADAPT）。这是一个在美国宇航局艾姆斯研究中心开发的配电系统，将它作为一个案例进行研究，从而证明该方法能够在系统存在模式切换和观测延迟的情况下，依然能够正确隔离混杂系统中的故障。系统由蓄电池、断路器、继电器、交直流逆变器、直流负载和交流负载组成。模型结构分解有利于避免模式预枚举问题，并且为提高元件模型的重用性和维护性提供了便利。此外，在该方法中，由于每个子模型只依赖于系统故障的一个子集和有限数量的运行模式，因此能够降低混杂系统诊断问题的复杂程度。然而，该方法仅适用于单一故障情况，并认为所有模式变化事件都是可测的。此外，该方法还必须建立在能够找到相应的模型结构分解方法，进而获得独立子模型的前提下。

### 1.3.8 第9章

本章提出了一种基于模型的混杂动态系统在线故障诊断方案。该方案分为两个阶段：离线和在线。离线阶段包括两个步骤。第一步是利用混合粒子Petri网（HPPN）框架构建系统模型。而该模型的建立通常基于两种手段中的一种，分别为对系统的多模式描述或专家知识库。该模型包含了混杂动态系统的健康模式（正常模式、降级模式和故障模式），由离散状态、连续动态和退化动态的组合表示。转换的目的在于模拟不同类型健康模式转变的情况。第二个离线步骤是生成基于 HPPN 模型的诊断程序。在线阶段，前期所构建的诊断程序以连续检测系统输入和输出的方式来执行诊断。本章通过两个实例对所提出的诊断方案进行了评价和说明。第一个实例是一个移动机器人，其电动机由开/关命令控制。第二个实例是 K11 行星探测器原型。K11 是美国宇航局艾姆斯研究中心开发的试验台，其作用是用于诊断和预测。它由 24 个 2：2Ah 锂离子单电池供电。电池电量耗尽、电动机过热、电动机温度传感器故障等，都是由本章所提出的诊断方案诊断故障的实例。该诊断方案的优点在于，其能够处理系统所表现出的不确定性。然而，由于模型是直观地构建的，这就有可能会妨碍该诊断方案的灵活性，特别是对于具有多个离散模式的大型混杂系统而言。

### 1.3.9 第10章

本章主要研究混合自动机框架在混杂动态系统的结构性故障及非结构性故障诊断中的应用。诊断直接通过解释物理系统发布的事件和测量值来执行，而这些事件和测量值又与混合自动机模型相关。混合自动机的离散事件部分限制了模式之间的可能转换，并且被称为基础离散事件系统（DES）。然后，为每个离散模式定义捕获连续动态一致性的残差。这些残差的抽象生成了事件，称为签名事件，并用于丰富和扩展基础 DES。这种扩展可以得到所谓的行为自动机，从中就可以建立一个诊断程序。它可以非增量或增量模式运转。在非增量形式中，诊断程序是使用全局模型构建的，而在增量形式中，只构建诊断程序的有用部分，从而开发用于解释传入事件发生所需的分支。本章所采用的方法通过巴塞罗那污水管网极具代表性的部分进行评估。该污水管网根据污水流量的多少，可呈现出多种运行模式。所选的污水管网包括 9 个虚拟水箱、1 个真实水箱、3 个重定向闸门、1 个保留闸门、1 个用于测量雨水强度的 4 个雨量计和 10 个用于测量下水道水位的潮位计。控制闸门由一个控制器控制,根据下水道中的流量,控制打开或关闭闸门。结构故障为卡在开启位和卡在关闭位故障,非结构故障为传感器故障。该方法的优点在于能够以增量方式使用。这种方法与构建全系统的离线诊断程序相比,在内存存储方面具有明显优势。然而,该方法不适用于具有多重复合离散模式的大型系统。

## 参考文献

[1] Van Der Schaft, A. J., & Schumacher, J. M. (2000). An introduction to hybrid dynamicalsystems (Vol. 251). London: Springer.

[2] Branicky, M. S., Borkar, V. S., & Mitter, S. K. (1998). A unified framework for hybrid control: Model and optimal control theory. IEEE Transactions on Automatic Control, 43 (1), 31-45.

[3] Rodrigues, L., & Boyd, S. (2005). Piecewise-affine state feedback for piecewise-affine slabsystems using convex optimization. Systems & Control Letters, 54 (9), 835-853.

[4] Louajri, H., & Sayed-Mouchaweh, M. (2014). Decentralized diagnosis and diagnosability of aclass of hybrid dynamic systems. In 11th International conference on informatics in control, automation and robotics (ICINCO) (Vol. 2).

[5] Shahbazi, M., Jamshidpour, E., Poure, P., Saadate, S., & Zolghadri, M. R. (2013). Open-andshort-circuit switch fault diagnosis for nonisolated dc-dc converters using field programmablegate array. IEEE Transactions on Industrial Electronics, 60 (9), 4136-4146.

[6] David, R., & Alla, H. (2010). Discrete, continuous, and hybrid Petri nets. Berlin Heidelberg: Springer.

[7] Wang, D., Arogeti, S., Zhang, J. B., & Low, C. B. (2008). Monitoring ability analysis andqualitative fault diagnosis using hybrid bond graph. IFAC Proceedings Volumes, 41 (2), 10516-10521.

[8] Henzinger, T. A. (2000). The theory of hybrid automata. In Verification of digital and hybrid systems (pp. 265-292). Berlin Heidelberg: Springer.

[9] Sayed-Mouchaweh, M., &Lughofer, E. (2015). Decentralizedfaultdiagnosisapproachwithout a global model for fault diagnosis of discrete event systems. International Journal of Control, 88 (11), 2228-2241.

[10] Sayed-Mouchaweh, M. (2014). Discrete event systems: Diagnosis and diagnosability. New York: Springer.

[11] Tabatabaeipour, M., Odgaard, P. F., Bak, T., & Stoustrup, J. (2012). Fault detection of windturbines with uncertain parameters: A set-membership approach. Energies, 5 (7), 2424-2448.

[12] Hartert, L. , & Sayed-Mouchaweh, M. (2014). Dynamic supervised classification method foronline monitoring in non-stationary environments. Neurocomputing, 126, 118-131.

[13] Sayed-Mouchaweh, M. , & Messai, N. (2012). A clustering-based approach for the identification of a class of temporally switched linear systems. Pattern Recognition Letters, 33 (2), 144-151.

[14] Toubakh, H. , & Sayed-Mouchaweh, M. (2015). Hybrid dynamic data-driven approach for drift-like fault detection in wind turbines. Evolving Systems, 6 (2), 115-129.

[15] Sayed-Mouchaweh, M. (2004). Diagnosis in real time for evolutionary processes in using-pattern recognition and possibility theory. International Journal of Computational Cognition, 2 (1), 79-112.

# 第 2 章
# 基于元认知随机向量函数连接网络的电动机故障检测与诊断

## 2.1 引 言

### 2.1.1 感应电动机

感应电动机是电动机的一种,它被广泛应用于工业设备中,如制造机械、带式输送机、起重机、升降机、压缩机、台车、电动车辆、泵和风扇[1]。感应电动机是一种复杂的装置,由机电元件组成,可将电力转换为机械运动。它们所消耗的电能占工业生产过程总耗电量的 60% 以上[2]。与直流电动机相比其优点是:感应电动机更具成本效益、更坚固、更可靠,并且需要的维护更少。此外,感应电动机的功率从几百瓦到兆瓦不等,能够满足大多数工业生产需求。

为了保持感应电动机的状态,避免工业过程中的灾难性故障,对感应电动机的任何故障进行早期诊断是至关重要的。电气、热以及机械应力等,都有可能导致电动机在运行中出现故障。可以借助传感器来测量信号进而对电动机故障进行检测和诊断。安装在电动机上的这些传感器可以测量定子电流、电压电流、气隙、外部磁通密度、转子位置、转子转速、输出扭矩、内部温度、外部温度、壳体振动、排放、噪声、电磁学、机器线路和壳体振动。

在电动机运行期间，传感器产生的信号持续产生无限的数据总量。可以对这些信号进行分析，以区分信号是由正常运行状态还是由某些故障模式产生的。在感应电动机运行故障的情况下，变量值会发生变化。这些变化与事件（故障）对应，可以用来分析系统的模式。由于感应电动机系统变量的值是以连续模式生成的，并且事件以离散模式运行，因此感应电动机可以被归类为混杂系统，其中连续和离散动态共存并相互作用。本章中，将对感应电动机的离散和连续动态下的故障进行检测和诊断。所以，需要先进的模型和方法来准确描述这种混杂系统的动态行为，并能够对故障进行检测和诊断。因此需要一种低成本、高效的方法，来对感应电动机的故障进行有效检测和诊断。就感应电动机中使用的部件而言，故障检测和诊断方案主要聚焦在3个方面：定子、转子和轴承。然而，最近的研究主要针对定子电流的使用，因为它能够提供感应电动机故障的最准确指示[3]。电动机电流特征分析（MCSA）是检测感应电动机故障的常用方法。该方法是方便的，因为它只使用定子电流的信息即可。与那些被应用在昂贵的或负载条件苛刻的机器上所使用的昂贵的连续检测系统相比具有相当大的优势。2.2节讨论了感应电动机故障检测与诊断的具体方法。

此外，关于作为混合系统的感应电动机的更全面的讨论和用于分析感应电动机信号的方法则分别将在2.1.2节和2.1.3节中进行描述。

## 2.1.2 混杂动态系统

混杂动态系统也称混杂系统，可以定义为由连续和离散的动态相互作用驱动的系统。它是在复杂的工业系统（如机电系统、制造系统、汽车发动机控制或嵌入式控制系统）中产生的。混杂系统通常存在于工业系统的组件中，并随工业过程一同运行。

离散控制连续系统（DCCSs）是混杂系统中的一类，它被广泛应用于工业生产过程中。DCCS包括连续和离散动态以及连续和离散控制，在离散控制器的判断下，在几个离散模式之间切换以响应离散控制事件。例如，用于控制发电动机所需功率的转换器系统（toubakh和sayed-mouchaweh[4]描述的DCC的一个例子）。这个系统是通过调节转换器中的3个基本开关以提供负载电流($I$)来实现的。在这个系统中，转换器控制着连续动态和系统内离散事件之间的相互作用。系统及其机制如下。该发电动机称为双馈感应发电动机（DFIG），有两个转换器：电网侧变流器和转子侧变流器。前者根据控制器的参考功率,在给定风速的情况下,保持风力涡轮机的变矩器转矩和叶片角度。后者通过控制提供给 DFIG 的电流来保持电力。在这里,将重点放在转子侧转换器上,研究一种称为多细胞转换器(MCCS)的系统元件,它控制着向 DFIG 提供负载电流。MCCS 从控制器接收参考输出电压($V_S$)和输出电容器的参考电压($V_C$)。转换器的连续动态由状态变量矢量描述:

$$X = [V_{C_1}, V_{C_2}, I]$$

式中:$V_{C_1}$ 和 $V_{C_2}$ 分别是电容器 $C_1$ 和 $C_2$ 的参考浮动电压;$I$ 代表流向 DFIG 的电流。根据表示系统内连续和离散动态切换的公式[4]调整 $V_{C_1}$、$V_{C_2}$ 和 $I$ 的值。此机制允许根据控制器的参考输出电压($V_S$)生成输出,从而为 DFIG 提供最佳功率。当 $V_{C_1}$ 和 $V_{C_2}$ 的值代表系统的连续动态时,$I$ 的值代表系统的离散动态。离散控制的负载电流 $I$ 通过在 MCCS 的三单元转换器中设置 3 个基本开关 $S_j$,$j \in \{1,2,3\}$ 进行调节,其中每个离散开关 $S_j$ 有两个离散模式:打开和关闭。另外,还进一步研究了变换器系统连续变量和离散变量的动态演化[4]。

混杂动态系统中的故障检测和诊断是具有挑战性的,因为连续动态和离散动态是相互依赖和相互作用的。因此,离散和连续动态必须同时考虑。该变换器系统的故障与电容器的化学老化导致的 MCCS 性能下降有关。这种老化可以通过监测电容器中等效串联电阻值的上升来识别,这种阻值的上升会导致输入到 DFIG 的输出电压($V_S$)下降。

根据前面的实验[4],本节设计了一种单个故障及复合故障的转换器电容器故障诊断方法,进行了 9 种漂移情况的故障诊断,每个电容器应用 3 种漂移速度变化来测量等效串联电阻值的变化,以便观察 MCCS 电容器中的故障。与 MCCS 电容相关的故障类型被定义为 3 类:单独电容 1($C_1$)中存在故障、单独电容 2($C_2$)中存在故障以及电容 $C_1$ 和 $C_2$ 中都存在故障。然后从残差值(与每个电容器[$V_C$]相关的实际电压和参考电压的差值)中导出 6 个特征。从转换器的 6 个离散模式生成 6 个特征空间,其中每个离散模式用以描述特征对某些事件或故障类型的敏感性,由类标签进行标识。在本实验中,MCCS 故障是通过使用自适应动态聚类算法[5]分析特征和类标签之间的模式来诊断的。通常,混杂动态系统中的故障是由于描述离散模式下系统连续动态的变量值的逐渐或突然变化造成的。这些变化可以被视为漂移,在运行条件下,漂移可以在系统中被观测到,直到故障被完全接管。这种漂移有助于在系统停止之前及早检测故障。在上述转换器系统的情况下,可以从残差值($V_C$)中观察到漂移。由于混杂系统的动态特性,在受控变量所描述的连续动态处于活动状态时,变量值的漂移只能在离散模式下被观察到。

由于感应电动机属于混合动力系统,因此实时检测和诊断感应电动机的故障是具有挑战性的。这是由于感应电动机在连续产生信号时的行为是动态的。因此，在快速变化的环境中，如在感应电动机中，先进的机器学习可以成为使分类器具有自适应能力的解决方案[6]。下一节将介绍本章的方法以及早期机器学习方法在检测和诊断感应电动机故障方面的背景。

### 2.1.3 本章的方法

在过去的 20 多年中，许多统计技术和人工智能技术已经发展起来，为检测和诊断感应电动机故障丰富了方法和手段；其中包括人工神经网络（NNs）[7]、模糊逻辑系统、遗传算法和支持向量机。这些技术从感应电动机运行期间获取的定子电流信号中提取特征。绝大多数现有的方法都描述了离线学习原则，它需要一个完整的数据集，涵盖生产运行期间的所有可能条件。此外，这些方法保留前面的数据样本，并要求对所有数据进行多次传递；因此，它们无法与工业流程的快速采样率保持同步，在运用上难以实现扩展。利用机器学习或统计技术提取定子电流信号（特征），以建立精确的模型来预测电动机状态。在感应电动机中，从传感器中获取的信号是连续产生的，数据总量未知。这种现象被称为"大数据"的潜在隐患，以著名的"4Vs"为特征[8-9]：量、速度、多样性和准确性。由于其迭代性，这种情况不符合传统方法的要求，并且需要在流程运行之前完全访问所有数据。这种现象需要一个简单快速的学习算法来实现在线实时部署。这也是 20 世纪 90 年代开始流行的随机神经网络（RNNs）重新流行的根本原因[10]。人们在这方面已经做了一些工作，将一个随机方法纳入一个神经网络系统[11-12]。

然而，使用 RNNs 进行在线处理——就像大多数工业流程中的情况一样——至少有 4 个问题值得进一步研究：①结构复杂性问题仍然是一个有待解决的开放性问题，特别是在渐进学习的背景下。设计了一种隐藏的节点修剪策略[13]。然而，这种方法破坏了在线学习的逻辑，因为它们依赖于多阶段的训练机制。②目前应用的 RNNs 尚未充分解决不确定性问题，因为大多数 RNN 都建立在 1 型隐藏节点上。虽然已经提出了区间 2 型 RNNs[14]，但该算法构建了一个离线工作的批量学习机。③大多数 RNN 采用静态网络拓扑结构，不能适应不断变化的学习环境。Feng 等提出了动态 RNN 的概念[15]。然而，结构学习场景并不能反映真实的数据分布，因此我们无法发现数据流的焦点。文献［16］提出了另一项具有开创性的工作，即利用集成方法和漂移检测方法。然而，它具有复杂的要求，因为它涉及几个基本分类器的组合。④据我们所知，由于缺少在线特征选择，RNNs 仍然没有解决维数的诅咒。值得注意的是，由于工业过程的复杂性，RNNs 通常涉及多个测量中的大量变量。

为了解决这些缺点,已经提出了一种新的随机向量函数连接(RVFL)网络,即进化2型RVFL网络(eT2RVFLN),以解决4个问题[17]:不确定性、概念漂移、时间系统行为和高维度。eT2RVFLN应用元认知学习原理,包括3个阶段:学什么,如何学,何时学[18]。认知部分是在区间2型递归模糊神经网络下构建的。"学什么"阶段应用样本删除机制,该机制在"如何学"阶段选择重要数据流为模型进行更新。"如何学"阶段实现了RVFL学习理论的快速性与进化学习原理的结合。此方案允许隐藏节点在运行中自动生成、修剪和调用,且无需对隐藏节点进行调整。同时,除输出权重之外的网络参数为随机生成。"何时学"阶段利用样本储备策略,这有助于在训练过程结束时优化网络结构。所有这些属性都允许算法处理以4Vs为特征的数据流,在线(以单通道模式处理每个数据),便捷(通过"学什么"和"如何学"方法减少训练数据的数量),高效。因此,它能够应对可扩展性问题。

本章提出了一种使用最近发布的eT2RVFLN在线检测和诊断感应电动机故障的新方法。使用实验室规模的试验台进行了真实实验,以诊断电动机状况,即转子断条、不平衡电压、定子绕组故障和偏心问题。这项工作适用于多种分类,从只有两个条件的分类问题(健康和故障)进行延伸。值得注意的是,在该实验中没有对感应电动机中的多故障进行诊断。但是,当某些事件发生时,可以观察到一些变量。在这种情况下,当感应电动机运行经历多个故障事件时,观察并分析多个连续变量,其可以被指定为新的类。然后,该算法以先前事件为依据进行建模,进而实现对未来数据的分类。eT2RVFLN的部署是为了在仅依赖传感器数据流的在线模式下识别电动机状况。故障诊断过程仅在"一次通过"的学习情况下在主存储器中进行,没有辅助存储器或存档存储器。该方法的另一个独特特征是元认知学习的3个阶段,即"学什么""如何学"和"何时学"。与传统的在线学习机相比,这种方法可以提高记忆效率,减少繁琐的标记工作。此外,它的区间2型隐藏节点比标准1型隐藏节点具有更好的不确定性容忍度,并且由于其传感器数据噪声、测量噪声和传感器读数错误等方面的优势,对大多数工业应用具有很好的前景。eT2RVFLN的特点是完全进化的特性,通过这种特性,可以生成、修剪和动态调用隐藏的节点;它还配备了一个在线特性选择,以应对高输入维度。实验表明,该方法在清洁和存在噪声(20dB)的数据方面的预测精度都能够达到与同类方法相当的水平。在隐藏节点、网络参数、执行时间和输入属性方面,它比其他算法更简单。元认知学习情境有助于将样本使用和标记工作降低到一个较低的水平,这在实践中具有吸引力。

第 2 章　基于元认知随机向量函数连接网络的电动机故障检测与诊断

在本章的其余部分，2.2 节概述了感应电动机故障检测的文献综述；2.3 节讨论 eT2RVFLN 算法的结构细节；2.4 节讨论了实验设计；2.5 节阐述了实验程序；2.6 节对本章进行了总结。

## 2.2　感应电动机故障检测与诊断

本章讨论了与检测和诊断感应电动机故障的一般方法相关的背景知识。2.2.1 节讨论了与感应电动机故障检测和诊断相关的特性，包括变量、故障类型以及用于从感应电动机中生成信号的组件。2.2.2 节讨论了用于监测感应电动机状态的信号源。

### 2.2.1　感应电动机的故障检测与诊断的特点

感应电动机的效率取决于控制电动机转速和转矩的可变速度。但是，它也有一些常见的机械和电气问题。不稳定的负载变化和过载是机械问题的常见原因，而电气问题是由于不稳定的电源造成的。这种情况会导致灾难性的情况，如过热、谐波和电动机的运行寿命缩短，从而损害设备运行的整体安全性。在感应电动机出现故障之前，及早发现故障对于降低整个生产过程中的维护成本和停机成本至关重要。

通常情况下，电动机状态由放置在机器负载关键部分的传感器监控；这些传感器提供有关电动机状态的准确和最新数据，以便在线监控[19]。它们还测量定子电流、电压电流、气隙、外部磁通密度、转子位置、转子转速、输出扭矩、内部温度、外部温度和外壳振动等变量。这些测量值与许多类型的电动机故障高度相关：短路和断路、轴承故障、冷却故障、转子断条、定子绕组问题、偏心问题和不平衡电压。图 2.1 描述了从感应电动机运行中获取的物理和电气测量，以检测感应电动机中的许多故障。图 2.2 为感应电动机的零件图。

在本章中，用于监测感应电动机状况的信号仅来自于对定子部件的测量，如图 2.1 中高亮部分所示。由于感应电动机的动态特性，基于对事件（故障）的观测，通过观测变量的漂移来分析混杂动态系统的行为模式。为此，设置了一些场景来测量电动机在多个不同运行条件下的信号，以了解系统的模式。代表电动机健康、转子断条问题、不平衡电压、定子绕组问题和偏心问题的 5 种事件或故障类型被视为类标签。这些标签代表感应电动机状态的离散模式。

一些特征/变量被认为是对几个事件敏感[20]。这意味着当事件/故障发生

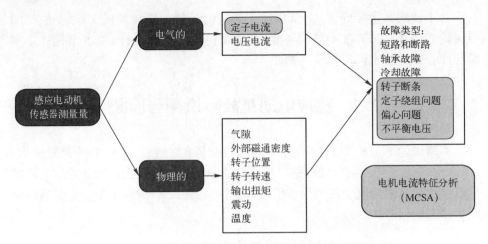

图 2.1 各种感应电动机的测量量及其各种类型的故障

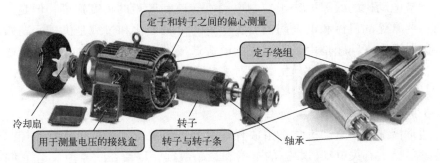

图 2.2 感应电动机部件及其相关测量

时,特征/变量的值会漂移。这些特性是由从传感器获取的定子电流运行测量值生成和推导出来的。表 2.1 总结了感应电动机故障事件/故障类型与观测特征之间的对应关系。可以看出,感应电动机属于混杂动态系统,其连续动态值用变量漂移来描述,而"事件"则代表系统的离散动态。为了了解系统的模式,可以使用一些统计学习或机器学习技术来识别系统模式,并决定哪些特性对某些事件特别敏感。因此,每当特征或变量发生漂移时,系统的劣化均可被认为是感应电动机的早期故障。

表 2.1 感应电动机故障事件/故障类型与观测特征之间的对应关系

| 原　因 | 对事件敏感的特征 | 感应电动机的故障事件及故障类型 | 对系统的影响 |
| --- | --- | --- | --- |
| 剧烈振动 | 定子电流频谱中的频率[21] | 转子断条 | 一些转子断条可能不会导致电动机严重故障;但是,它们会引起电动机启动问题 |

续表

| 原　因 | 对事件敏感的特征 | 感应电动机的故障事件及故障类型 | 对系统的影响 |
|---|---|---|---|
| 相电压或线电压的大小不同 | 相电压产生的残余电压[22] | 不平衡电压 | 缩短电动机寿命，降低电动机性能 |
| 由匝间故障所导致的相绕组与地之间或两相之间发生短路[2] | 位于机器主轴中间的探测线圈的电压谱[22] | 定子绕组 | 导致严重短路并对定子线圈造成破坏 |
| 轴承故障 | 1. 构件偏心频率[23]<br>2. 旋转频率[24] | 偏心问题 | 定子和转子损坏 |

## 2.2.2　单源和多源故障检测方法

众所周知，MCSA 是一种检测和诊断感应电动机故障的简便有效的方法。这是一种通过研究电信号/签名来检测故障的非侵入性方法。MCSA 从信号谐波中提取识别输入特征作为基于功率谱密度（PSD）的识别数据特征，并将这些特征反馈给具有泛化能力的机器学习算法，实时检测和诊断感应电动机故障。

许多用于检测和诊断故障的低成本和非侵入性方法已经出现[25-27]。例如，快速傅里叶变换（FFT）用于分析电动机定子电流的信号。FFT 在各种负载条件下检测并诊断许多感应电动机故障。规则提取技术用于从数字输入输出数据中使用模式分类来检测和诊断电动机故障[28]。

神经模糊系统用于从不平衡电源、不平衡机械负载、编码器和电压表故障特征中提取规则[29]。决策树和自适应神经模糊推理系统也被用于诊断电动机故障[30]。在其他领域，还开发了基于模糊逻辑的安全模型[31]，以解决海事安全为目的。该方法提供了使用 Mamdani 类型推理系统评估与人员、组织和环境相关的系统风险等级信息。使用径向基函数分析了发动机振动的原因[32]。

感应电动机故障的检测和诊断可以根据用于生成数据的源的数量进行分类：单源或多源。相比之下，故障也可以归类为单故障或多故障。已经在多故障检测分析中开发了智能方法。利用前馈神经网络（NN）的反向传播，提出了感应电动机转子断条故障的检测方法[26]。该方法利用快速傅里叶变换将电流信号转换成幅值。前馈神经网络对边带频率幅值进行分类，以检测转子断条。Sadeghian 等还利用一个类似的问题，即利用小波包分解来检测转子断条，小波包分解分析信号，并将多个频率分辨率输入多层感知器。采用多判别分析法对定子电流信号进行相似输入，对这些信号进行分类，以检测转子断条。

另一方面，可以通过分析同一个单一源来诊断多个故障。预测滤波法[25]通过预测滤波和模糊模型将电流信号的基波分量与谐波分量分离，从而预测转子断条和匝间定子绕组故障。Lee 等[34]使用傅里叶变换和小波变换从许多电动机条件中获取边带和细节值特征。动态多项式将电动机的详细值特征分为 4 类：转子断条、转子弯曲、轴承故障和偏心故障。

Liu 等[35]提出了使用多个过程变量检测转子断条的方法。他们将模糊测度和模糊积分相结合，得出一个单独的分类。Ondel 等[36]对电流电压测量进行处理，使用 K-最近邻区提取最相关的诊断特征。随后，采用卡尔曼滤波算法[36]对转子断条进行分类。

在当前的文献中已经对感应电动机的多输入、多故障检测与诊断进行了大量研究。Adjallah 等[37]使用两个输入源（三相定子电流和振动信号），采用遗传算法对神经网络进行输入维数的减小和训练。而后，采用自适应共振理论检测感应电动机的不平衡相位和偏心问题。转子故障、偏心率和轴承振动已由振动和电流信号预测。使用能够生成一个清晰规则的决策树对特性进行了选择。从决策树中获得的清晰的规则被转换为模糊 if-then 规则，进而对基于自适应网络的模糊推理系统的结构进行识别[38]。

## 2.3　eT2RVFLN 架构

本节讨论 eT2RVFLN 的体系架构，它展示了元认知学习策略的三大支柱：学什么，如何学和何时学。"学什么"阶段使用基于确定性的学习方法选择训练样本。"如何学"阶段是认知成分调整的地方（学习模块），而"何时学"阶段在完成对所有主要训练样本的学习后，控制何时进行开采样本储备。eT2RVFLN 的所有学习策略都在 2.3.1 节和 2.3.2 节进行讨论。2.3.1 节和 2.3.2 节分别对"学什么""如何学"和"何时学"这 3 个阶段进行描述。

### 2.3.1　eT2RVFLN 的认知架构

隐层中的多元高斯函数和非线性切比雪夫多项式形式的广义区间 2 型泛函神经网络拓扑提出了广义区间 2 型高斯模糊规则。Zadeh 提出的 2 型模糊集是普通模糊集（即 1 型）对不确定性处理的扩展。eT2RVFLN 的模糊规则定义如下：

$$Ri: \text{IF } X \text{ is close to } \widetilde{R}_i \text{ Then } y_i^o = x_e \boldsymbol{\Omega}_i$$

式中：$\widetilde{R}_i = [\underline{R}_i, \overline{R}_i]$ 表示一个区间 2 型多维内核，它是从具有不确定方法的多维内核编译而来的；$y_i^o$ 表示第 $o$ 类中第 $i$ 条规则的输出；$\boldsymbol{\Omega}_i = \Re^{(2u+1) \times m}$ 表示输

出权重向量；$x_e\in\Re^{(2u+1)\times m}$ 表示扩展输入向量。区间值多元高斯函数的数学定义如下：

$$\widetilde{R}_i = \exp(-(X_n-\widetilde{C}_i)\Sigma^{-1}(X_n-\widetilde{C}_i)^T)\quad \widetilde{C}_i=[C_{i,1},C_{i,2}] \tag{2.1}$$

式中：$\widetilde{C}_i\in\Re^{l\times u}$ 表示高斯函数的不确定质心，其中上质心 $C_{i,2}$ 设置为大于下质心 $C_{i,1}$，以形成不确定的足迹，隐藏节点的数量用 $u$ 表示；$\Sigma^{-1}\in\Re^{u\times u}$ 标记非对角逆协方差矩阵，其触发在任何方向上任意旋转的非轴平行椭球簇。因此，该非轴平行椭球簇能够构建更可靠的输入空间分区。

然而，多元高斯函数在高维空间中不能直接投影到一维空间中。因此，它不能直接与区间 2 型模糊推理过程相兼容。所以需要运用变换策略[27]构造多元高斯函数的低维表示。之所以选择这种策略，是因为它提供了一种从非轴平行椭球簇引出神经元半径的快速机制，尽管在处理旋转 45° 的椭球簇时会导致半径过小。作为一种替代方法，半径可以从协方差矩阵的特征值和特征向量中推导出来，但由于每次观测都必须求出特征值和特征向量，因此这种情况的复杂性更高。非轴平行椭球簇的半径表示如下：

$$\sigma_i = \frac{r}{\sqrt{\Sigma_{ii}}} \tag{2.2}$$

式中：$\Sigma_{ii}$ 表示第 $i$ 坐标下多元高斯函数的对角元素。基准点与分布的第 $i$ 个集群之间的马哈拉诺比斯（Mahalanobis）距离用 $r$ 表示。马哈拉诺比斯距离是一个多维概括，用于衡量数据的标准偏差与第 $i$ 个集群的平均值之间的差异。另一方面，由于椭球簇的质心不经修饰直接兼容，因此在神经元层面上不发生转换。

扩展的输入向量 $x_e\in\Re^{(2u+1)\times l}$ 用于使用由函数连接神经网络的扩展层启发的切比雪夫多项式的非线性映射来改善标准 Takagi Sugeno Kang（TSK）输出节点的局部映射能力[39]。

标准的 TSK 规则有两部分：先导规则和后续规则。它有两种不同的类型：零阶和一阶。零阶 TSK 模型是一个连续部分规则为常数的模糊系统，而一阶 TSK 模型是一个连续部分规则为线性函数的模糊系统。值得注意的是，由此产生的零阶或一阶 TSK 规则并不能恰当地表示局部近似特征，因为它具有较低的自由度（输出空间中的线性超平面）。切比雪夫多项式的非线性映射如下：

$$T_{n+1}(x) = 2x_j T_n(x_j) - T_{n-1}(x_j) \tag{2.3}$$

式中：$T_0(x_j)=1$，$T_1(x_j)=x_j$，$T_2(x_j)=2x_j^2-1$。例如，假设我们有一个二维输入模式 $x=[x_1,x_2]$，那么扩展的输入向量生成为 $x_e=[1,x_1,T_2(x_1),x_2,T_2(x_2)]$。值得注意的是，项"1"表示输出节点的截距，以避免所有局部子

模型通过原点,这可能导致非典型梯度。

具有固定标准差和不确定均值的高斯函数 $\widetilde{C}_i = [C_j^i, 1, C_j^i, 2]$ 用于表示成员的不确定度,表示如下:

$$\widetilde{\mu}_{i,j} = \exp\left(-\left(\frac{x_j - \widetilde{c}_{i,j}}{\sigma_{i,j}}\right)^2\right) \quad (\widetilde{c}_{i,j} = [C_j^i, 1, C_j^i, 2]) \tag{2.4}$$

$$\overline{\mu}_{i,j} = \begin{cases} N(c_{j,1}^i, \sigma_{i,j}; x_j) & (x_j < c_{j,1}^i) \\ 1 & (c_{j,1}^i \leqslant x_j c_{j,2}^i) \\ (c_{j,2}^i, \sigma_{i,j}; x_j) & (x_j > c_{j,2}^i) \end{cases} \tag{2.5}$$

$$\underline{\mu}_{i,j} = \begin{cases} N(c_{j,2}^i, \sigma_{i,j}; x_j) & \left(x_j \leqslant \dfrac{(c_{j,1}^i + c_{j,2}^i)}{2}\right) \\ N(c_{j,1}^i, \sigma_{i,j}; x_j) & \left(x_j > \dfrac{(c_{j,1}^i + c_{j,2}^i)}{2}\right) \end{cases} \tag{2.6}$$

运用 T 泛算子(T-norm operator)生成间隔点火强度 $\widetilde{R}_i = [\underline{R}_i, \overline{R}_i]$,如下所示:

$$\underline{R}_i = \prod_{j=1}^{\mu} \underline{\mu}_{i,j}, \quad \overline{R}_i = \prod_{j=1}^{\mu} \overline{\mu}_{i,j} \tag{2.7}$$

使用 K-M 迭代方法,通过一种类型约简机制,产生表示来自区间集的清晰输出的一类约简集。然而,由于需要进行多路径迭代计算以获得较低($L$)和较高($R$)端点,这种情况会带来较高的计算成本。因此,采用 $q \in \Re^{l \times m}$ 设计系数来控制 $R$、$L$ 节点的比例。设计系数如下:

$$\begin{aligned}
y_o &= \frac{(1-q_o)\sum_{i=1}^P \underline{R}_i y_{i,o} + q_o \sum_{i=1}^P \overline{R}_i y_{i,o}}{\sum_{i=1}^P \underline{R}_i + \overline{R}_i} \\
&= \frac{(1-q_o)\sum_{i=1}^P \underline{R}_i x_e \Omega_{i,o} + q_o \sum_{i=1}^P \overline{R}_i x_e \Omega_{i,o}}{\sum_{i=1}^P \underline{R}_i + \overline{R}_i}
\end{aligned} \tag{2.8}$$

式中:$p$ 是隐藏节点的数量。设计因子 $q \in \Re^{l \times m}$ 是随机生成的,在训练过程中没有进行调整,以采用 RVFL 网络的思想。分类决策是通过在所有输出节点上使用最大运算符生成的,如下所示:

$$y = \max_{o=1,\cdots,m} \hat{y}_o \tag{2.9}$$

式中:$m$ 是类标签的数量。eT2RVFLN 的学习架构如图 2.3 所示。

### 2.3.2 eT2RVFLN 的元认知学习策略

本节概述了 eT2RVFLN 的元认知部分。2.3.2.1 节详细阐述了"学什么"

## 第 2 章　基于元认知随机向量函数连接网络的电动机故障检测与诊断

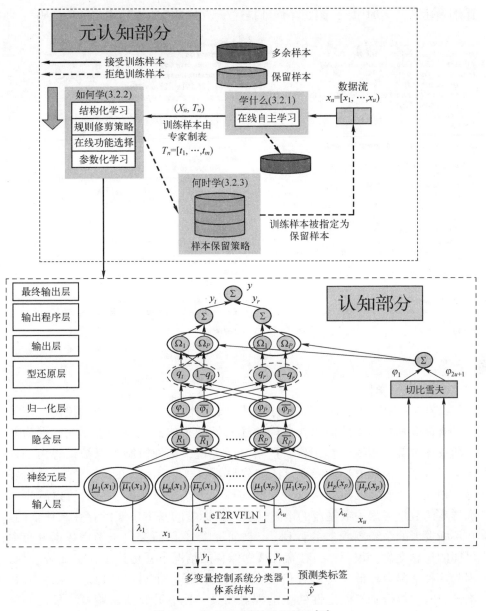

图 2.3　eT2RVFLN 的学习架构[17]

部分,该部分主动为训练过程选择相关样本。从"学什么"中提取的训练模式,成为控制认知成分演化的"如何学"部分的输入,这在 2.3.2.2 节中有详细阐述。不符合"如何学"阶段学习标准的训练样本存储为保留样本。这些保留样本将在所选定的主要训练样本完全学习完后使用。在 2.3.2.3 节中详细阐述了"何时学",图 2.4 详细描述了 eT2RVFLN 学习策略的伪代码。

```
Define: Training Data (X_n, T_n) = (x_1,...,x_u, t_1,...,t_m)
Predefined Parameters Φ = 10^5, B = 0.2, s = 0.05, ϖ = 10^-15
/*Phase 1: What to Learn Strategy: Active Learning Strategy/*
For o=1 to m Do
    For i=1 to P Do
        Compute the output of classifiers (8) and the posterior
        probability(10),(11)
    End For
End For
IF (22) Then
    Label the data stream using expert knowledge
/*Phase 2: Hidden Node Growing Scenario/*
For i=1 to P Do
    Compute the global density (15)
End For
Determine the winning rule win = arg max_{i=1,...,P} P̂(R_i|X)
IF (16) Then
    Add the hidden node(17),(18)
Else IF (27)
    Assign the datum as reserved sample(XS_{NS+1}, TS_{NS+1})=(X_n, T_n)
End IF
/*Phase 3: Hidden node Pruning Mechanism/*
For i=1 to P Do
    Compute RMI(19)
    IF (20) Then
        Prune i-th hidden node
    End IF
End For

/*Phase 4: Feature Selection Mechanism/*
For j=1 to u Do
    For o=1 to m Do
        Compute the symmetrical uncertainty SU(x_j, t_o)
        IF SU(x_j, t_o) < γ Then
            Prune the j-th feature
        Else IF
            Append j-th as relevant variables x_re, N_re = N_re + 1
        End IF
    End For
End For
For j=1 to N_re
    For re=1 to N_re, j ≠ re
        Analyze the redundancy of input attributes SU(x_j, x_re)
        IF SU(x_j, T) < SU(x_j, x_re) Then
            Prune re-th input variable
        End IF
    End For
End For
/*Phase 5: Adaptation of local sub-model/*
For i=1 to P Do
    Adjust the local sub-model (22)-(26)
End For
/*Phase 6: When-to-learn-sample reserved strategy/*
IF (27)
    For i=1 to NS Do
        Execute phase 1-6 using reserved sample (XS_n, TS_n)
    End For
End IF
```

图 2.4　eT2RVFLN 的学习策略

#### 2.3.2.1　学什么

eT2RVFLN 的"学什么"部分由基于确定性的主动学习场景控制,该场景具有提取相关样本的能力。此模块还对标签工作的减少产生影响,因为并非所有样本都会触发注释工作。严格意义上说,这种机制可以被设想为一种半监督机制。这种方法扩展了元认知分类器的"学什么"部分[18,40],这恰好是一种完全受监督的机制。这种机制对标记工作没有影响,尽管可以减少训练样本的数量,因为数据流的贡献是通过类标签的基本事实的存在来评估的。在不断发展的系统领域,主动学习已被研究[41],但研究仍未考虑数据分布中可能的概念变化。很明显,在存在概念漂移的情况下,标记工作会显著增加,因为这种情况会降低模型的置信度。我们提出了一个贝叶斯概念,在输入和输出空间中执行基于确定性的主动学习场景,其中贝叶斯后验概率量化冲突数据位于决策边界附近,而当数据位于类重叠区域时,冲突在输入空间中很明显。这是由数据流产生的不整齐的簇导致的。当基准位于决策边界附近时,输出空间中会发生实质性冲突,而当基准位于不干净簇导致的类重叠区域时,输入空间中的冲突则很明显。

在输出空间中,通过分类器的截断输出来研究冲突,如下所示:

# 第 2 章　基于元认知随机向量函数连接网络的电动机故障检测与诊断

$$p(\hat{y}_o|X)^{\text{output}} = \min(\max(\text{conf}_{\text{final}}, 0), 1), \text{conf}_{\text{final}} = \frac{\hat{y}_1}{\hat{y}_1 + \hat{y}_2} \quad (2.10)$$

式中：$p(\hat{y}_o|X)^{\text{output}}$ 定义输出后验概率。最主要和第二主要的输出分别由 $\hat{y}_1$ 和 $\hat{y}_2$ 描述。输出空间中的冲突与处理重叠区域的决策边界的质量有关。在输入空间中，使用联合类别和类概率 $p(\hat{y}_o|R_i)$ 估计后验概率，如下：

$$P(\hat{y}_o|R_i) = \left( \frac{\sum_{i=1}^{P}(\hat{y}_o|R_i)P(X|\underline{R}_i)P(R_i)}{\sum_{o=1}^{m}\sum_{i=1}^{P}(\hat{y}_o|R_i)P(X|\underline{R}_i)P(R_i)} + \frac{\sum_{i=1}^{P}(\hat{y}_o|R_i)P(X|\overline{R}_i)P(R_i)}{\sum_{o=1}^{m}\sum_{i=1}^{P}(\hat{y}_o|R_i)P(X|\overline{R}_i)P(R_i)} \right) \quad (2.11)$$

$$P(\hat{y}_o|R_i) = \frac{\log(N_i^o + 1)}{\sum_{o=1}^{m}\log(N_i^o + 1)} \quad (2.12)$$

式中：$N_i^o$ 表示落在第 $o$ 个类中的第 $i$ 个簇的总数；$p(\hat{y}_o|X)^{\text{input}}$ 是输入空间中的贝叶斯类后验概率。这测量了由于式（2.11）中使用类后验概率 $P(\hat{y}_o|R_i)$ 而导致的类重叠程度。一个强烈的混淆表示如下：

$$p(\hat{y}|X)^{\text{output}} < \theta \text{ 或 } p(\hat{y}|X)^{\text{input}} < \theta \quad (2.13)$$

其中：$\theta$ 表示冲突阈值，并在数据均匀分布的假设下初始化为 $\theta = \frac{1}{m} + 0.2\frac{1}{m}$。这种情况会触发操作员的注释工作，进而触发训练过程，因为在这种情况下，需要操作员的反馈来消除强烈的混乱。对冲突阈值进行自适应调整，使其非常适合动态数据流 $\theta_{N+1} = \theta_N(1\pm s)$；在接受到样本并对其进行训练时，冲突阈值会增加，而在取消对样本进行的训练时，冲突阈值会降低。此外，在训练过程中设置预算 $B$，并描述训练过程中的最大标签处理数量。当预算完成时，训练过程将终止，模型将固定。

#### 2.3.2.2　如何学

"如何学"机制通过从"学什么"机制中获取样本来更新认知要素。该机制由 4 种学习策略构成：隐藏节点生长机制、隐藏节点修剪机制、在线特征选择机制和 RVFL 学习机制。

**1. 隐藏节点生长机制**

该机制配备了一个知识探索模块，可自动控制隐节点的增长。当一个样本具有足够的新颖性，允许知识库扩展，或者当它占据输入空间中最密集的区域时，新的隐藏节点就会增长。该数据的新颖性可以通过区间 2 型函数神经网络中的触发强度来计算，因为它反映了与当前网络结构的兼容程度：

$$\mathrm{FS}_{P+1} = \frac{\underline{R}_{P+1} + \overline{R}_{P+1}}{2} \tag{2.14}$$

式中：$\underline{R}_i$、$\overline{R}_i$ 表示低触发强度和次低触发强度，如式（2.6）所示。然而，该方法的缺点是，由于在不考虑整体数据分布的情况下，点到点计算得到的触发强度，使得异常值容易远离现有隐藏节点的影响区域。为了弥补这个缺点，冲突度量应该包含所有历史数据的信息，且不将其正式地保存在内存中，这在在线学习环境中是不切实际的。所有样品的假设规则（$P+1$）的触发强度计算如下：

$$\mathrm{FS}_{P+1} = \frac{\sum_{n=1}^{N} \underline{R}_{P+1} + \overline{R}_{P+1}}{2N} \tag{2.15}$$

式中：$N$ 表示观测到的训练样本的数量。式（2.15）触发了假设集群[42]，它描述了训练数据的焦点。逆二次函数是一个类高斯函数，能够实现全局密度，用于顺序量化。使用此函数是因为它能够支持式（2.15）中的递归运算，而高斯函数不支持这种运算。

如果满足以下条件，则引入新的隐藏节点：

$$\mathrm{FS}_{P+1} > \max_{i=1,\cdots,P}(\mathrm{FS}_i) \text{ 或 } \mathrm{FS}_{P+1} < \min_{i=1,\cdots,P}(\mathrm{FS}_i) \tag{2.16}$$

式（2.16）的第一项，$\mathrm{FS}_{P+1} > \max_{i=1,\cdots,P}(\mathrm{FS}_i)$ 表明，新创建的隐藏节点位于被大多数其他样本包围的密集区域。这样的数据点有利于提高网络结构的综合能力。另一方面，式（2.16）的第二项，$\mathrm{FS}_{P+1} < \min_{i=1,\cdots,P}(\mathrm{FS}_i)$ 描述了超出现有拓扑覆盖范围的输入区域。这种情况可以被视为改变学习环境的前兆，因为新样本的密度非常低。因此，应将数据制作成一个新的隐藏节点，以提高网络结构的泛化潜力。新增神经元参数设置如下：

$$\widetilde{C}_{P+1} = X_N \pm \Delta X, \quad \sum\nolimits_{P+1}^{-1} = \mathrm{rand}(A) \quad (A \in \Re^{u \times u}) \tag{2.17}$$

其中：新规则的质心被设置为新的数据样本 $\overline{C}_{P+1} = X_N + \Delta X$，$\underline{C}_{P+1} = X_N - \Delta X$，而且 $\Delta X$ 是形成不确定区域的不确定因素。$A \in \Re^{u \times u}$ 表示逆协方差矩阵，根据 RVFL 网络理论随机生成。eT2RVFLN 的隐藏节点增长机制不同于漂移检测方法[16]，因为它仍然保留了单一模型架构，其要求比集成分类器的复杂程度要低。此外，隐藏节点增长机制是无参数的，因此不依赖于特定问题的阈值。

新的本地子模型被设置为获胜隐藏节点的本地子模型，以加速训练过程，因为它应该与新节点具有相邻关系。生成一个大的、正的、确定的协方差矩阵来模拟批处理学习场景提供的实际解决方案[43]。

$$\Omega_{P+1} = \Omega_{\mathrm{win}}, \Psi_{P+1} = \omega I \tag{2.18}$$

式中：$\omega$ 定义了一个大的正常数，设为 $\Theta = 10^5$；$\Psi_{P+1}$ 是新规则的输出协方差矩阵。将局部学习原理应用于 eT2RVFLN 中，从而对局部子系统进行调整，每个子系统都是松散耦合的，并且具有唯一的协方差矩阵。因此，特定节点的生长、修剪和自适应对其他隐藏节点的收敛影响很小。结构学习机制不需要一个全局协方差矩阵的特殊设置。

贝叶斯概念用于选择获胜隐藏节点，最大后验概率为 $\text{win} = \arg\max\limits_{i=1,\cdots,P} \hat{P}(R_i|X)$，获胜隐藏节点的关键特征是其先验概率，其中获胜隐藏节点是以概率方式提取的。当候选对象位于距对象样本相似的距离时，这对于确定获胜隐藏节点是实用的。

**2. 隐藏节点修剪机制**

eT2RVFLN 采用规则修剪机制，即 2 型相关互信息（T2RMI），通过删除不连续的隐藏节点来降低结构复杂度，该机制基于修改后的相关互信息（RMI）工作版本[44]来处理间隔 2 型隐藏节点。

T2RMI 用于识别隐藏节点和类标签之间的相互信息。尽管神经元和目标变量之间的相关性可以通过线性和非线性方法来测量，但在 T2RMI 中使用了非线性测量，因为两个变量之间的相互作用通常是非线性的，不能通过线性测量精确地量化[45]。这种相关性由对称不确定性方法计算得出，至少有 3 个好处：①简单性；②多值特征的低偏差；③对两个变量的顺序不敏感[46]。

T2RMI 方法定义如下：

$$\text{RMI}(\widetilde{R}, Y) = \left( \frac{(1-q)2I(\underline{R}_i, Y)}{H(\underline{R}_i) + H(Y)} + \frac{q2I(\overline{R}_i, Y)}{H(\overline{R}_i) + H(Y)} \right) \quad (2.19)$$

式中：$I(\overline{R}_i, Y) = H(\overline{R}_i) + H(Y) - H(\overline{R}_i, Y)$ 为表示隐藏节点和类标签之间的相互信息的信息增益。$\overline{R}_i$ 的熵表示为 $H(\overline{R}_i)$，而 $(\overline{R}_i)$ 和 $(Y)$ 的联合熵表示为 $H(\overline{R}_i, Y)$。这个对称的不确定性计算徘徊在 $[0,1]$ 附近，显示 $(\overline{R}_i)$ 和 $(Y)$ 值之间的依赖性，其中 0 表示 $(\overline{R}_i)$ 和 $(Y)$ 不相关。

如果满足以下条件，则放弃隐藏节点：

$$\text{RMI} < \text{mean}(\text{RMI}) - 2\text{std}(\text{RMI}) \quad (2.20)$$

式中：$\text{mean}(\text{RMI})$ 是 RMI 的经验平均值；$\text{std}(\text{RMI})$ 是 RMI 的标准偏差。

**3. 在线特征选择机制**

在在线学习中，在线学习的本质导致预处理过程中的特征选择不可实施，这就需要一个快速、自主的过程来解决上述问题。在 eT2RVLN 中，采用增量输入修建机制来去除训练过程中不必要的输入属性，而不会显著降低泛化过程。增量输入修剪策略建立在基于马尔可夫覆盖理论的相关性和冗余分析的基础上[47]。该策略确保了当一个输入特征将马尔可夫覆盖到另一个输入属性时，该输入属性将永远不会占有重要地位。换言之，它解决了传统输入修剪方法中由于不连续性而产生的不稳定性问题。一般来说，输入属性可以分为4个标准：不相关、弱相关、弱相关但非冗余和强相关。

选择过程是通过检查输入特征和目标类之间的相关性来测量特征的相关性进而实现初始化的。下一个阶段是测量特征冗余度。这两个相关度量，即C-相关和F-相关［式（2.19）］的定义表述如下。

**定义 1（C-相关）** 特征 $x_j$ 和 $t$ 类具有一个称为 C-相关的相关性，并用 $\mathrm{SU}(x_j,T)$ 表示。这个度量涉及对输入属性相关性的分析。[47]

**定义 2（F-相关）** F-相关，研究一对特征 $x_j,x_i(i\neq j)$ 之间的相关性，用于近似冗余，表示为 $\mathrm{SU}(x_j,x_i)$。[47]

注意，$\mathrm{SU}(x_j,T)$ 和 $\mathrm{SU}(x_j,x_i)$ 可以按照与 $\mathrm{RMI}(\widetilde{R},Y)$ 相同的公式，即式（2.19）计算。C-相关用于检测与目标概念不相关或弱相关的非活动输入特征。不相关的特征被直接丢弃，而弱相关的特征则需要使用 F-相关测试进行进一步的研究。也就是说，需要通过 C-相关测试 $\mathrm{SU}(x_j,T)\geqslant\gamma$ 来评估输入特征的相互信息。$\gamma$ 值设置为 0.8，参见文献［39］。冗余特性由 $\mathrm{SU}(x_j,T)<\mathrm{SU}(x_j,x_i)$ 表示，满足此条件的任何特性都将在不严重影响精度的情况下进行修剪。因为 C-相关测试捕获的无关特征将在 F-相关测试前被删除，所以两步策略可降低计算成本。这两个测试都是在单程模式下完全执行的；此功能将它们与原始工作[48]中的测试区分开来，并可扩展为在线实时部署。

**4. RVFL 学习机制**

Huang 等介绍了 RVFLN 理论[49]。其通用近似条件后来由 Mitra 等进行了数学证明[45]。RVFLN 建立在两个坚实的概念下：

（1）RVFL 是有限维有界集合上连续函数的通用逼近器。

（2）RVFL 是一种有效的通用逼近器，近似误差收敛到零阶 $O(C/\sqrt{P})$，其中 $C$ 与 $P$ 不相关。

这两个定理在隐藏节点和随机区域范围[50]的严格条件下成立，其中隐藏节点必须是绝对可积的，并且必须仔细选择一个随机参数区间——在任何隐藏节点和/或任何区间上都能够满足普遍逼近条件是不可能的。eT2RVFLN 的紧凑形式如下：

$$T=\Omega\varphi,\varphi^{\downarrow}T=\Omega,$$

$$\Phi^o=\begin{bmatrix} x_e^1 h_1^o(X_1), & \cdots & ,x_e^{2u+1}h_1^o(X_N) \\ \vdots & \ddots & \vdots \\ x_e^1 h_P^o(X_1), & \cdots & x_e^{2u+1}h_P^o(X_N) \end{bmatrix}\in\Re^{P\times N} \quad (2.21)$$

## 第2章 基于元认知随机向量函数连接网络的电动机故障检测与诊断

其中：$\varphi^{\dagger}$ 是摩尔—彭罗斯（Moore-Penrose）广义逆矩阵。它是已知最广泛的矩阵伪逆类型。该矩阵通常用于求解具有多个解的线性方程组的最小［欧几里得（Euclidean）］范数解。一些方法可以用来计算摩尔—彭罗斯广义逆矩阵。如果 $\varphi^T\varphi$ 不是奇异的，则可以形成正交方法 $(\varphi^T,\varphi)^{-1}\varphi^T$。否则，应采用正则化方法。需要注意的是，原始的 RVFL 网络使用最速下降算法来调整输出节点，但其他研究清楚地提到，只要矩阵求逆可行，就可以使用闭合形式的解决方案作为替代方案[47]。

上述学习方法实现了批量学习的方案。此方法假定完整数据集可用，并且可以在多次传递中重复访问。出于这个原因，采用了模糊加权的广义递归最小二乘（FWGRLS）方法对局部子系统进行分析微调。FWGRLS 构成广义最小二乘法的局部学习版本[46]。FWGRLS 方法的成本函数表示为

$$E(\Omega_n) = \sum_{n=1}^{N} ((t_n - y_n)^T R_n^{-1}(t_n - y_n) + 2\varpi\xi(\Omega_n) + (\Omega_n - \Omega_0)P_0^{-1}(\Omega_n - \Omega_0)) \quad (2.22)$$

其中：$R^n \in R^{(2u+1)\times(2u+1)}$ 是建模误差的协方差矩阵，而 $\Omega_0$，$\omega$ 和 $\xi(\Omega_n)$ 分别代表初始权重向量、正则化参数和广义衰减函数。

FWGRLS 的适应性公式表示为

$$\psi(n) = \Psi(n-1)F(n)\left(\frac{R(n)}{\Lambda_i(n)} + F(n)\Psi(n-1)F^T(n)\right)^{-1} \quad (2.23)$$

$$\Psi(n) = \Psi(n-1) - \psi(n)F(n)\Psi(n-1) \quad (2.24)$$

$$\Omega_i(n) = \Omega_i(n-1) - \varpi\Psi_i(n)\nabla\xi(\Omega_i(n-1)) + \Psi(n)(t(n) - y(n)) \quad (2.25)$$

$$y(n) = x_{en}\Omega_i(n) \ ; \quad F(n) = \frac{\partial y(n)}{\partial \Omega(n)} = x_{en} \quad (2.26)$$

式中：$\nabla\xi(\Omega_i(n-1))$ 表示广义衰减函数和 $\Lambda_i(n) = = (1-q_o)\underline{R}_i + q_o\overline{R}_i$ 的梯度。二次权重衰减函数用作 $\xi(\Omega_i(n-1)) = 0.5\Omega_i(n-1)^2$，以将权重向量按比例降低到其当前值。将海森矩阵（Hessian matrix）$R_n \in \Re^{(2u+1)\times(2u+1)}$ 用于广义最小二乘，$\omega$ 设为 $\omega = 10^{-15}$。这种方法可以很容易地扩展到块自适应（chunk-by-chunk）方案中。

### 2.3.2.3 何时学

训练样本在遵循以下标准的情况下，被指定为保留样本 $(XS_N, TS_N)$：

$$\min_{i=1,\cdots,P}(FS_i) \le FS_{P+1} \le \max_{i=1,\cdots,P}(FS_i) \ ; \quad Y_N = t_N \quad (2.27)$$

该条件表明数据不向系统传递紧急信息，并且分类器能够确保自身的预测精度。尽管如此，一些样本在稍后更新模型时以填补基础训练样本发现的

空白方面可能很重要，所以将这些样本放入缓冲区，并在完全用尽中心训练样本后使用。实际上，由于数据流可能无限的性质，系统处于空闲模式时就会消耗预留样本，当预留样本数不变时，训练过程终止。

## 2.4 实验设计

5台电动机包括一台正常电动机和4台故障电动机，它们具有转子断条、不平衡电压、定子绕组和偏心问题的故障；测量这些故障电动机以记录定子电流的信号。在所有有故障的电动机中，不平衡电压、匝间短路、偏心率和负载的各种偏压值如表2.2所列。

表2.2 应用到每种类型故障电动机的偏置值

| 行　　为 | 值 |
| --- | --- |
| 三相不平衡电压 | 5%和10% |
| 转换不到位 | 10% |
| 偏心率 | 30%动态和10%静态 |
| 负载 | 25%、50%、75%和100% |

本案例研究的目的是使用eT2RVFLN算法来检测和分类5种不同的感应电动机状态。由于感应电动机是一个混杂系统，其信号是连续产生的，这就导致了大数据问题和著名的4Vs问题。使用eT2RVFLN来解决上述问题，是因为它具有进化和适应新模式的能力。eT2RVFLN用于处理4个问题：复杂性、不确定性、概念漂移和高维度。这是一个非常快速的训练过程，具有简单、快速和易于使用的属性。它是一种元认知学习策略："学什么""如何学"以及"何时学"部分代表了机器学习的有效在线过程。为了比较算法性能，在实验中比较了4个分类器，分别是eTS[51]、simpl_eTS[52]、DFNN[53]和FAOSPFNN[54]。

在实际实验中，通过采集5种不同的感应电动机状态下的三相定子电流信号来收集数据：健康（或无故障）、转子断条、不平衡电压、定子绕组故障和偏心问题。为了进行比较，通过偏置三相不平衡电压、匝间短路、偏心和负载中的一个，进而将各种情况施加于故障电动机。表2.2中描述了应用于每种类型故障电动机的偏置值的情况。数据采集工作以Seera等的研究为基础[20]，其流程如图2.5所示。

为了获取定子电流信号，三相电源为感应电动机供电，并使用3个电流

# 第 2 章　基于元认知随机向量函数连接网络的电动机故障检测与诊断

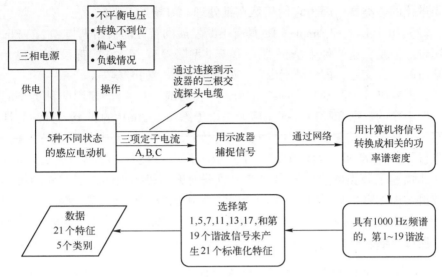

图 2.5　数据采集流程

探针连接到示波器。这个示波器捕捉信号，并将数据实时传送到站房的服务器。使用 PSD 技术将数据转换为频域。PSD 方法包括第 1 谐波到第 19 谐波，每一谐波使用 1000Hz 频谱形成。为了平衡三相系统，应禁用 3 次谐波电压。然而，这种情况取决于机器供电和结构失衡。

使用专家知识对特征进行选择，进而只提取每个相电流（A，B，C）中 19 个谐波中的 7 个：第 1、5、7、11、13、17 和 19 个谐波。这样，共提取了 21 个输入特征。对数据进行归一化处理，以确保适应阶段的稳定性。eT2RVFLN 利用这 21 个输入特性分析了数据模式，并建立了数据模型，通过将数据分为 5 类不同的感应电动机状态：健康、转子断条、不平衡电压、定子绕组故障和偏心问题，从而实现连续检测和诊断感应电动机的任何故障。

## 2.5　数值结果

实验框架在以下计算机配置下进行：Intel Core i7-6700 CPU，主频为 3.4GHz，内存为 16GB。所有模拟均在 MATLAB R2016a win-64 环境下运行。eT2RVFLN 算法与其他 4 种算法进行了基准测试，分别为：eTS，simpl_eTS，DFNN 和 FAOSPFNN，原因如下：

（1）使用 DFNN 和 FAOSPFNN 是因为它们能够自动生成规则，但是它们

· 33 ·

（2）由于 ETS 和 Simpl-ETS 具有不断发展的特性而被用来与 eT2RVFln 进行比较。但是，这两种方法仍然适用于 1 型隐藏节点。它们都没有实现元认知学习的三大支柱，即"学什么""如何学"和"何时学"。

数据随机分为两部分：训练（70%）和测试（30%）。使用两种类型的数据，即干净的数据和噪声数据，后者是由于添加了 20dB 的噪声。算法的性能根据 3 个标准来衡量：学习时间、规则数量和测试样本中的分类率。此外，还进行了 50 倍随机排列作为另一个实验程序，以检查 eT2RVFLN 的一致性。表 2.3 描述了分类器使用干净和噪声数据而无随机排列的性能，而随机排列的数值结果如表 2.4 所列。表 2.3 和表 2.4 中的两个实验均采用输入修剪程序进行。作为比较，表 2.5 和表 2.6 显示了表 2.3 和表 2.4 中进行的相同实验步骤，但没有输入修剪程序。

表 2.3 使用 eT2RVFLN 与其他 4 种基准算法进行感应电动机数据集分类的性能比较，无随机排列但带有输入修剪

| 数据测试性能 | eTS | | DFNN | | FAOSPFNN | | eT2RVFLN | | simpl_eTS | |
|---|---|---|---|---|---|---|---|---|---|---|
| | 干净 | 噪声 | 干净 | 噪声 | 干净 | 噪声 | 干净 | 噪声 | 干净 | 噪声 |
| 分类率（测试） | 1 | 0.71 | 1 | 0.7 | 0.55 | 0.217 | 0.978 | 0.637 | 1 | 0.643 |
| 学习时间 | 0.254 | 0.308 | 0.152 | 0.151 | 0.13 | 0.13 | 0.065 | 0.086 | 0.0375 | 0.0374 |
| 训练样本 | 140 | 140 | 140 | 140 | 140 | 140 | 93 | 94 | 140 | 140 |
| 输入属性 | 21 | 21 | 21 | 21 | 21 | 21 | 20 | 19 | 21 | 21 |
| 规则数量 | 9 | 9 | 1 | 1 | 8 | 12 | 1 | 1 | 1 | 1 |

表 2.4 使用 eT2RVFLN 与其他 4 种基准算法进行感应电动机数据集分类的性能比较，50 倍随机排列并带有输入修剪

| 数据测试性能 | eTS | | DFNN | | FAOSPFNN | | eT2RVFLN | | simpl_eTS | |
|---|---|---|---|---|---|---|---|---|---|---|
| | 干净 | 噪声 | 干净 | 噪声 | 干净 | 噪声 | 干净 | 噪声 | 干净 | 噪声 |
| 分类率（测试） | 0.996 | 0.834 | 0.998 | 0.702 | 0.563 | 0.273 | 0.97 | 0.836 | 0.979 | 0.702 |
| 平均学习时间 | 0.234 | 0.235 | 0.151 | 0.152 | 0.61 | 0.86 | 0.08 | 0.073 | 0.039 | 0.039 |
| 平均训练样本 | 140 | 140 | 140 | 140 | 140 | 140 | 140 | 140 | 140 | 140 |
| 平均输入属性 | 21 | 21 | 21 | 21 | 21 | 21 | 19.9 | 20.8 | 21 | 21 |
| 平均规则数量 | 9.26 | 9.28 | 1 | 1 | 25.6 | 38 | 1.14 | 1.02 | 1 | 1 |

# 第 2 章 基于元认知随机向量函数连接网络的电动机故障检测与诊断

表 2.5 使用 eT2RVFLN 与其他 4 种基准算法进行感应电动机数据集分类的性能比较，无随机排列并无输入修剪

| 数据测试性能 | eTS | | DFNN | | FAOSPFNN | | eT2RVFLN | | simpl_eTS | |
| --- | --- | --- | --- | --- | --- | --- | --- | --- | --- | --- |
| | 干净 | 噪声 | 干净 | 噪声 | 干净 | 噪声 | 干净 | 噪声 | 干净 | 噪声 |
| 分类率（测试） | 1 | 0.817 | 1 | 0.6833 | 0.917 | 0.717 | 1 | 0.85 | 1 | 0.683 |
| 学习时间 | 0.254 | 0.308 | 0.221 | 0.159 | 0.056 | 0.134 | 0.0651 | 0.0697 | 0.0375 | 0.0374 |
| 训练样本 | 140 | 140 | 140 | 140 | 140 | 140 | 140 | 140 | 140 | 140 |
| 输入属性 | 21 | 21 | 21 | 21 | 21 | 21 | 21 | 21 | 21 | 21 |
| 规则数量 | 9 | 9 | 1 | 1 | 4 | 6 | 1 | 1 | 1 | 1 |

表 2.6 使用 eT2RVFLN 与其他 4 种基准算法进行感应电动机数据集分类的性能比较，50 倍随机排列并无输入修剪

| 数据测试性能 | eTS | | DFNN | | FAOSPFNN | | eT2RVFLN | | simpl_eTS | |
| --- | --- | --- | --- | --- | --- | --- | --- | --- | --- | --- |
| | 干净 | 噪声 | 干净 | 噪声 | 干净 | 噪声 | 干净 | 噪声 | 干净 | 噪声 |
| 分类率（测试） | 0.996 | 0.834 | 0.998 | 0.7020 | 0.943 | 0.823 | 1 | 0.838 | 0.979 | 0.7023 |
| 平均学习时间 | 0.234 | 0.235 | 0.148 | 0.153 | 0.048 | 0.129 | 0.0694 | 0.078 | 0.039 | 0.039 |
| 平均训练样本 | 140 | 140 | 140 | 140 | 140 | 140 | 140 | 140 | 140 | 140 |
| 平均输入属性 | 21 | 21 | 21 | 21 | 21 | 21 | 21 | 21 | 21 | 21 |
| 平均规则数量 | 9.26 | 9.28 | 1 | 1 | 3.68 | 9.32 | 1 | 1.02 | 1 | 1 |

由表 2.3 和表 2.4 可见，eT2RVFLN 的精度与其他算法相当，并且在干净和噪声数据方面比其他算法的复杂度要低得多，尽管只是略低于 simpl-ETS。值得注意的是，应用修剪程序后，eT2RVFLN 的精度会略微降低。一般来说，在进行 50 倍随机排列后，eT2RVFLN 和其他算法的精度都略有提高。

在没有进行随机排列的实验中使用的数据（表 2.3 和表 2.5）是原始有序数据。这意味着每个类都按顺序进行训练，而在其他实验中（使用随机排列，表 2.4 和表 2.6），行是无序排列的，这会产生更好的泛化。

由表 2.5 和表 2.6 可见，在准确性方面，eT2RVFLN 明显优于两个实验中的其他算法（在干净和噪声数据下）。这些实验都是在没有样本删除和输入修剪的情况下进行的。

一般来说，DFNN 和 FAOSPFNN 等算法提供了一种批处理学习方案，该方案难以应对快速采样率，尽管实验数据表明 DFNN 算法具备第二高的分类率（在 eT2RVFLN 之后，表 2.6）。eT2RVFLN 具有在线降维功能，通过删除不良的输入属性，可以大大降低网络的复杂度。与此同时，eT2RVFLN 在训练过程中也使用较少的样本，如表 2.3 所列，对应干净和噪声数据，该算法分

别使用20个和19个属性,以及93个和94个样本。这一机制对数值结果有积极的影响,能够使得输入特征的数量降低到最少。与其他算法不同的是,eT2RVFLN因可以检测到不连续的数据流,并将其排除在训练过程之外,所以该算法的样本消耗量最低。实验结果表明,该机制能够有效地加快执行时间,这在数值计算中得到了反映。在速度方面,eT2RVFLN的运行时间位居第二,仅次于simpl-ETS。虽然如此,但需要强调的是,表2.3和表2.4所列的执行时间为每个数据的平均运行时间。由于eT2RVFLN在训练过程中删除了不相关的数据流,因此其学习整个数据集的平均运行时间将更快。

通过分析每个学习模块的计算成本,可以得到eT2RVFLN的计算复杂度。在"学什么"模块中,计算负担$WTN=O(mP)$,"如何学"模块显示$HTN=O(P+m+2Pm+n^2m+((n+m)+P(n+2m)))$的计算能力,而"何时学"模块则消耗$WETN=NS\times NTN$的计算复杂度。eT2RVFLN的所有模块的复杂度为$WTN+\rho(HTN)+WETN$,其中$\rho$表示数据流成为训练样本的概率。表2.7概括了其他基准算法的计算复杂度。

表2.7　4种基准算法的计算复杂度

| 算　法 | 计算复杂度 |
| --- | --- |
| eTS | $O(P(m+n+1)+(m+n)+\rho(P(m+n+2)))$ |
| simpl_eTS | $O(P(m+n+1)+2(m+n)+\rho(P(m+n+1))+P)$ |
| DFNN | $O(P(Nm+m))$ |
| FAOSPFNN | $O(P(Nm))$ |

$P$代表规则的数量,而$N$、$n$和$m$分别代表历史数据的数量、输入变量的数量和输出变量的数量。表2.7表明,根据计算成本,eTS和simpl_eTS比DFNN和FAOSPFNN更经济。这是因为DFNN和FAOSPFNN在每次迭代中都对所有数据进行了重传,与eTS和simpl_eTS的学习过程相比,前者的复杂度更高,后者以单通道模式训练输入数据。

## 2.6　结　论

本章提出了一种新的在线检测和诊断感应电动机故障的方法,该方法基于最新开发的元认知学习算法eT2RVFLN。利用实验室规模试验台进行了实时试验,采集传感器数据并进行了预处理,提取了相关特征。eT2RVFLN的优点对于在线故障检测来说是显而易见的:它在严格的在线环境中部署了3个学习阶段——"学什么""如何学""何时学""学什么"和"何时学"使训练样本大大减少,训练样本得到有效管理,提高了预测精度。"如何学"阶段所采用的算法本身提供了进化学习和随机学习的结合,从而形成一个快速、易于使用和灵活的模型。本章中的故障检测方法的优点在感应电动机故障在线检测中得到了实验验证,在准确性、可扩展性和简单性方面提供了令人信服的性能。

 参考文献

[1] Montanari, M., Peresada, S. M., Rossi, C., & Tilli, A. (2007). Speed sensorless control ofinduction motors based on a reduced-order adaptive observer. IEEE Transactions on ControlSystems Technology, 15, 1049-1064.

[2] Cusidó, J., Romeral, L., Ortega, J. A., Rosero, J. A., & Espinosa, A. G. (2008). Faultdetection in induction machines using power spectral density in wavelet decomposition. IEEETransactions on Industrial Electronics, 55, 633-643.

[3] Benbouzid, M. E. H. (2000). A review of induction motors signature analysis as a medium forfaults detection. IEEE Transactions on Industrial Electronics, 47, 984-993.

[4] Toubakh, H., & Sayed-Mouchaweh, M. (2016). Hybrid dynamic classifier for drift-like faultdiagnosis in a class of hybrid dynamic systems: Application to wind turbine converters. Neurocomputing, 171, 1496-1516.

[5] Traore, M., Duviella, E., & Lecoeuche, S. (2009). Comparison of two prognosis methods based on neuro fuzzy inference system and clustering neural network. *IFAC ProceedingsVolumes*, 42, 1468-1473.

[6] Sayed-Mouchaweh, M., & Lughofer, E. (2012). Learning in non-stationary environments: Methods and applications. New York: Springer.

[7] Bangalore, P., & Tjernberg, L. B. (2015). An artificial neural network approach for early faultdetection of gearbox bearings. IEEE Transactions on Smart Grid, 6, 980-987.

[8] Martin, T. (2005). Fuzzy sets in the fight against digital obesity. Fuzzy Sets and Systems, 156, 411-417.

[9] López, V., del Río, S., Benítez, J. M., & Herrera, F. (2015). Cost-sensitive linguistic fuzzy rulebased classification systems under the MapReduce framework for imbalanced big data. FuzzySets and Systems, 258, 5-38.

[10] Broomhead, D. S., & Lowe, D. (1988). Radial basis functions, multi-variable functionalinterpolation and adaptive networks. Royal Signals and Radar Establishment Malvern (UK).

[11] Bergstra, J., & Bengio, Y. (2012). Random search for hyper-parameter optimization. Journalof Machine Learning Research, 13, 281-305.

[12] Chen, C. P., & Wan, J. Z. (1999). A rapid learning and dynamic stepwise updating algorithmfor flat neural networks and the application to time-series prediction. IEEE Transactions onSystems, Man, and Cybernetics, Part B (Cybernetics), 29, 62-72.

[13] Rong, H.-J., Ong, Y.-S., Tan, A.-H., & Zhu, Z. (2008). A fast pruned-extreme learning machinefor classification problem. Neurocomputing, 72, 359-366.

[14] Deng, Z., Choi, K.-S., Cao, L., & Wang, S. (2014). T2fela: Type-2 fuzzy extreme learningalgorithm for fast training of interval type-2 TSK fuzzy logic system. IEEE Transactions onNeural Networks and Learning Systems, 25, 664-676.

[15] Feng, G., Huang, G.-B., Lin, Q., & Gay, R. (2009). Error minimized extreme learning machinewithgrowthofhiddennodesandincrementallearning. IEEETransactionsonNeuralNetworks, 20, 1352-1357.

[16] Mirza, B., Lin, Z., & Liu, N. (2015). Ensemble of subset online sequential extreme learningmachine for class imbalance and concept drift. Neurocomputing, 149, 316-329.

[17] Pratama, M., Zhang, G., Er, M. J., & Anavatti, S. (2017). An incremental type-2 meta-cognitiveextreme learning machine. IEEE Transactions on Cybernetics, 47, 339-353.

[18] Subramanian, K., Suresh, S., & Sundararajan, N. (2013). A metacognitive neuro-fuzzy-inference system (McFIS) for sequential classification problems. IEEE Transactions on FuzzySystems, 21, 1080-1095.

[19] Millan-Almaraz, J. R., Romero-Troncoso, R., Contreras-Medina, L. M., & Garcia-Perez, A. (2008). Embedded FPGA based induction motor monitoring system with speed drive fed usingmultiple wavelet analysis. In international symposium on industrial embedded systems, 2008. SIES 2008 (pp. 215-220).

[20] Seera, M., Lim, C. P., Ishak, D., & Singh, H. (2012). Fault detection and diagnosis ofinduction motors using motor current signature analysis and a hybrid FMM-CART model. IEEE Transactions on Neural Networks and Learning Systems, 23, 97-108.

[21] Douglas, H., Pillay, P., & Ziarani, A. (2005). Broken rotor bar detection in induction machineswith transient operating speeds. IEEE Transactions on Energy Conversion, 20, 135-141.

[22] Penman, J., Sedding, H., Lloyd, B., & Fink, W. (1994). Detectionandlocationof interturn shortcircuits in the stator windings of operating motors. IEEE Transactions on Energy Conversion, 9, 652-658.

[23] Cameron, J., Thomson, W., & Dow, A. (1986). Vibration and current monitoring for detectingairgap eccentricity in large induction motors. In IEEE proceedings B (electric power applica-tions) (pp. 155-163).

[24] Dorrell, D. G., Thomson, W. T., & Roach, S. (1997). Analysis of airgap flux,

## 第2章 基于元认知随机向量函数连接网络的电动机故障检测与诊断

current, andvibration signals as a function of the combination of static and dynamic airgap eccentricity in3-phase induction motors. IEEE Transactions on Industry Applications, 33, 24-34.

[25] Rodríguez, P. V. J., Negrea, M., & Arkkio, A. (2008). A simplified scheme for induction motorcondition monitoring. Mechanical Systems and Signal Processing, 22, 1216-1236.

[26] Arabacı, H., & Bilgin, O. (2010). Automatic detection and classification of rotor cage faults insquirrel cage induction motor. Neural Computing and Applications, 19, 713-723.

[27] Lau, E. C., & Ngan, H. (2010). Detection of motor bearing outer raceway defect by waveletpacket transformed motor current signature analysis. IEEE Transactions on Instrumentationand Measurement, 59, 2683-2690.

[28] Abe, S., &Lan, M.-S. (1995). A method for fuzzy rules extraction directly from numerical dataand its application to pattern classification. IEEE Transactions on Fuzzy Systems, 3, 18-28.

[29] Palmero, G. S., Santamaria, J. J., de la Torre, E. M., & González, J. P. (2005). Fault detectionand fuzzy rule extraction in AC motors by a neuro-fuzzy ART-based system. EngineeringApplications of Artificial Intelligence, 18, 867-874.

[30] Yang, B.-S., Oh, M.-S., & Tan, A. C. C. (2009). Fault diagnosis of induction motor basedon decision trees and adaptive neuro-fuzzy inference. Expert Systems with Applications, 36, 1840-1849.

[31] Sii, H. S., Ruxton, T., & Wang, J. (2001). A fuzzy-logic-based approach to qualitative safetymodelling for marine systems. Reliability Engineering & System Safety, 73, 19-34.

[32] Brotherton, T., Chadderdon, G., & Grabill, P. (1999). Automated rule extraction for enginevibration analysis. In 1999 IEEE aerospace conference proceedings (pp. 29-38).

[33] Sadeghian, A., Ye, Z., & Wu, B. (2009). Online detection of broken rotor bars in inductionmotors by wavelet packet decomposition and artificial neural networks. IEEE Transactions onInstrumentation and Measurement, 58, 2253-2263.

[34] Lee, S.-h., Wang, Y.-q., & Song, J.-i. (2010). Fourier and wavelet transformations applicationto fault detection of induction motor with stator current. Journal of Central South Universityof Technology, 17, 93-101.

[35] Liu, X., Ma, L., & Mathew, J. (2009). Machinery fault diagnosis based on fuzzy measure andfuzzy integral data fusion techniques. Mechanical Systems and Signal Processing, 23, 690-700.

[36] Ondel, O., Boutleux, E., Clerc, G., & Blanco, E. (2008). FDI based on pattern recognitionusing Kalman prediction: Application to an induction machine. Engineering Applications ofArtificial Intelligence, 21, 961-973.

[37] Adjallah, K. H., Han, T., Yang, B.-S., & Yin, Z.-J. (2007). Feature-based fault diagnosis systemof induction motors using vibration signal. Journal of Quality in Maintenance Engineering, 13, 163-175.

[38] Jang, J.-S. (1993). ANFIS: Adaptive-network-based fuzzy inference system. IEEE Transactions on Systems, Man, and Cybernetics, 23, 665-685.

[39] Patra, J. C., & Kot, A. C. (2002). Nonlinear dynamic system identification using Chebyshevfunctional link artificial neural networks. IEEE Transactions on Systems, Man, and Cybernetics, Part B (Cybernetics), 32, 505-511.

[40] Savitha, R., Suresh, S., & Kim, H. J. (2014). A meta-cognitive learning algorithm for anextreme learning machine classifier. Cognitive Computation, 6, 253-263.

[41] Lughofer, E., & Buchtala, O. (2013). Reliable all-pairs evolving fuzzy classifiers. IEEETransactions on Fuzzy Systems, 21, 625-641.

[42] Pratama, M., Er, M. J., Anavatti, S. G., Lughofer, E., Wang, N., & Arifin, I. (2014). Anovel meta-cognitive-based scaffolding classifier to sequential non-stationary classificationproblems. In 2014 IEEE international conference on fuzzy systems (FUZZ-IEEE) (pp. 369-376).

[43] Pratama, M., Anavatti, S. G., & Lughofer, E. (2014). GENEFIS: Toward an effective localistnetwork. IEEE Transactions on Fuzzy Systems, 22, 547-562.

[44] Han, H., Wu, X.-L., & Qiao, J.-F. (2014). Nonlinear systems modeling based on self-organizing fuzzy-neural-network with adaptive computation algorithm. IEEE Transactions onCybernetics, 44, 554-564.

[45] Mitra, P., Murthy, C., & Pal, S. K. (2002). Unsupervised feature selection using featuresimilarity. IEEE Transactions on Pattern Analysis and Machine Intelligence, 24, 301-312.

[46] Oentaryo, R. J., Pasquier, M., & Quek, C. (2011). RFCMAC: A novel reduced localized neuro-fuzzy system approach to knowledge extraction. Expert Systems with Applications, 38, 12066-12084.

[47] Yu, L., & Liu, H. (2004). Efficient feature selection via analysis of relevance and redundancy. Journal of Machine Learning Research, 5, 1205-1224.

[48] Zhang, R., Lan, Y., Huang, G.-B., & Xu, Z.-B. (2012). Universal approximation of extremelearning machine with adaptive growth of hidden nodes. IEEE Transactions on NeuralNetworks and Learning Systems, 23, 365-371.

[49] Huang, G.-B., Zhu, Q.-Y., & Siew, C.-K. (2006). Extreme learning machine: Theory andapplications. Neurocomputing, 70, 489-501.

[50] Huang, G.-B., Chen, L., & Siew, C. K. (2006). Universal approximation using incrementalconstructive feedforward networks with random hidden nodes. IEEE Transactions on NeuralNetworks, 17, 879-892.

第2章　基于元认知随机向量函数连接网络的电动机故障检测与诊断

[51] Angelov, P. P., & Filev, D. P. (2004). An approach to online identification of Takagi-Sugenofuzzy models. IEEE Transactions on Systems, Man, and Cybernetics, Part B (Cybernetics), 34, 484-498.

[52] Angelov, P., & Filev, D. (2005). Simpl_ eTS: A simplified method for learning evolving Takagi-Sugeno fuzzy models. In The 14th IEEE international conference on fuzzy systems, 2005. FUZZ'05 (pp. 1068-1073).

[53] Wu, S., & Er, M. J. (2000). Dynamic fuzzy neural networks-a novel approach to functionapproximation. IEEE Transactions on Systems, Man, and Cybernetics, Part B (Cybernetics), 30, 358-364.

[54] Wang, N., Er, M. J., & Meng, X. (2009). A fast and accurate online self-organizing scheme forparsimonious fuzzy neural networks. Neurocomputing, 72, 3818-3829.

# 第 3 章
# 基于模型的混杂动态系统故障诊断的最佳自适应阈值和模式故障检测

## 3.1 引　言

故障检测与隔离（FDI）在工程系统健康监测中起着至关重要的作用，以确保其安全性、可靠性和可维护性[1-3]。混杂动态系统（HDS）的 FDI 是复杂的，因为这种系统的动态行为包括一系列连续动态，其中每一个连续动态都是由特定的离散模式组合（监控模式或自主模式）触发的。HDS 的例子包括嵌入式系统、带控制执行器的液压系统、减压阀、止回阀和开关控制的电气/电子系统等。

在基于模型的定量 FDI 中，残差是系统运行中出现任何不一致的主要指标。一般来说，残差的任何非零值都表示故障，但残差也会因系统中涉及的建模、参数和测量的不确定性显示非零值。因此，通常采用基于区间模型和基于统计测试的方法来区分故障和不确定性的影响[4]。在基于模型的定量 FDI 中，基于区间的方法被广泛地应用于残差阈值的生成。该方法适用于参数和测量值的不确定度分布未知，但边界已知情况下的 FDI。因此，当系统根据模型生成的预期行为运行时，残差也保持在生成的一组设计阈值内。阈值的设计需要兼顾模型误差、参数不确定性和测量噪声等因素。一个稳健的诊断系统设计需要努力在错误检测或故障引发的检测延迟和欺骗性检测之间取得平衡。错误检测是指无法检测到实际存在的故障，而欺骗性检测是指检测到了实际不存在的故障。

通常，鲁棒诊断的残差阈值是根据模型的最坏情况、参数和测量不确定性生成的。这种阈值称为自适应阈值，其中，所有参数不确定性贡献的绝对值的总和与考虑测量噪声所需的额外小静态阈值一起计算。参数不确定性是由系统参数值的直接测量或参数估计引起的。此外，参数不确定性还包括自上次明确测量或估计这些参数值以来，经过长时间运行后参数值的未知方向漂移。自适应阈值具有鲁棒性，因为它认为所有参数在任意方向上都可能有最大的偏差，即高于或低于相应的估计参数值。这会使阈值膨胀，对于小故障，残差可能不会超过阈值。对于较大的故障，超过阈值所花费的时间可能会导致检测延迟。

在基于模型的定量 FDI 中，存在用于残差生成的各种方法，如基于分析冗余关系（ARRs）的，基于观测器的，基于奇偶校验关系的和基于参数估计的方法[5]。在现有的各种方法中，基于 ARRs 的方法更常用于残差和阈值的生成。事实上，利用键合图（BG）建模技术可以很容易地得到这些结果。BG 是一种多能源领域的建模工具[6-8]，可用于集成系统设计，并为建模、仿真、控制器开发和诊断系统开发提供通用框架。对于 HDS，使用全局 ARR（Global-ARR，GARRs）代替 ARRs。GARRs 在系统的任何工作模式下都有效，可以从文献［5，9-12］中提出的混合键合图（HBG）模型中获得。ARRs 或 GARRs 是模型约束的一种表达，当使用测量数据和标称上已知的参数值估计它们时，它们的值即为残差。

对于不确定动态系统，现有的方法将自适应阈值作为 ARR 的不确定部分，并将 ARR 的某些部分或标称部分与其不确定部分解耦。标称部分的数值计算得到标称残差，不确定部分的数值计算得出数值残差阈值。利用线性分式变换（LFT）的概念，可以在 BG 建模工具中轻松实现这种 ARR 和阈值区分[13-15]。实际上，动态模型、动态模型仿真、ARR 和阈值方程的推导都可以使用本章采用的通用 BG 建模框架来完成。

故障隔离取决于由于故障所引发的可观测的故障特征。故障特征是一组残差的编码，这些残差由于某种故障而表现异常。如果特定故障引起的故障信号与其他所有故障引起的故障信号不同，则可以隔离特定故障。因此，只有当特定的故障以某种特定的方式导致特定残差出现偏差时，才能进行故障隔离，从中可以唯一地建立与故障相关的剩余响应之间的反向一对一映射。

传感器的设置可用于设计结构化的残差,即所有故障特征彼此不同。基于 BG 模型的方法对于设计能够给出结构性残差的传感器布局方面具有一定的实用价值。

在 HDS 中,真实故障的隔离和识别是检测到故障后的另一个关键问题。与连续动态系统相比,这要复杂得多,因为离散模式故障可能发生在此类系统中的参数故障之外或与之一起发生[16-18]。离散模式故障的例子有:开关故障、阀门卡在开或关故障、控制命令通信故障、模式转换故障等。对于离散模式故障的检测通常很容易,因为它会使系统动态产生重大变化。但是,当某部件中的离散模式故障与该部件的部分或整体的参数故障具有相同的故障特征时,故障隔离将变得非常困难。当多个部件具有相同的故障特征时,即在观察到的故障症状与故障之间没有唯一的映射时,故障隔离也会变得更加复杂。因此,通常会生成一个可疑故障集(SSF)。SSF 包括未知的实际故障参数以及其他一些故障参数,且这些其他的参数的故障能够产生与实际故障参数相同的故障特征。

当故障效应与故障特征不可区分时,文献[5,19-22]提出了采用 SSF 中元件的参数估计来隔离故障。然而,SSF 中加入的离散模式故障使得参数估计任务变得复杂。对于系统中发生的任何故障,首先需要确认残差不一致是由模式故障还是由参数故障引起的。如果不一致是由离散模式故障造成的,那么参数估计是无关紧要的,需要重新配置或关闭过程。如果确认残差不一致不是由离散模式故障引起的,则假定是由参数故障引起的,并且可以从 SSF 中删除离散故障参数。然后运用已知的模式信息,对 SSF 中剩余参数的大小进行估计。因此,HDS 故障诊断方案的核心是区分离散模式故障和参数故障,并通过对其严重性的估计来隔离真实故障,以便对故障适应或系统重新配置做出适当的决定。

在文献[23,24]中可以找到一些基于 BG 方法的最新研究,该方法解决了提高故障诊断的鲁棒阈值的生成问题。在文献[23]中,使用 BG-LFT 模型和区间扩展函数(IEF)技术生成鲁棒优化阈值。通过仿真,在连续动态系统上对该方法进行了测试和演示,并证明了该方法的可检测性,但在文献[24]中,分析了在小故障存在的情况下,由于所有敏感残差都保持在其各自阈值内,因此仍然存在检测问题。在其中,提出了利用剩余灵敏度关系生成多阈值的方法作为解决方案。此外,在文献[25]中,介绍了一种基于灵敏度分析的在多个残差候选对象中选择故障最敏感残差子集的技术,以提高故障的可检测性和可隔离性,以尽量减少错误警报。但是,只有当更多的残差对某一特定的故障敏感时,这种方法才有效。这些方法只关注连续动态系统

## 第3章 基于模型的混杂动态系统故障诊断的最佳自适应阈值和模式故障检测

中的参数故障。在文献［16，26-31］的研究中表明，几乎没有关于改善在 HDS 中应用 FDI 的报道。文献［16］中尝试从 GARRs 获得 ARR 集，用于在 HDS 中存在参数故障的情况下进行模式跟踪。文献［26］中采用增量 BG 方法和基于 ARRs 的方法分别用于产生模式相关的自适应阈值和进行模式识别。在文献［27］中，为了提高故障的可隔离性，提出了离散模式故障和参数故障的灵敏度特征矩阵。此外，本章还提出了一种残差滤波技术，以解决 HDS 中的各种不确定性问题，但并没有对阈值生成方案进行讨论。此外，该方法只提供了故障诊断后的一组疑似离散故障和参数故障，但对如何在众多疑似故障中隔离真实故障还没有进行讨论。在文献［28，29］中，引入了混合可能冲突的概念，从而促进对 HDS 进行 FDI 的研究。为此，利用 HBG 技术将模型分解成不同的子模型，并利用各自的子模型识别离散故障或参数故障。在文献［30］中，残差生成采用奇偶空间法，自适应阈值生成则采用基于分区的集员身份识别方法。在文献［31］中，最坏情况下的自适应阈值用于鲁棒诊断，只考虑测量中的附加故障。其他基于分散诊断体系结构和机器学习技术的 HDS 离散故障和参数故障识别方法可分别参考文献［32］和［33］。

本章的主要目标是通过使用已知健康系统状态的残差来选择最优自适应阈值，以处理实际系统中的不确定性问题，如运行系统中参数值的小漂移。这意味着，在离线设计 FDI 系统后，在实际系统中进行健康状态训练是必要的。此外，还提出了基于残差大小的初始假设来区分参数故障和离散模式故障。然后，通过进一步的正式程序对假设进行验证。在目前的研究中，假设系统在任何时刻都只发生单一故障（参数故障或离散模式故障）。此外，还假设任何参数故障导致的剩余响应与系统中任何可疑的离散模式故障不同。这是文献［16］中考虑的类似假设。例如，开关阀部分堵塞故障和阀卡死故障等离散模式故障对残差的响应应该是不同的。本书不考虑症状的不确定性。假设对故障敏感的所有残差都违反其阈值，并且在残差中观察到所有故障症状。读者可参考文献［34-37］，其中考虑了连续动力系统诊断过程中症状不确定性的影响。

本章其余部分的安排如下。3.2 节简要讨论了 BG 和 HBG 建模技术。3.3 节介绍了 FDI 中使用的基于 HBG 的残差、自适应阈值生成和常用术语。此外，还提出了自适应阈值的优化选择和离散模式故障识别技术。3.4 节通过数值模拟讨论了所提出的诊断和阈值技术在混合双罐系统上的应用。最后，3.5 节给出了主要结论和观点。

## 3.2 键 合 图

键合图（BG）是多物理能系统统一的多能量域建模方法[6,8]。BG 是一种图形语言。BG 模型是作为节点的不同通用元件的互联图，节点之间的连线被称为键。表 3.1 简要介绍了这些通用元件及其定义。这些元件通过使用集总参数建模框架来表示与多能域系统相关联的源和元件。广义元件包括两个源（$Se$，$Sf$），3 个无源元件（$R$，$C$，$I$），4 个功率守恒结（$TF$，$GY$，共势结（0-equal effort），共流结（1-equal flow））和两个探测器/传感器（$De$，$Df$）。每个功率键与两个广义功率变量相关联，即势变量（$e$）和流变量（$f$），以及这两个变量的乘积（$e \cdot f$）在相应的键中给出功率。这些功率变量在不同域中代表不同意义。例如，在液压域中，压力和体积流速（或质量流速，当密度恒定时）分别表示为势变量和流变量。

表 3.1 通用 BG 元件的定义

| | | 符号 | 本构方程 | 名称 |
|---|---|---|---|---|
| 源 | | $Se{:}e \xrightarrow{\frac{e}{f}}$ | $\begin{cases} e(t) & \text{来自于源} \\ f(t) & \text{任意的} \end{cases}$ | 势源 |
| | | $Sf{:}f \xrightarrow{\frac{e}{f}}$ | $\begin{cases} e(t) & \text{来自于源} \\ f(t) & \text{任意的} \end{cases}$ | 流源 |
| 无源元件 | 储能 | $\xrightarrow{\frac{e}{f}} R$ | $\Phi_R(e,f)=0$ | 阻性元件 |
| | 耗能 | $\xrightarrow{\frac{e}{f}} C$ | $\Phi_C(e,q)=0$ | 容性元件 |
| | | $\xrightarrow{\frac{e}{f}} I$ | $\Phi_I(f,p)=0$ | 惯性元件 |
| 结点 | 换能器 | $\xrightarrow{\frac{e_1}{f_1}} \begin{array}{c}TF\\:m\end{array} \xrightarrow{\frac{e_2}{f_2}}$ | $\begin{cases} e_1=me_2 \\ f_2=mf_1 \end{cases}$ | 变换器 |
| | | $\xrightarrow{\frac{e_1}{f_1}} \begin{array}{c}GY\\:r\end{array} \xrightarrow{\frac{e_2}{f_2}}$ | $\begin{cases} e_1=rf_2 \\ e_2=rf_1 \end{cases}$ | 回转器 |
| | 结点 | $\xrightarrow{\frac{e_1}{f_1}} 0 \xrightarrow{\frac{e_2}{f_2}}$，$\frac{f_3}{e_3} \downarrow$ | $\begin{cases} e_1=e_2=e_3 \\ f_1-f_2+f_3=0 \end{cases}$ | 0-结：共势结 |
| | 结点 | $\xrightarrow{\frac{e_1}{f_1}} 1 \xrightarrow{\frac{e_2}{f_2}}$，$\frac{f_3}{e_3} \downarrow$ | $\begin{cases} f_1=f_2=f_3 \\ e_1-e_2+e_3=0 \end{cases}$ | 1-结：共流结 |

## 第3章 基于模型的混杂动态系统故障诊断的最佳自适应阈值和模式故障检测

续表

| 符号 | | 本构方程 | 名称 |
|---|---|---|---|
| 传感器 | 传感器 | $\dfrac{e}{f=0}$ ⊦ De:e<br>⊢$\dfrac{e=0}{f}$ Df:f | $\begin{cases}e=e(t)\\f=0\end{cases}$<br>$\begin{cases}f=f(t)\\e=0\end{cases}$ | 传感器<br>（探测器） |

在因果关系 BG 模型中，键中的半箭头表示设定的功率流方向，而键末端的垂直线是描述数学因果关系或计算因果关系的因果划。在因果功率键中，势（$e$）信息指向因果划端，而流（$f$）信息指向相反的方向。此外，键中的全箭头表示传感器、积分器等元件传输的信号或信息。BG 的因果和结构特性允许系统生成方程，用于系统动态的研究和系统故障诊断规则开发。表 3.2 给出了各种 BG 元素的因果形式，它们对应的因果方程和框图，以及因果关系分配规则。例如，由电压源 $Se$：$V$ 和电阻 $R$（图 3.1（a））组成的电路模型的计算形式由图 3.1（$a_1$）中的因果 BG 模型和图 3.1（$a_2$）中的方框图表示。对电压源 $Se$ 采用固定因果关系，即对电阻 $R$ 施加电势 $V$，即可得到电阻 $R$ 的输出电流 $i=V/R$。同样，由电流源 $Sf$：$i$ 和电阻 $R$（图 3.1（b））组成的电路模型的计算形式由图 3.1（$b_1$）中的因果 BG 模型和图 3.1（$b_2$）中的方框图表示。电流源 $Sf$ 使用固定的因果关系，即它将电流 $i$ 提供给电阻 $R$，并接受 $R$ 的输出电压 $V=iR$。

表 3.2 BG 元件的因果关系分配

| 元件 | 键合图 | 因果方程 | 框图 | 规则 |
|---|---|---|---|---|
| 势源 | Se: $e$ ⊢ | $e$ 为已知 | Se: $e$ $\xleftarrow{f}$ System $\xrightarrow{}$ | **Se**(**Sf**) 的输出是系统的势（流）变量输入。 |
| 流源 | Sf: $f$ ⊢ | $f$ 为已知 | Sf: $f$ $\xrightarrow{e}$ System $\xleftarrow{}$ | 规则：因果关系是强制性的 |
| 0-结点 | $\dfrac{e_1}{f_1}\to 0 \dfrac{e_3}{f_3}$，$e_2\mid f_2$，$f_4\mid e_4$ | $\begin{cases}e_2=e_1\\e_3=e_1\\e_4=e_1\\f_1=-f_2+f_3-f_4\end{cases}$ | $f_2\to(-)$，$f_3\to(+)\Sigma\to f_1$，$f_4\to(-)$；$e_1\to\begin{array}{l}e_2=e_1\\e_3=e_1\\e_4=e_1\end{array}\to\begin{array}{l}e_2\\e_3\\e_4\end{array}$ | 只有一个势变量（这里是 $e_1$）输入。<br>规则：仅有一根因果划靠近 0-结点 |
| 1-结点 | $\dfrac{e_1}{f_1}\to 1 \dfrac{e_3}{f_3}$，$e_2\mid f_2$，$f_4\mid e_4$ | $\begin{cases}f_2=f_1\\f_3=f_1\\f_4=f_1\\e_1=-e_2+e_3-e_4\end{cases}$ | $e_2\to(-)$，$e_3\to(+)\Sigma\to e_1$，$e_4\to(-)$；$f_1\to\begin{array}{l}f_2=f_1\\f_3=f_1\\f_4=f_1\end{array}\to\begin{array}{l}f_2\\f_3\\f_4\end{array}$ | 只有一个流变量（这里是 $f_1$）输入。<br>规则：仅有一根因果划远离 1-结点 |

续表

| 元件 | 键合图 | 因果方程 | 框图 | 规则 |
|---|---|---|---|---|
| TF | $\xrightarrow{e_1/f_1}\mathbf{TF}\xrightarrow{e_2/f_2}$ <br> $\dot{m}$ <br><br> $\xrightarrow{e_1/f_1}\mathbf{TF}\xleftarrow{e_2/f_2}$ <br> $\dot{m}$ | $\begin{cases}e_1 = me_2\\f_2 = mf_1\end{cases}$, <br><br> $\begin{cases}e_2 = \dfrac{1}{m}e_1\\f_1 = \dfrac{1}{m}f_2\end{cases}$, | $e_2 \to \begin{bmatrix}m & 0\\0 & m\end{bmatrix} \to \begin{array}{c}e_1\\f_2\end{array}$ <br><br> $e_1 \to \begin{bmatrix}\frac{1}{m} & 0\\0 & \frac{1}{m}\end{bmatrix} \to \begin{array}{c}e_2\\f_1\end{array}$ | 只有一个势变量和一个流变量输入。<br>规则：仅有一根因果划靠近 **TF** |
| GY | $\xrightarrow{e_1/f_1}\mathbf{GY}\xrightarrow{e_2/f_2}$ <br> $\dot{r}$ <br><br> $\xrightarrow{e_1/f_1}\mathbf{GY}\xleftarrow{e_2/f_2}$ <br> $\dot{r}$ | $\begin{cases}e_1 = rf_2\\e_2 = rf_1\end{cases}$, <br><br> $\begin{cases}f_2 = \dfrac{1}{r}e_1\\f_1 = \dfrac{1}{r}e_2\end{cases}$, | $f_2 \to \begin{bmatrix}r & 0\\0 & r\end{bmatrix} \to \begin{array}{c}e_1\\e_2\end{array}$ <br><br> $e_1 \to \begin{bmatrix}\frac{1}{r} & 0\\0 & \frac{1}{r}\end{bmatrix} \to \begin{array}{c}f_2\\f_1\end{array}$ | 两个势变量或两个流变量输入。<br>规则：两根或无因果划靠近 **GY** |
| C | $\xrightarrow{e/f}\mathbf{C}:C_1$ <br><br> $\xleftarrow{e/f}\mathbf{C}:C_1$ | $e = \Phi_C(\int f \mathrm{d}t) = \Phi_C(q)$ <br><br> $f = \dfrac{\mathrm{d}}{\mathrm{d}t}(\Phi_C^{-1}(e))$ | $f \to \boxed{\Phi_C(\int f \mathrm{d}t)} \to e$ <br><br> $e \to \boxed{\dfrac{\mathrm{d}}{\mathrm{d}t}(\Phi_C^{-1}(e))} \to f$ | 积分因果关系：输出势变量。<br>微分因果关系：输出流变量 |
| I | $\xrightarrow{e/f}\mathbf{I}:I_1$ <br><br> $\xleftarrow{e/f}\mathbf{I}:I_1$ | $f = \Phi_I(\int e \mathrm{d}t) = \Phi_I(p)$ <br><br> $e = \dfrac{\mathrm{d}}{\mathrm{d}t}(\Phi_I^{-1}(f))$ | $e \to \boxed{\Phi_I(\int e \mathrm{d}t)} \to f$ <br><br> $f \to \boxed{\dfrac{\mathrm{d}}{\mathrm{d}t}(\Phi_I^{-1}(f))} \to e$ | 积分因果关系：输出流变量。<br>微分因果关系：输出势变量 |
| R | $\xrightarrow{e/f}\mathbf{R}:R_1$ <br><br> $\xleftarrow{e/f}\mathbf{R}:R_1$ | $e = \Phi_R(f)$ <br><br> $f = \Phi^{-1}R(e)$ | $f \to \boxed{\Phi_R(f)} \to e$ <br><br> $e \to \boxed{\Phi^{-1}R(e)} \to f$ | 阻抗型因果关系：输出势变量。<br>导纳型因果关系：输出流变量 |

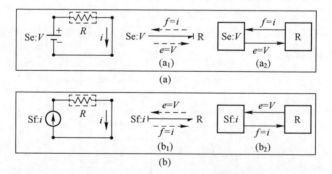

图 3.1 BGs 中的因果关系

（a）R 的势已知；（b）R 的流已知。

# 第3章 基于模型的混杂动态系统故障诊断的最佳自适应阈值和模式故障检测

用于液压油箱和液压阀建模的两个无源元件（分别为 C 和 R）如图 3.2 所示。C 和 R 的本构关系分别表示为

$$\Phi_C : P = \frac{g}{A}\int(\dot{m}_{in} - \dot{m}_{out}) \cdot dt \cong e = \frac{1}{C}\int f dt \quad (3.1)$$

式中：$P$ 为压力；$A$ 为罐截面面积；$g$ 为重力加速度；$\dot{m}_{in}$ 和 $\dot{m}_{out}$ 分别为质量流入和流出速率。

$$\Phi_R : \dot{m} = \begin{cases} C'_d A\rho \sqrt{\dfrac{P_1 - P_2}{\rho}} = C_d \sqrt{\Delta P} & \text{（非线性情况）} \\ C'_d A\rho (P_1 - P_2) = C_d \Delta P & \text{（线性情况）} \end{cases} \quad (3.2)$$

式中：$C'_d$ 和 $C_d$ 分别为阀门的实际流量系数和等效流量系数；$\Delta P$ 为通过阀门的压降；$\rho$ 为液体密度。

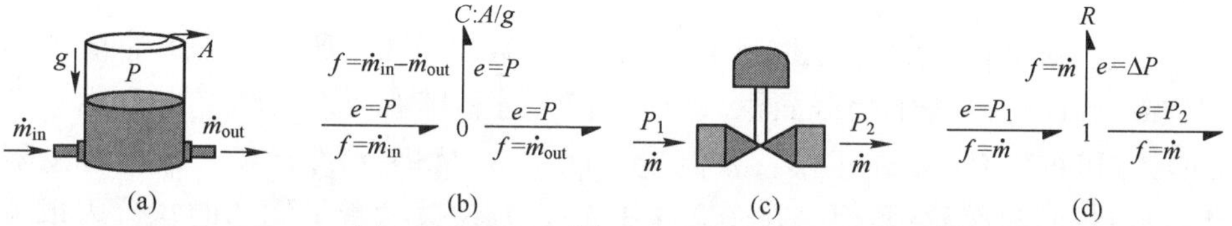

图 3.2

(a) 液压油箱；(b) 液压油箱 BG 模型；(c) 液压阀；(d) 液压阀 BG 模型。

## 3.2.1 混合键合图（HBG）模型

BG 技术的扩展形式，称为 HBG 技术[12]，通过使用为所有能量存储元件和开关结元件分配优选因果关系的概念，非常适合 HDS 建模。由于 HDS 在不同模式下具有不同的动态特性，因此模型结构会因模式变化而发生变化。但是，使用 HBG 模型中的首选因果关系，单个全局模型中的所有活跃的 BG 元件在任何工作模式下都保持活跃状态，而不会将任何新的因果关系重新分配给模型。

例如图 3.3 所示的混杂液压系统。该系统由液压泵、油箱 $T_1$、线性阀（$V_1$）和排液管道（$L_1$）组成。阀 $V_1$ 由监控控制器控制其打开或关闭状态。油箱 $T_1$ 中的压力由压力传感器 $P_1(t)$ 测量。系统的动态包括受控和自主离散事件的组合，这些事件改变了系统的配置。由监控控制器向阀 $V_1$ 发出外部命令信号（$a_{v_1}$），控制着离散事件发生。系统内部状态或变量的变化，会导致自主离散事件的发生。在这里，自主离散事件（$a_{L_1}$）发生在排液管道 $L_1$ 的特定预设条件下，即当压力 $P_1(t)$ 超出对应于高度 $H_{L_1}$ 的压力 $\rho g H_{L_1}$ 时。

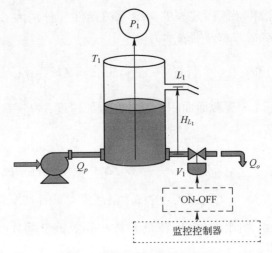

图 3.3　混杂油箱系统示意图

所研究的混杂系统（图 3.3）的 HBG 模型如图 3.4 所示。其中油箱 $T_1$ 容量（$C_{T_1}=A/g$，$A$ 为油箱截面积），连接着管道和排液管道的阀 $V_1$ 分别由一个 C-元件和两个 R-元件建模；泵流量（$Q_P$）由 MSf-元件建模。输出传感器 $P_1(t)$ 由势监测器 De 建模。在图 3.4 中，C-元件被赋予了优选的积分因果关系，而开关节点处的阻力（$R_{V_1}$ 和 $R_{L_1}$）被赋予了优选的导纳因果关系。带有下标 $a_{v_1}$ 和 $a_{v_2}$ 的 1-节是与离散事件相关的开关节。通过相应的开关阻力器（$R_{V_1}$ 和 $R_{L_1}$）的流量仅在其有效模式（$a_i=1$）下激活，否则在其无效模式（$a_i=0$）下没有流过这些元件。在任何模式中，模型的指定因果关系始终有效，因此称为 HDS 的全局模型。

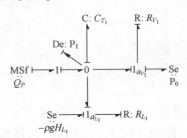

图 3.4　混杂油箱系统 HGB 模型

## 3.3　不确定系统的诊断 HBG 模型

利用诊断键合图（DBG）技术[38]，可直接从模型中导出 ARRs。在 DBG

中,传感器元件的因果关系是颠倒的,即假定测量数据是已知的,约束误差(即ARRs)成为模型的输出。此外,模型中的储能元件被赋予了微分因果关系,即本构关系被写成导数形式,而不是普通BG中用于模拟的积分形式。一种适用于HDS的扩展形式DBG被称为诊断HBG(DHBG)[39],其输出是GARRs。DHBG非常适合HDS监控。不确定系统总是与乘法(参数)和加法(传感器噪声/测量值)不确定性有关。对于鲁棒诊断,由GARRs生成的残差被限定在一些时变的阈值内,称为自适应阈值,并从DBG-LFT形式的模型中推导出来[13-15]。此外,自适应阈值随HDS中的离散模式转换而变化,如文献[26]所言。因此,这里使用的是DHBG-LFT形式的模型,是通过将HBG模型的流检测器Df和势检测器De对偶,分别生成流Msf'的假想调制源和力Mse'的调制源(图3.5)。这相当于改变传感器的因果关系。此外,所有储能元件(C和I)都被优先赋予了导数因果关系,以从GARRs表达式中消除状态的初始条件。此外,利用LFT形式模型中的BG元件,将参数和测量的标称部分与不确定部分解耦。

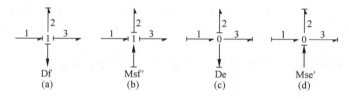

图3.5

(a)HBG的理想流量检测器;(b)DHBG中的双重流量检测器;
(c)HBG中的理想力探测器;(d)DHBG中的双重力探测器。

### 3.3.1 参数不确定性建模

通常,参数不确定性源于直接或通过参数估计对系统参数值的测量。也可以认为,参数值的偏差可能在构件长期使用中出现,并且对这种偏差的相对限制是已知的。因此,系统的理想参数是未知的。可以假设测量或估计的参数值位于理想参数值附近的已知有界区间内并且可以写为

$$\theta_j = \theta_{jn} \pm \Delta\theta_j \text{ 或 } \theta_j = \theta_{jn}(1 \pm \delta_{\theta_j}) \quad (3.3)$$

式中:$\Delta\theta_j$ 和 $\delta_{\theta_j} = (\Delta\theta_j/\theta_{jn})$ 分别表示标称或理想参数值 $\theta_{jn}$ 的绝对偏差和相对偏差,$\theta_j \in \{I, C, R, TF, GY\}$。

采用DHBG-LFT形式技术对不确定HDS系统的参数不确定性进行建模。在该方法中,理想参数 $\theta_{jn}$ 从其不确定部分 $\pm\Delta\theta_j$ 解耦,不确定部分以附加势或附加流的形式被处理为扰动,这取决于模型中BG元件的类型及其因果结构。

在 DHBG 模型中，参数 $\theta_j \in (I)$ 和 $\theta_j \in (C)$ 必须分别采用图 3.6（a）和（b）中所示的因果结构，而 $\theta_j \in (R)$ 可以采用任何形式的因果结构，如图 3.6（a）或（b）所示。在图 3.6 中，$J \in \{1, 0, 1_{sw}, 0_{sw}\}$ 表示结元件，其可以是正常或开关结元件。根据图 3.6（a）中给出的因果关系形式，将相对偏差（$\mp \delta_{\theta^*}$）与由假想势检测器（$De': z_{\theta^*}$）测量的标称势（$e_{\theta_n}$）相乘，从而将调制势源（$MSe': \pm w_{\theta^*}$）形式的附加扰动代入 1—结。同样，可以根据图 3.6（b）中给出的因果关系形式，将相对偏差（$\mp \delta_{\theta^*}$）与用假想流检测器（$Df': z_{\theta^*}$）测量到的标称流（$f_{\theta_n}$）相乘，进而将调制流源（$MSf': \pm w_{\theta^*}$）形式的附加扰动代入 0—结。注意，下标 $\theta^*$ 取决于各自元件的本构定律。例如，导纳因果关系中的 $\theta_j \in (R)$，如图 3.6（b）所示。如果阻抗 $R$ 的真实参数值不确切，则可表示为 $R_n \pm \Delta R = R_n(1 \pm \delta_R)$，其中 $R_n$ 表示标称参数值，$\pm \Delta R = \pm \delta_R R_n$ 表示 $R$ 的不确定部分。导纳因果关系中的线性 $R$ 元件的本构关系方程如下所示：

$$f_R = \frac{1}{R_n \pm \Delta R} e_R = \frac{1}{R_n}(1 \mp \delta_{1/R}) e_R = \frac{e_R}{R_n} \mp w_{1/R} = f_{R_n} w_{1/R} \tag{3.4}$$

式中：$(\mp \delta_{1/R}/R_n) e_R = \mp w_{1/R}$ 是由于参数的不确定部分而产生的流的附加值，可视为扰动。注意，$\delta_{1/R}$ 是估算电导 $1/R$ 值的不确定度。

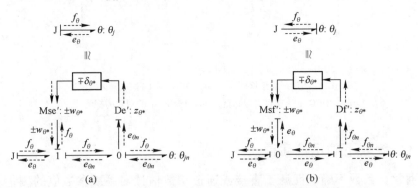

图 3.6 $\theta$ 的不确定性 BG-LFT 模型
（a）接受流并返回势因果形式；（b）接受势并返回流因果形式。

同样，其他具有参数值不确定性的 BG 元件（TF 和 GY）可以使用 BG-LFT 形式建模[14]。

### 3.3.2 测量不确定度建模

理想的传感器测量值也可以假定位于已知的有界区间内，并可以写为

$$Y_i = Y_{in} \pm \Delta Y_i \tag{3.5}$$

式中：$Y_{in}$ 为传感器的标称、理想测量值；$\Delta Y_i$ 为测量不确定度。$Y_i \in \{Msf',$

# 第3章 基于模型的混杂动态系统故障诊断的最佳自适应阈值和模式故障检测

Mse′} 分别对应于不确定 HBG 模型的检测器 Df 和 De。

不确定的流测量部分 $\pm\Delta f'$ 和势测量部分 $\pm\Delta e'$ 分别与标称流部分 $f'_n$ 和标称势部分 $e'_n$ 解耦,并分别在图 3.7 中所示的各结点[15]处用假想流源 Msf′ 和假想势源 Mse′建模。注意,流检测器只能放置在一个公共流结点(1-结点)上,而势检测器可以放置在一个公共势结点(0-结点)上。因此,名义 Msf′和 Mse′分别出现在 1 和 0 的连接处。根据分别具有流传感器和势传感器测量不确定度的图 3.7,流和势的键号分别以 $f'_n \pm \Delta f'$ 和 $e'_n \pm \Delta e'$ 获得。同样,这些信息也会在模型中各自的结的位置传播到其余的连接键。然而,增加与带有传感器的主结连接的所有键的不确定流和不确定势会产生不必要的训练。相反,不确定部分可以作为单独的参数直接添加到标称测量值。

读者可以通过文献 [14] 和 [15] 来了解更多有关使用 BG 工具模拟乘法(参数)和加法(传感器噪声、测量值)不确定性的详细信息。

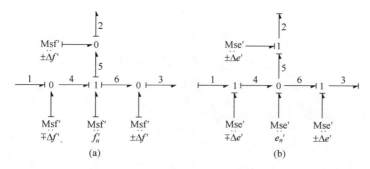

图 3.7 流量传感器的不确定度建模和势传感器的不确定度建模

### 3.3.3 ARR/GARR 和自适应阈值

这里使用 DHBG-LFT 模型来推导鲁棒故障诊断中的 GARR 和自适应阈值的方程。不确定 HDS 的 $\text{GARR}_{ni}(U, Y, \theta, MD)$ 的一般形式可表示为

$$\text{GARR}_{ni}(U, Y, \theta, MD) \pm (\lambda_i + \lambda_{Si}) = 0 \qquad (3.6)$$

式中:$\text{GARR}_{ni}$,$\lambda_i$ 和 $\lambda_{Si}$ 分别为名义残差($r_{ni}$)($i=1,2,\cdots,n$;$n$ 是残差数)、因参数不确定性而产生的不确定部分和解释测量不确定性所需的小静态不确定部分。此外,$U \in \{Se_n, Sf_n\}$ 表示已知的标称输入向量,$Y \in \{Mse_n, Msf_n\}$ 表示标称测量值(由于因果关系倒置而对偶到源),$\theta = [\theta_1, \theta_2, \cdots, \theta_j, \cdots, \theta_p]^T$ 表示包含 $p$ 个标称参数的已知参数向量,$MD = [a_1, a_2, \cdots, a_k, \cdots, a_m]^T$ 表示包含 $m$ 个离散参数的开关结模式向量,$a_k \in \{0,1\}$,$\lambda_i \in w_{\theta_i}$,$\lambda_{S_i} \in \{w_{\text{Mse}'}, w_{\text{Msf}'}\}$。

例如,混合油箱系统(图 3.3)的 DHBG-LFT 模型如图 3.8 所示,其中 HBG 模型的势检测器 $De:P_1$(图 3.4)对偶为 $Mse':P_1$。此外,通过分别使用

$\pm\delta_{C_{T_1}}$, $\pm\delta_{C_{dV_1}}$ 和 $\pm\delta_{C_{dL_1}}$ 作为乘法不确定性,参数 $C_{T_1}$,$C_{dV_1}$ 和 $C_{dV_1}$ 的标称部分与它们的不确定部分解耦[14]。此外,输出测量($P_1$)和输入测量($Q_p$)的标称部分与其不确定部分解耦,作为相应结点处的附加不确定性 $\pm\Delta P_1$ 和 $\pm\Delta Q_P$[15]。假想流检测器(Df*)(对应于图 3.8 中的压力传感器 $P_1$)用于推导标称 GARR 和自适应阈值,表示为

$$Df^* = f_{25} = f_8 = f_5 - f_6 - f_7 - f_9 = f_2 - (f_{16} - f_{17}) - (f_{22} - f_{23}) - (f_{14} - f_{13}) = 0 \quad (3.7)$$

式中:

$$f_2 = Q_P \pm \Delta Q_P$$

$$f_{16} = C_{T_1} \frac{d}{dt}(P_1 \pm \Delta P_1)$$

$$f_{17} = \mp w_{C_{T_1}} = \pm C_{T_1} \frac{d}{dt}(P_1 \pm \Delta P_1) \cdot \delta_{C_{T_1}} = \pm \delta_{C_{T_1}} C_{T_1} \frac{d}{dt}(P_1)$$

$$f_{22} = a_{V_1} C_{dV_1}(P_1 \pm \Delta P_1)$$

$$f_{23} = \mp w_{C_{dV_1}} = \pm a_{V_1}(P_1 \pm \Delta P_1) \cdot \delta_{C_{dV_1}} = \pm a_{V_1} \delta_{C_{dV_1}} C_{dV_1} P_1$$

$$f_{14} = a_{L_1} C_{dL_1} \{(P_1 \pm \Delta P_1) - \rho g H_{L_1}\}$$

$$f_{24} = \mp w_{C_{dL_1}} = a_{L_1} C_{dL_1} \{(P_1 \pm \Delta P_1) - \rho g H_{L_1}\} \cdot \delta_{C_{dL_1}} = \pm a_{L_1} \delta_{C_{dL_1}} C_{dL_1}(P_1 - \rho g H_{L_1})$$

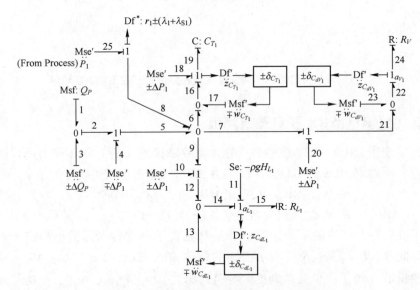

图 3.8 混合油箱系统的 DHBG-LFT 模型

于是,在将所有已知的流值代入式(3.7)后,依据名义 $GARR_{n1}$,和 $GARR_1$ 的不确定部分 $\lambda_1$ 和 $\lambda_{S1}$ 得到了以式(3.6)中所示形式表示的 $GARR_1$。

# 第3章 基于模型的混杂动态系统故障诊断的最佳自适应阈值和模式故障检测

$$\text{GARR}_{n1} = \left(Q_P - C_{T_1}\frac{\mathrm{d}}{\mathrm{d}t}(P_1) - a_{V_1}C_{dV_1}P_1 - a_{L_1}C_{dL_1}(P_1 - \rho g H_{L_1})\right) \quad (3.8)$$

$$\lambda_1 = \left|\left(\delta_{C_{T_1}}C_{T_1}\frac{\mathrm{d}}{\mathrm{d}t}(P_1)\right)\right| + |a_{V_1}\delta_{C_{dV_1}}C_{dV_1}P_1| + |a_{L_1}\delta_{C_{dL_1}}C_{dL_1}|(P_1 - \rho g H_{L_1}) \quad (3.9)$$

$$\lambda_{S_1} = |(\Delta Q_P)| + \left|\left(C_{T_1}\frac{\mathrm{d}}{\mathrm{d}t}(\Delta P_1)\right)\right| + |a_{V_1}C_{dV_1}\Delta P_1| + |(a_{L_1}C_{dL_1}\Delta P_1)| \quad (3.10)$$

由式（3.6）可知，使用 $U$、$Y$、$\theta$ 和 $MD$ 以及不同的已知不确定性边界对 $\text{GARR}_i$ 的标称部分 $\text{GARR}_{ni}$ 和不确定部分 $(\lambda_i + \lambda_{Si})$ 进行数值估计，分别提供残差 $r_{ni}(t)$ 和自适应阈值 $\varepsilon_i(t)$：

$$r_{ni}(t) = \text{Eval}\{\text{GARR}_{ni}(U,Y,\theta,MD)\}; \quad \varepsilon_i(t) = \pm\text{Eval}\{(\lambda_i + \lambda_{Si})\} \quad (3.11)$$

注意，噪声测量和离散模式转换通常会放大残差噪声。因此，通常使用低通滤波器来滤除残差中的噪声。由于不同不确定部分提供的绝对值或幅值被添加到了自适应阈值中，因此与 $\lambda_i$ 相比可以忽略小的 $\lambda_{Si}$ 部分。除非在非常快速的瞬态情况下，由测量不确定性导致的 $\lambda_{S_1}$ 的贡献与自适应阈值中的参数不确定性 $\lambda_1$ 相比非常小，并且可以忽略以避免更多的阈值膨胀。

## 3.3.4 故障特征矩阵与相干向量

GARRs 用于生成不同参数故障或离散模式故障的故障特征。故障特征取决于对参数偏差的剩余响应/敏感性[5,7,12]。在这项工作中，参数故障和模式故障的动态故障特征被称为全局故障敏感性特征矩阵（gfsm）和模式变化敏感性特征矩阵（mcssm）[27]。

GFSSM[27] 是 GFSM（全局故障特征矩阵）[39] 的扩展形式，其本质上是动态的，因为 GFSSM 的每个元素都随着参数变化的瞬时残差方向而更新。该矩阵包括对故障方向的敏感性，即增加（$\theta_j\uparrow$）并减少（$\theta_j\downarrow$）故障参数的趋势。其元素表示为

$$\text{GFSSM}_{ji}^{\uparrow} = \begin{cases} -\text{sign}\left(\frac{\partial r_i}{\partial \theta_j}\right) & \text{如果 } r_i \text{ 对 } \theta_j^{\uparrow} \text{ 增量敏感}, \\ 0, & \text{其他}, \end{cases} \quad (3.12)$$

$$\text{GFSSM}_{ji}^{\downarrow} = \begin{cases} \text{sign}\left(\frac{\partial r_i}{\partial \theta_j}\right) & \text{如果 } r_i \text{ 对 } \theta_j^{\downarrow} \text{ 增量敏感}, \\ 0, & \text{其他}, \end{cases} \quad (3.13)$$

式中：$r_i$ 为第 $i$ 列残差（$i \in \{1,2,\cdots,n\}$，$n$ 为残差个数）；$\theta_j$ 为 GFSSM 的第 $j$ 行参数（$j \in \{1,2,\cdots,p\}$，$p$ 是参数个数）。于是，对于每个参数，GFSSM 中通常

有两行。但是，某些参数可能在一个方向上变化（例如泄漏），因此，它们在 GFSSM 中只有一个行条目。

MCSSM[27]是 MCSM（模式变化特征矩阵）[39]的一种扩展形式，在本质上也像 GFSSM 一样是动态的，它还能够区分离散模式故障的增加（$a_k^\uparrow$，从 0~1 变化）和减少（$a_k^\downarrow$，从 1~0 变化）趋势。其元素表达为

$$\text{MCSSM}_{ki}^\uparrow = \begin{cases} -\text{sign}\left(\dfrac{\partial r_i}{\partial a_k}\right) & \text{如果 } r_i \text{ 对 } a_k^\uparrow \text{ 增量敏感,} \\ 0, & \text{其他,} \end{cases} \quad (3.14)$$

$$\text{MCSSM}_{ki}^\downarrow = \begin{cases} \text{sign}\left(\dfrac{\partial r_i}{\partial a_k}\right) & \text{如果 } r_i \text{ 对 } a_k^\downarrow \text{ 增量敏感,} \\ 0, & \text{其他,} \end{cases} \quad (3.15)$$

式中：$a_k$ 为 MCSSM 的第 $k$ 行离散参数，$a_k \in \{0,1\}$（$k \in \{1,\cdots,m\}$，$m$ 为离散参数的数量）。

相干性向量（$\boldsymbol{CV}$），其标准形式为 $\boldsymbol{CV} = [cv_1(t), cv_2(t), \cdots, cv_n(t)]$，其中 $cv_i(t) \in \{0, +1, -1\}$（$i = 1, 2, \cdots, n$），通常用于生成受监控设备的报警状态。相干性向量（$\boldsymbol{CV}$）的各个元素，$cv_i(t)$，取决于决策过程 $\Theta(r_i(t))$，即

$$cv_i(t) = \Theta(r_i(t)) = \begin{cases} 0, & -\varepsilon_i(t) \le r_i(t) \le \varepsilon_i(t) \\ +1, & r_i(t) \ge \varepsilon_i(t) \\ -1, & \text{其他} \end{cases} \quad (3.16)$$

在设备正常工作期间，所有 $cv_i(t)$ 均为零；否则，$\boldsymbol{CV}$ 中的任何 $cv_i(t)$ 非零值表示设备运行中存在不一致，并发出警报。一旦发出警报，生成的 $\boldsymbol{CV}$ 将与 GFSSM 和 MCSSM 匹配以进行故障隔离，与 $\boldsymbol{CV}$ 唯一匹配的参数将作为故障参数进行隔离[27]。特征矩阵中还包括可检测性指数（$D_b$）和可隔离性指数（$I_b$），通过假设系统中出现单一故障来表示故障部件的可检测性和可隔离性条件。例如，如果某个特定组件涉及了 $D_b = 1$ 和 $I_b = 1$，则可以检测和隔离该组件中的故障。对于任何组件的故障检测，$D_b$ 必须为 1。但是，如果 $I_b = 0$ 和 $D_b = 1$，那么 GFSSM/MCSSM 会生成一组可疑的故障参数（矩阵中有共同的故障特征），并给出可能的故障方向。这些故障方向可用于参数估计过程。

### 3.3.5 最佳阈值和模式故障检测方法

残差对不同故障的敏感性和滤除/抵消不确定性的能力是故障诊断与隔离（FDI）鲁棒性的重要方面。检测离散模式故障通常比较容易，因为它会在系统动态中引起显著变化，但在非结构化故障特征矩阵的情况下，故障

## 第3章 基于模型的混杂动态系统故障诊断的最佳自适应阈值和模式故障检测

隔离变得富有挑战。另一方面,检测小参数故障需要适当选择残差阈值,以实现减少误判、降低故障检测延时、减少误报率等的目标。而选择适当的阈值并不是一项简单的任务,因为量化不确定性对残差的影响是困难的。为此,本节提出了一种利用已知健康系统在不同工作模式下的残差来优化选择自适应阈值的方法。这应该说是一个实验步骤。本书的目的仅是借助一个完全受干扰的模型产生的测量结果来论证这个过程,该模型将取代实际的设备输出。由式(3.12)和式(3.13)可知,根据参数的增加($\theta_j \uparrow$)或减少($\theta_j \downarrow$)变化,残差可向不同方向偏离。对于残差的评估,以参数的测量值或估计值为依据,并假设它位于系统参数的真实值附近。建议使用已知健康系统状态的残差,并尝试估计测量参数值与真实值的偏差方向,以进行最佳阈值选择。此外,在非结构化故障特征矩阵的情况下,提出了一种模式故障识别技术。

在第$j$个参数出现单参数故障的情况下,$GARR_i$方程可近似为:

$$GARR_i(\boldsymbol{U},\boldsymbol{Y},\boldsymbol{\theta},\boldsymbol{MD}) \cong \left| \frac{\partial GARR_i}{\partial \theta_j^f} \Delta\theta_j^f \right| + \varepsilon_i \qquad (3.17)$$

在单一离散模式故障的情况下,$GARR_i$方程可近似为

$$GARR_i(\boldsymbol{U},\boldsymbol{Y},\boldsymbol{\theta},\boldsymbol{MD}) \cong \left| \frac{\partial GARR_i}{\partial a_k^f} \Delta a_k^f \right| + \varepsilon_i \qquad (3.18)$$

式中:最佳自适应阈值定义为 $\varepsilon_i \cong \pm \left| \sum_{l=1}^{n_u} \left( \alpha_l \frac{\partial GARR_i}{\partial \theta_l^u} \Delta\theta_l^u \right) \right|$,$\alpha_l \in \{0, +1, -1\}$ 为第$l$个不确定参数$\theta_l^u$的偏差方向;$\Delta\theta_j^f$和$\Delta\theta_l^u$分别为故障参数$\theta_j^f$和不确定参数$\theta_l^u$的绝对偏差;$n_u$为第$i$个$GARR_i$所涉及的不确定参数的数量;$|\Delta a_k^f|=1$是离散模式故障$a_k^f$的绝对偏差,或者从0~1变化或从1~0变化。

在目前的研究中,定义了3个阈值 $\varepsilon_i^{wc}$,$\varepsilon_i^{opt}$ 和 $\varepsilon_i^{afa}$,其中 $\varepsilon_i^{wc}$ 表示基于参数不确定性变化的最坏条件下的阈值;$\varepsilon_i^{opt}$ 表示从所提出的优化技术中获得的最佳阈值;$\varepsilon_i^{afa}$ 表示系统在健康状态下运行期间,由实际测量值得到的残差估计的包络线。信号的包络线是一条光滑的曲线,这条曲线描绘了由希尔伯特信号变换获取的极值。因此,残差信号具有下包络线和上包络线。上包络表示如下:

$$\varepsilon_i^{afa}(t) = \sqrt{r_i^2(t) + \hat{r}_i^2(t)} \qquad (3.19)$$

式中:$r_i(t)$为第$i$个残差;$\hat{r}_i(t)$为第$i$个残差的希尔伯特变换。

对于任何真实信号$r_i(t)$,时间间隔$-\infty \leq t \leq \infty$内的希尔伯特变换$\hat{r}_i(t)$可定义为[40]

$$\hat{r}_i(t) = (\text{p.v.}) \frac{1}{\pi} \int_{-\infty}^{\infty} \frac{r_i(\tau)}{t-\tau} d\tau = r_i(t) * \frac{1}{\pi t} \tag{3.20}$$

式中：$*$ 为卷积算子；p.v. 为柯西主值。

通常，当参数值的大小偏离其不确定性界限时，则将其视为故障。基于最差条件选择阈值确保没有误报，但同时它降低了小幅度参数故障的可检测性。因此，在目前的工作中，最佳阈值用于改善 FDI。然后，基于以下目标函数的最小化来选择最佳阈值 $\varepsilon_i^{opt}(t)$（$\varepsilon_i^{afa} < \varepsilon_i^{opt} \leq \varepsilon_i^{wc}$），其中约束条件是阈值从不与残差的包络线 $\varepsilon_i^{afa}(t)$ 相交：

$$\min_{\alpha_l} J(\alpha_l) = \sum_{i=1}^{n} \frac{1}{2} \int_0^T \left( \frac{\varepsilon_i(t) - \varepsilon_i^{afa}(t)}{\varepsilon_{imax}} \right)^2 dt \tag{3.21}$$

$$\text{subject to}: \varepsilon_i(t) - \varepsilon_i^{afa}(t) > 0$$

式中：$T$ 为优化过程中使用的系统标称运行数据的时间间隔；$\varepsilon_{imax}$ 为最大阈值；$n$ 为残差数；$\alpha_l \in \{0, -1, +1\}$。

对于式（3.8），通过用更严格的阈值对残差进行最优包络，估计的阈值参数为 $\alpha_1$，$\alpha_2$ 和 $\alpha_3$，$\alpha_l \in \{0, -1, +1\}$（$l=1,2,3$）。在 $\varepsilon_1 \leq (\lambda_1 + \lambda_{S_1})$ 的条件下，新的阈值定义为

$$\varepsilon_1 \simeq \left| \left( -\alpha_1 \delta_{C_{T_1}} C_{T_1} \frac{d}{dt}(P_1) - \alpha_2 \alpha_{V_1} \delta_{C_{dV_1}} C_{dV_1} P_1 - \alpha_3 \alpha_{L_1} \delta_{C_{dL_1}} C_{dL_1}(P_1 - \rho g H_{L_1}) \right) \right| \tag{3.22}$$

在 $\text{GARR}_{n1}$（在式（3.8）中给出）上使用式（3.12）至式（3.15），获得了混杂油箱系统（图 3.3）的参数故障和离散模式故障的故障特征，如表 3.3 和表 3.4 所列。此外，不同参数的残差灵敏度的绝对值分别在表 3.3 和表 3.4 的最后一列中给出。注意，只有阀门卡开故障（$\alpha_{V_1} \uparrow$）和阀门卡关故障（$\alpha_{V_1} \downarrow$）被认为是该系统的离散模式故障。

表 3.3 混杂油箱系统的 GFSSM

| 参数($\theta_j$) | $\text{GARR}_1(r_1)$ | $\left\| \dfrac{\partial \text{GARR}_1}{\partial \theta_j} \right\|$ |
|---|---|---|
| $C_{dV_1} \uparrow$ | $+a_{V_1} \text{sign}(P_1(t))$ | $\|a_{V_1}(P_1(t))\|$ |
| $C_{dV_1} \downarrow$ | $-a_{V_1} \text{sign}(P_1(t))$ | $\|a_{V_1}(P_1(t))\|$ |
| $C_{dL_1} \uparrow$ | $+a_{L_1} \text{sign}(P_1(t) - \rho g H_{L_1})$ | $\|a_{L_1}(P_1(t) - \rho g H_{L_1})\|$ |
| $C_{dL_1} \downarrow$ | $-a_{L_1} \text{sign}(P_1(t) - \rho g H_{L_1})$ | $\|a_{L_1}(P_1(t) - \rho g H_{L_1})\|$ |

## 第 3 章　基于模型的混杂动态系统故障诊断的最佳自适应阈值和模式故障检测

续表

| 参数($\theta_j$) | $\mathrm{GARR}_1(r_1)$ | $\left\|\dfrac{\partial \mathrm{GARR}_1}{\partial \theta_j}\right\|$ |
|---|---|---|
| $C_{T_1}\uparrow$ | $+\mathrm{sign}\left(\dfrac{\mathrm{d}}{\mathrm{d}t}(P_1)\right)$ | $\left\|\dfrac{\mathrm{d}}{\mathrm{d}t}(P_1)\right\|$ |
| $C_{T_1}\downarrow$ | $-\mathrm{sign}\left(\dfrac{\mathrm{d}}{\mathrm{d}t}(P_1)\right)$ | $\left\|\dfrac{\mathrm{d}}{\mathrm{d}t}(P_1)\right\|$ |

表 3.4　混杂油箱系统的 MCSSM

| 参数($a_k$) | $\mathrm{GARR}_1(r_1)$ | $\left\|\dfrac{\partial \mathrm{GARR}_1}{\partial a_k}\right\|$ |
|---|---|---|
| $a_{V_1}\uparrow$ | $+a_{V_1}\mathrm{sign}(C_{dV_1}P_1(t))$ | $\|(C_{dV_1}P_1(t))\|$ |
| $a_{V_1}\downarrow$ | $-a_{V_1}\mathrm{sign}(C_{dV_1}P_1(t))$ | $\|(C_{dV_1}P_1(t))\|$ |

自主模式($a_{L_1}$)不被视为离散模式故障的来源，因为它是由于系统状态的内部变化而发生的，并且可以通过使用来自系统的测量值和设置激活的条件来获知。

假设混杂油箱系统的阀$V_1$($C_{dV_1}\downarrow$)发生部分堵塞故障（图 3.3），残差$r_1$超出自适应阈值$\varepsilon_1$。在单一故障假设下，如果模式$a_{V_1}=1$，则$C_{dV_1}\downarrow$故障不可隔离，因为残差$\mathrm{GARR}_1$对所有故障（$C_{dV_1}$、$C_{dL_1}$、$C_{T_1}$和$a_{V_1}$）都敏感。因此，单故障隔离由于其特殊性，需要进行参数估计。然而，在 SSF 中存在的离散模式故障($a_{V_1}$)会使参数估计复杂化。为此，提出基于故障后残差偏离量大小的初始假设来区分参数故障和离散模式故障。从 GFSSM 和 MCSSM（表 3.3 和表 3.4）可以清楚地看出，不同参数的残差灵敏度不同。仔细观察式（3.8）可以发现，当阀门$V_1$中存在离散模式故障时，残差至少会超过阈值（同样参考式（3.18）和表 3.4）一定的幅度$|(C_{dV_1}P_1)|$，即当$a_{V_1}$应该为 1 时，$C_{dV_1}=0$，反之亦然。

因此，在假设的离散模式故障情况下，可以将式（3.18）改写为

$$D_{a_k}^{r_i}=\left|\mathrm{GARR}_i(\boldsymbol{U},\boldsymbol{Y},\boldsymbol{\theta},\boldsymbol{MD})\right|-\left|\dfrac{\partial \mathrm{GARR}_i}{\partial a_k^f}\Delta a_k^f\right|\leqslant \varepsilon_i \qquad (3.23)$$

式中：$D_{a_k}^{r_i}$为故障后残差($r_i$)偏移绝对值与残差对可疑离散参数$a_k$的敏感度之间的差值。

此外，每个可疑参数故障的初始相对偏差$\delta_{\theta_j}^f$可通过利用故障后的初始残差偏移及其对参数变化的敏感度粗略估计，如式（3.17）所列。因此，参数

故障 $\theta_j^f$ 的相对偏差 $\delta_{\theta_j}^f$ 的大小可以粗略估计为

$$\delta_{\theta_j}^f = \frac{|\text{GARR}_i(\boldsymbol{U},\boldsymbol{Y},\boldsymbol{\theta},\boldsymbol{MD})|}{\left|\dfrac{\partial \text{GARR}_i}{\partial \theta_j^f}\theta_j^f\right|} \quad (0 \leq \delta_{\theta_j}^f \leq 1) \quad (3.24)$$

在非结构化故障特征矩阵中，每个初始估计的可疑参数的相对偏差 $\delta_{\theta_j}^f$ 也可以用来最小化 SSF 的规模。SSF 中元素的这种最小化减少了参数估计过程中的计算负担。例如，如果混杂油箱系统（图 3.3）阀 $V_1$($C_{dV_1}$↓)发生堵塞故障后的残差 $|\text{GARR}_1|$ 的偏移量大于模式 $a_{L_1}=1$ 和 $a_{V_1}=1$ 时的绝对值 $|P_1(t)-\rho g H_{L_1}|$，则发现可疑参数相对偏差的估计值 $\delta_{C_{dL_1}}^f > 1$，这表明 $C_{dL_1}$ 是无故障参数，且 $0 \leq \delta_{C_{dL_1}}^f \leq 1$，因此，它可以从最初假设的 SSF 中去除。这样，就可以测试 SSF 中其他参数的残差灵敏度的大小，以最小化 SSF 的规模。

利用由 GFSSM 得到的 SSF 备选故障方向可以进一步改进参数估计。为此，针对可疑参数故障提出约束参数估计技术。该技术可根据已知故障方向，在可疑参数上创建适当的界限。这些界限是根据前期已知的参数的标称值及其在系统故障后可能出现的最大偏差生成的，这些偏差源于对系统的深入了解，称为技术规范。为了进一步加速参数估计技术，灵敏度 BG（SBG）方法[20]用于在参数估计过程期间提供目标函数的梯度信息。梯度投影法结合 Gauss-Newton 优化技术是一种非常有效的约束优化技术，且其参数边界简单。梯度投影法更有效，尤其是当约束仅包含参数的边界时[41]。目标函数的最小化表示为

$$\min_{\boldsymbol{\theta}} J(\boldsymbol{\theta}) = \frac{1}{2}\sum_{j=k-q}^{k} \boldsymbol{r}^{\text{T}}(t_j)\cdot \boldsymbol{W}\cdot \boldsymbol{r}(t_j) \quad (\boldsymbol{\theta}_L \leq \boldsymbol{\theta} \leq \boldsymbol{\theta}_U) \quad (3.25)$$

式中：$\boldsymbol{r}(t_j)=\boldsymbol{y}(t_j,\boldsymbol{\theta})-\hat{\boldsymbol{y}}(t_j)$ 为残差/误差向量，$\boldsymbol{y}(t_j,\boldsymbol{\theta})$ 为模型输出向量，$\hat{\boldsymbol{y}}(t_j)$ 为传感器在时间 $t_j$ 时的一次输出向量；$k$ 为当前的瞬时采样数据；$q \geq 0$ 为固定宽度过去时间的采样数据；$\boldsymbol{\theta}_L$ 和 $\boldsymbol{\theta}_U$ 分别为上下参数界；$\boldsymbol{W} \in \mathbb{R}^{n\times n}$ 为半正定加权函数，可假定为单位矩阵。

这里假设没有测量误差，所有状态都可以直接从测量中计算出来。如果无法计算状态，则无法指定模型初始条件。在这种情况下，可以通过最小化由评估 GARR 获得的残差来进行优化，这些残差由衍生因果关系中的 BG 模型得出（详见文献 [19]）。

## 3.4 案例研究：基准混杂双罐系统

在本节中，所提出的诊断和阈值技术应用于图 3.9 所示的双罐基准示例

## 第 3 章 基于模型的混杂动态系统故障诊断的最佳自适应阈值和模式故障检测

系统。该系统由比例积分（PI）控制泵、两个水箱（$T_1$和$T_2$）所组成。这两个水箱由一条带有非线性阀（$V_1$）的主管道和带有非线性阀（$V_2$）的主排水管道连接。其中$V_2$由水箱$T_2$引出。此外，该系统在罐$T_1$和$T_2$之间配备有一个带有线性阀（$V_{L_1}$）的辅助排放管道（$L_1$）和一个带有来自罐$T_2$的线性阀（$V_{L_2}$）的主排放管道（$L_2$）。阀$V_1$由监控控制器控制在打开和关闭状态，而阀$V_2$、$V_{L_1}$和$V_{L_2}$在默认情况下始终处于该系统的打开状态，可由用户手动控制。通过安装的传感器$H_1(t)$，$H_2(t)$和$Q_P(t)$分别测量罐$T_1$，$T_2$中的水位和到罐$T_1$的泵流量。

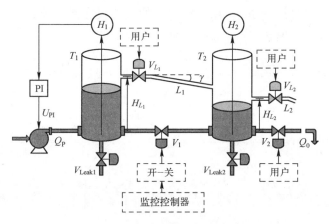

图 3.9 混杂双罐系统示意图

所考虑的系统包括受控离散事件和自主离散事件的组合。例如，受控离散事件是由于监控控制器向阀$V_1$发出的外部命令信号（$a_{v_1}$）而引发的，而两个自主离散事件（分别为$a_{L_1}$和$a_{L_2}$，用于从$V_{L_1}$和$V_{L_2}$和上游侧排水）是在特定的预设条件下发生的（即分别当$H_1(t)$水平超过$H_{L_1}$，并且水平$H_2(t)$超过高度$H_{L_2}$时）。在概念基准系统中，分别使用两个假想的非线性阀$V_{Leak1}$和$V_{Leak2}$来模拟罐$T_1$和$T_2$中的泄漏故障。泵（$\Phi_P$）的饱和特性和PI控制器（$\Phi_{PI}$）的输出定律分别表示为

$$Q_P = \begin{cases} U_{PI}, & 0 \leqslant U_{PI} \leqslant f_{max} \\ 0, & U_{PI} \leqslant 0 \\ f_{max}, & U_{PI} \geqslant f_{max} \end{cases} = \Phi(U_{PI}) \tag{3.26}$$

$$U_{PI} = K_P(S_{pt} - \rho \cdot g \cdot H_1(t)) + K_I \int (S_{pt} - \rho \cdot g \cdot H_1(t)) dt = \Phi_{PI}(H_1(t)) \tag{3.27}$$

式中：$f_{max}$为泵流量最大值；$U_{PI}$为控制器输出；$S_{pt}$为控制器设置点；$K_P$是比

例；$K_1$ 为积分增益。

所研究的混杂系统（图 3.9）的 HBG 模型如图 3.10 所示，其中 $T_1$ 和 $T_2$ 的储罐容量 [$C_{T_i}=A_i/g$，$A_i$ 是储罐的截面积($i=1,2$)] 和带有连接管的阀（$V_1$，$V_2$，$V_{L_1}$，$V_{L_2}$，$V_{Leak1}$ 和 $V_{Leak2}$）分别由两个 C 元件和 6 个 R 元件建模；泵流量（$Q_P$）由 Msf-元件建模。输出传感器 $H_1(t)$ 和 $H_2(t)$ 由两个 De-元件建模。假想检测器 Df 也用于测量通过排水阀 $V_{L_1}$ 的流量 $f_{L_1}$，并通过使用假想流源 Msf$'=f_{L_1}$ 到对应于罐 $T_2$ 的另一个 0-结点来提供相同的流量。在图 3.10 中，具有下标 $a_{V_1}$，$a_{V_2}$，$a_{L_1}$ 和 $a_{L_2}$ 的 1-结点是与离散模式相关的开关结。通过开关结点处的任何阻尼（$R_{V_1}$，$R_{V_2}$，$R_{L_1}$ 和 $R_{L_2}$）的流量仅在激活模式（$a_{V_i}=1$）下激活，并且在非激活模式（$a_{V_i}=0$）时为零或不存在。

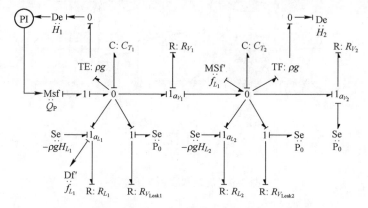

图 3.10 混杂双罐系统 HBG 模型

### 3.4.1 混杂双罐系统的 ARRs/GARRs

混杂双罐系统的 DHBG-LFT 模型如图 3.11 所示，其中两个势检测器 $D_e$：$H_1$ 和 $D_e$：$H_2$ 的 HBG 模型（图 3.10）被二元化为两个源 Mse$'$：$H_1$ 和 Mse$'$：$H_2$。此外，每个参数的标称部分也与其不确定部分解耦，并且通过使用开关结概念（$1_{\alpha l}$）将参数的不同不确定部分馈送到模型的相应结处，其中 $\alpha l \in \{0,+1,-1\}$ 用于生成各种可能的阈值（$3^l$）。两个虚拟流检测器（Df$^*$：$r_i \pm \lambda_i$）提供两个全局约束关系，即 GARR$_i$ 及其不确定部分 $\lambda_i(i=1,2)$。

从因果键图模型[11-14,42]建立的方程推导程序分别用于获得以下 GARRs 及其残差和阈值评估的不确定部分。

$$\text{GARR}_1: Q_P - C_{T_1}\frac{\mathrm{d}}{\mathrm{d}t}(\rho g H_1(t)) - a_{V_1} C_{dV_1}\sqrt{|\rho g(H_1(t)-H_2(t))|}$$
$$\cdot \text{sign}(H_1(t)-H_2(t)) - a_{L_1} C_{dL_1}\rho g(H_1(t)-H_{L_1}) -$$

## 第3章 基于模型的混杂动态系统故障诊断的最佳自适应阈值和模式故障检测

$$C_{\mathrm{dLeak1}}\sqrt{|\rho g H_1(t)|} \pm \lambda_1 = 0 \tag{3.28}$$

$$\mathrm{GARR}_2: a_{V_1} C_{dV_1} \sqrt{|\rho g(H_1(t)-H_2(t))|} \cdot \mathrm{sign}(H_1(t)-H_2(t)) +$$

$$a_{L_1} C_{dL_1} \rho g(H_1(t)-H_{L_1}) - C_{T_2}\frac{\mathrm{d}}{\mathrm{d}t}(\rho g H_2(t)) - a_{V_2}$$

$$\cdot C_{dV_2}\sqrt{|\rho g H_2(t)|} - a_{L_2} C_{dL_2} \rho g(H_2(t)-H_{L_2}) - C_{\mathrm{dLeak2}}$$

$$\cdot \sqrt{|\rho g H_1(t)|} \pm \lambda_1 = 0 \tag{3.29}$$

式中：$a_{L_1} = \begin{cases} 0, & H_1(t) \leqslant H_{L_1} \\ 1, & H_1(t) \geqslant H_{L_1} \end{cases}$；$a_{L_2} = \begin{cases} 0, & H_2(t) \leqslant H_{L_2} \\ 1, & H_2(t) \geqslant H_{L_2} \end{cases}$。

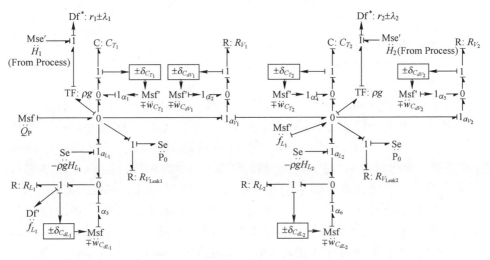

图3.11 混杂双罐系统的 DHBG-LFT 模型

残差 $r_1$ 和 $r_2$ 的自适应阈值 $\varepsilon_1$ 和 $\varepsilon_2$ 的一般形式可以通过使用不确定部分 $\lambda_1$ 和 $\lambda_2$ 来表示：

$$\varepsilon_1 = \lambda_1 = \left| -\alpha_1 \delta_{C_{T_1}} C_{T_1} \frac{\mathrm{d}}{\mathrm{d}t}(\rho g H_1(t)) - \alpha_2 a_{V_1} \delta_{C_{dV_1}} C_{dV_1} \sqrt{|\rho g(H_1(t)-H_2(t))|} \right| -$$

$$\alpha_3 a_{L_1} \delta_{C_{dL_1}} C_{dL_1} \rho g(H_1(t)-H_{L_1}) \tag{3.30}$$

$$\varepsilon_2 = \lambda_2 = \left| \alpha_2 a_{V_1} \delta_{C_{dV_1}} C_{dV_1} \sqrt{|\rho g(H_1(t)-H_2(t))|} + \alpha_3 a_{L_1} \delta_{C_{dL_1}} C_{dL_1} \rho g(H_1(t)-H_{L_1}) - \right.$$

$$\alpha_4 \delta_{C_{T_2}} C_{T_2} \frac{\mathrm{d}}{\mathrm{d}t}(\rho g H_2(t)) - \alpha_5 a_{V_2} \delta_{C_{dV_2}} C_{dV_2} \sqrt{|\rho g H_2(t)|} -$$

$$\left. \alpha_6 a_{L_2} \delta_{C_{dL_2}} C_{dL_2} \rho g(H_2(t)-H_{L_2}) \right| \tag{3.31}$$

其中 $\alpha_l \in \{0, +1, -1\}$ ($l = 1, 2, \cdots, 6$)。

本书假设传感器、执行器（泵）和控制器（PI 控制器）是无故障的。可以使用硬件冗余[7]进行传感器故障检测。泵和 PI 控制器的 FDI 可以通过使用从它们的特征关系导出的以下 ARR 单独完成。

$$ARR_3: Q_P - \Phi_P(U_{PI}) = 0 \tag{3.32}$$

$$ARR_4: U_{PI} - \Phi_{PI}(H_1(t)) = 0 \tag{3.33}$$

### 3.4.2 混杂双罐系统的最佳自适应阈值

混杂双罐系统最佳阈值的目标函数表示为

$$\min_{\alpha_l} J(\alpha_l) = \sum_{i=1}^{2} \frac{1}{2} \int_0^T \left( \frac{\varepsilon_i(t) - \varepsilon_i^{afa}(t)}{\varepsilon_{imax}} \right)^2 dt, \quad \varepsilon_i(t) - \varepsilon_i^{afa}(t) > 0 \tag{3.34}$$

式中：$\alpha_l \in \{0, +1, -1\}$ ($l = 1, 2, \cdots, 6$)；$i = 1, 2$。

对于最佳阈值的选择，主要目标是找出各参数与式（3.30）和式（3.31）中分别给出的阈值评估中使用的实际标称值的准确偏差方向。为此，需要使用实际健康系统的测量值（来自实际实验）评估残差，以便从许多可能的阈值中选择最佳阈值（$3^l$）。然而，在目前的工作中，测量是由一个模型的模拟产生的，在该模型中，参数值被有意地微幅扰动以偏离其标称值（在不确定度限制内）。将 HBG 模型转换为相应的 Matlab Simulink 模型进行仿真，然后将所得的测量结果应用于另一个简单的 Matlab Simulink 程序中，以解决优化问题［式（3.34）］。未受干扰的 Simulink 模型中使用的标称参数如表3.5所列。此外，为了了解参数和测量不确定度，在 Simulink 模型中，每个参数和测量值分别在其不确定度范围内偏离 $\delta_{C_{T_1}} = \delta_{C_{T_2}} = \delta_{C_{dV_1}} = \delta_{C_{dV_2}} = \delta_{C_{dL_1}} = \delta_{C_{dL_2}} \leq |0.05|$ 和最大 2% 的传感器噪声 $\delta_{H_1} = \delta_{H_2} = \delta_{Qp} \leq |0.02|$。这些变化是随机影响的，接下来的结果对应于一个这样的随机扰动情况。请注意，参数值在实际设备测量生成时会受到干扰，而残差和阈值则在假定标称参数值的情况下进行评估。根据定义，在所有小参数偏差（不确定性）影响到对象模型的情况下，系统假设处于健康状态，残差预计保持在各自的自适应阈值范围内。

表3.5 仿真模型中使用的参数

| 符号 | 类型 | 参数值 |
| --- | --- | --- |
| $K_P$ | 控制器比例增益 | 1ms |
| $K_I$ | 控制器积分增益 | $5 \times 10^{-2}$m |
| $S_{Pt}$ | PI 控制器的设定点 | 0.5m |

## 第3章 基于模型的混杂动态系统故障诊断的最佳自适应阈值和模式故障检测

续表

| 符 号 | 类 型 | 参 数 值 |
| --- | --- | --- |
| $f_{\max}$ | 泵最大流出量 | 1.5kg/s |
| $A_i$ | 储罐 $T_i(i=1,2)$ 横截面积 | $2.16\times10^{-2}$ m² |
| $C_{dV_i}$ | 阀 $V_i(i=1,2)$ 包括其连接管道的排放系数 | $1.593\times10^{-2}$ kg$^{1/2}$m$^{1/2}$ |
| $C_{dL_i}$ | 阀 $V_{L_i}(i=1,2)$ 包括其连接管道的排放系数 | $1\times10^{-3}$ ms |
| $C_{d\text{Leak}_i}$ | $V_{\text{Leak}_i}(i=1,2)$ 的排放系数 | 0kg$^{1/2}$m$^{1/2}$ |
| $H_{L_1}$ | 罐 $T_1$ 的排水管 $L_1$ 距基准面的高度 | 0.58m |
| $H_{L_2}$ | 罐 $T_2$ 的排水管 $L_2$ 距基准面的高度 | 0.40m |
| $P_0$ | 大气压力 | 0N/m² |
| $\rho$ | 水的密度 | 1000kg/m³ |
| $g$ | 重力加速度 | 9.81m/s² |

设定0.02s的固定步长,并将所有初始状态值设置为零,在无故障条件下对系统模型进行仿真,仿真持续时间为300s。健康操作系统的所有测量输入($Q_P$)和输出($H_1$和$H_2$)值以及受控模式的信息(打开80s并定期关闭30s),自主模式和已知参数值被输入到所开发的阈值优化程序。

优化后,在$3^6$个或729个不同的生成阈值中(考虑所有可能的参数偏差方向),得到参数的偏差方向为与最优阈值相对应的横坐标和纵坐标。图3.12绘制了残差$r_1$和$r_2$的响应及其包络$\varepsilon_1^{\text{afa}}$和$\varepsilon_2^{\text{afa}}$,最优自适应阈值$\varepsilon_1^{\text{opt}}$和$\varepsilon_2^{\text{opt}}$、不同的生成阈值以及最差条件自适应阈值$\varepsilon_1^{\text{wc}}$和$\varepsilon_2^{\text{wc}}$。仿真持续时间为60~140s,以获得更好的清晰度。从图3.12可以清楚地看出,根据系统残差估计的变化选择的最优阈值$\varepsilon_1^{\text{opt}}$和$\varepsilon_2^{\text{opt}}$与基于经典最差条件的自适应阈值$\varepsilon_1^{\text{wc}}$和$\varepsilon_2^{\text{wc}}$相比,在相应模式下提供了更好的检测能力,并避免了错误报警。因此,最终选择获得的最优阈值$\varepsilon_1^{\text{opt}}$和$\varepsilon_2^{\text{opt}}$用于混合双罐系统的FDI研究,以检测系统中的参数故障或离散模式故障。然而,其他生成的阈值要么在特定模式下发出错误警报,要么比最优阈值范围更宽,从而导致错误检测;于是,优化算法没有选择它们进行鲁棒性故障诊断。由于长时间运行后,参数值可能会在任意方向上进一步偏离,因此建议根据技术规范,在预设时间间隔内(例如几天或几周)定期更新阈值。

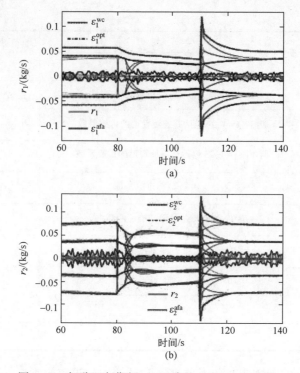

图 3.12 标称运行期间（a）残差 $r_1$ 和（b）残差 $r_2$
与最优自适应阈值以及最差条件自适应阈值的响应（见彩插）

### 3.4.3 混杂双罐系统 FDI 研究

本节将所提出的离散模式故障和参数故障识别技术应用于混杂双罐系统。测试了与参数故障和离散模式故障相关的两种不同故障情况，如表 3.6 所列。将式（3.12）至式（3.15）应用于式（3.28）和式（3.29），得到表 3.7 中给出的混杂双罐系统的 GFSSM 和 MCSSM。对于与罐 $T_1$ 和罐 $T_2$ 泄漏故障相关的参数 $C_{dLeak1}$ 和 $C_{dLeak2}$，从实际角度（技术规范）只考虑其增加的可能性，而对于其他参数（即 $C_{dV_1}$、$C_{dV_2}$、$C_{dL_1}$、$C_{dL_2}$），增加（即泄漏）和减少（即堵塞）可能性均被考虑。为了验证基于故障后残差偏移大小的离散模式故障识别效果，对所有阀 $V_1$、$V_2$、$V_{L_1}$ 和 $V_{L_2}$ 中离散模式故障的所有可能性均进行考察。

表 3.6 仿真模型中注入故障案例

| 案例 | 参数 | | 类型 | 标称值 | 故障值 | 开始时间/s | 结束时间/s |
| --- | --- | --- | --- | --- | --- | --- | --- |
| 1 | $C_{dV_2}$ | ↓ | $V_2$ 堵塞 | $C_{dV_2}$ | $0.93C_{dV_2}$ | 150 | 300 |
| 2 | $a_{V_1}$ | ↓ | $V_1$ 卡在关闭位置 | 1 | 0 | 220 | 300 |

# 第3章 基于模型的混杂动态系统故障诊断的最佳自适应阈值和模式故障检测

表3.7 双罐系统的动态故障特征矩阵

| 参数 | | | 通常情况 | | | 特定情况（0~300s） | | | |
|---|---|---|---|---|---|---|---|---|---|
| | | | $r_1$ | $r_2$ | $D_b$ | $r_1$ | $r_2$ | $D_b$ | $I_b$ |
| GFSSM | $C_{dV_1}$ | ↑ | $+a_{V_1}\text{sign}(H_1-H_2)$ | $-a_{V_1}\text{sign}(H_1-H_2)$ | $a_{V_1}$ | $+a_{V_1}$ | $-a_{V_1}$ | $a_{V_1}$ | 0 |
| | $C_{dV_1}$ | ↓ | $-a_{V_1}\text{sign}(H_1-H_2)$ | $+a_{V_1}\text{sign}(H_1-H_2)$ | $a_{V_1}$ | $-a_{V_1}$ | $+a_{V_1}$ | $a_{V_1}$ | 0 |
| | $C_{dV_2}$ | ↑ | 0 | $+\text{sign}(H_2)$ | 1 | 0 | $+1$ | 1 | 0 |
| | $C_{dV_2}$ | ↓ | 0 | $-\text{sign}(H_2)$ | 1 | 0 | $-1$ | 1 | 0 |
| | $C_{dL_1}$ | ↑ | $+a_{L_1}$ | $-a_{L_1}$ | $a_{L_1}$ | $+a_{L_1}$ | $-a_{L_1}$ | $a_{L_1}$ | 0 |
| | $C_{dL_1}$ | ↓ | $-a_{L_1}$ | $+a_{L_1}$ | $a_{L_1}$ | $-a_{L_1}$ | $+a_{L_1}$ | $a_{L_1}$ | 0 |
| | $C_{dL_2}$ | ↑ | 0 | $+a_{L_2}$ | $a_{L_2}$ | 0 | $+a_{L_2}$ | $a_{L_2}$ | 0 |
| | $C_{dL_2}$ | ↓ | 0 | $-a_{L_2}$ | $a_{L_2}$ | 0 | $-a_{L_2}$ | $a_{L_2}$ | 0 |
| | $C_{d\text{Leak1}}$ | ↑ | $+1$ | 0 | 1 | $+1$ | 0 | 1 | 0 |
| | $C_{d\text{Leak2}}$ | ↑ | 0 | $+1$ | 1 | 0 | $+1$ | 1 | 0 |
| MCSSM | $a_{V_1}$ | ↑ | $+\text{sign}(H_1-H_2)$ | $-\text{sign}(H_1-H_2)$ | $1-a_{V_1}$ | $+1$ | $-1$ | $1-a_{V_1}$ | 0 |
| | $a_{V_1}$ | ↓ | $-\text{sign}(H_1-H_2)$ | $+\text{sign}(H_1-H_2)$ | $a_{V_1}$ | $-1$ | $+1$ | $a_{V_1}$ | 0 |
| | $a_{V_2}$ | ↓ | 0 | $-\text{sign}(H_2)$ | $a_{V_2}$ | 0 | $-1$ | $a_{V_2}$ | 0 |
| | $a_{L_1}$ | ↓ | $-\text{sign}(H_1)$ | $+\text{sign}(H_1)$ | $a_{L_1}$ | $-1$ | $+1$ | $a_{L_1}$ | 0 |
| | $a_{L_2}$ | ↓ | 0 | $-\text{sign}(H_2)$ | $a_{L_2}$ | 0 | $-1$ | $a_{L_2}$ | 0 |

例如，对于阀$V_1$，考虑了两个离散阀卡在接通故障（$a_{V_1}$ ↑）和卡在断开故障（$a_{V_1}$ ↓）的可能性。对于其他阀门（$V_2$、$L_1$和$V_{L_2}$，默认情况下始终打开），假设在操作过程中，设备操作员可能会错误地关闭阀门，并且这可能被视为故障。表3.7中所考虑的所有这些可能性，称为技术规范，都是从对系统的深入理解中得出的，这些可能性随系统类型的不同而不同。

图3.13和图3.14分别给出了两种故障情况下系统的残差（$r_1$、$r_2$）和自适应阈值（$\varepsilon_1^{\text{opt}}$、$\varepsilon_2^{\text{opt}}$和$\varepsilon_1^{\text{wc}}$、$\varepsilon_2^{\text{opt}}$）以及输入（$Q_p$）、输出测量（$H_1$、$H_2$）和已知模式信息（$a_{V_1}$、$a_{L_1}$）。图3.13（h）和图3.14（h）显示了根据阀$V_{L_1}$的预设条件（即当$H_1(t)>H_{L_1}>0.58\text{m}$时）使用测量$H_1(t)$预测的自主模式$a_{L_1}$的激活情况。但是，在两种情况下，在排水阀$V_{L_2}$的预设条件（即当$H_2(t)>H_{L_2}=0.40\text{m}$时）下均未发现自主模式$a_{L_2}$激活。因此，在整个0~

300s 的观测期间，$a_{L_2}=0$。从图 3.13 和图 3.14 中也可以看出，在 0~300s 的观测期间，两种故障情况下，输出测量 $H_1(t)$ 始终大于测量 $H_2(t)$。因此，表 3.7 中所列的动态故障特征矩阵（GFSSM 和 MCSSM）作为一般情况，可以在观察时间内用静态值表示。特定情况下，如表 3.7 所列，可检测指数 $D_b$ 是一个二进制数，其值为 1 和 0，分别表示至少一个残差对参数变化的敏感性和不敏感性。可隔离指数 $I_b$ 是另一个二进制数，其值 1 和 0 分别表示参数故障特征的唯一性和多重性（模糊性）。需要注意的是，表 3.7（特定情况）所示的 GFSSM/MCSSM 中灵敏度故障特征的绝对值提供了无偏差迹象的二进制特征的标准 GFSSM/MCSSM。例如，如果使用 GFSSM，$C_{dV_2}$ ↓ 中的阻塞故障可以与泄漏故障 $C_{dLeak2}$ ↑ 区别开来，但是使用标准 GFSSM，这些故障（$C_{dV_2}$ ↓ 和 $C_{dLeak2}$ ↑）是不可区分的。

在故障情况—1 中（即参数 $C_{dV_2}$ 中的小故障），从图 3.13（a）、(b) 可以看出，对该故障不敏感的残差 $r_1$ 保持在自适应阈值 $\varepsilon_1^{opt}$ 和 $\varepsilon_1^{wc}$ 内，而对该故障敏感的残差 $r_2$ 偏离最优自适应阈值 $\varepsilon_2^{opt}$。然而，在同一故障情况下，使用最差条件自适应阈值 $\varepsilon_2^{wc}$，诊断模块无法检测到该故障，因此即使参数变化超过不确定性极限，也会导致对小故障的漏检。这种漏检是显而易见的，因为最差情况下的自适应阈值 $\varepsilon_2^{wc}$ 比最优自适应阈值 $\varepsilon_2^{opt}$ 范围更宽。因此，与经典阈值相比，最优自适应阈值似乎提供了更好的故障检测能力。在检测到故障后，诊断模块的下一步是隔离真正的故障并估计其严重性（故障程度），以便做出有关故障适应或系统重新配置的决定。150s 后，相干向量 **CV**=[0,−1]（见图 3.13（a）、(b) 和超过最优阈值的残差）。用表 3.7（特定情况）中的动态故障特征矩阵匹配 **CV**=[0,−1]后，可得到 SSF 为 $\{C_{dV_2}$ ↓,$a_{V_2}$ ↓$\}$。需要注意的是 $C_{dL_2}$ ↓ 和 $a_{L_2}$ ↓ 不包括在 SSF 中，因为测量表明 $a_{L_2}=0$。根据获得的 SSF，由于离散模式故障 $a_{V_2}$ ↓ 与 $C_{dV_2}$ ↓ 共享相同的特征，因此诊断模块不能直接隔离 $C_{dV_2}$ ↓。在估计 $C_{dV_2}$ ↓ 的故障幅度之前，需要首先确认残差不一致是由于离散模式故障 $a_{V_2}$ ↓ 还是由于参数故障 $C_{dV_2}$ ↓ 引起的。根据式（3.23），用最优自适应阈值 $\varepsilon_2^{opt}$ 在故障检测后对 $D_{a_{V_2}}^{r_2}=|r_2|-|C_{dV_2}\sqrt{\rho g H_2(t)}|\leq \varepsilon_2^{opt}$ 进行测试（见图 3.13（c））。结果发现，$D_{a_{V_2}}^{r_2}>\varepsilon_2^{opt}$，因此，离散模式故障 $a_{V_2}$ ↓ 的假设被证明是错误的。这表明 $C_{dV_2}$ ↓ 是实际故障。为了估计 $C_{dV_2}$ ↓ 故障的严重性，需要用到在式（3.25）中提出的一种约束参数估计技术，参数界限为 （0<$C_{dV_2}$<0:01593），这可以快速地估计 $C_{dV_2}$ 的故障大小为 $C_{dV_2}^f \simeq 0.93 C_{dV_2}$。如果从初始假设中除去模式故障后，SSF 中仍有更多的故障备选，则可以酌情采用参数估计技术[5,20]。

## 第3章 基于模型的混杂动态系统故障诊断的最佳自适应阈值和模式故障检测

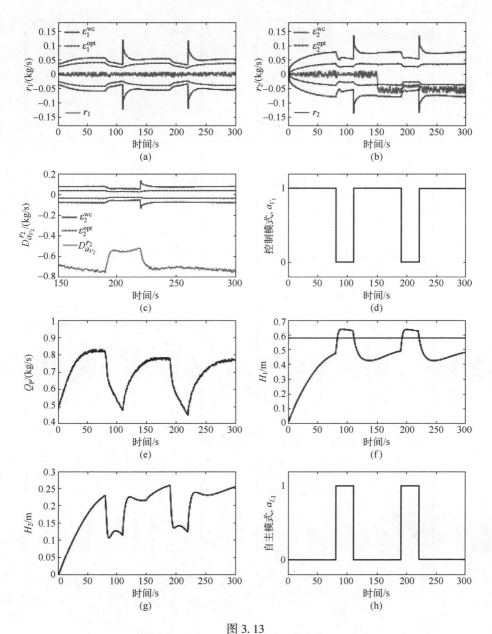

图 3.13

(a) 残差 $r_1$;(b) 残差 $r_2$;(c) 在阀 $V_2$ 发生堵塞故障后, $D_{a_{V_2}}^{r_2}$ 使用残差 $r_2$ 及其对 $a_{V_2}$ 的灵敏度的区别对比;(d) 受控模式 $a_{V_1}$;(e) 输入 $Q_P$;(f) $H_1$;(g) $H_2$;(h) 使用测量 $H_1$ 预测自主模式 $a_{L_1}$ 激活情况。(见彩插)

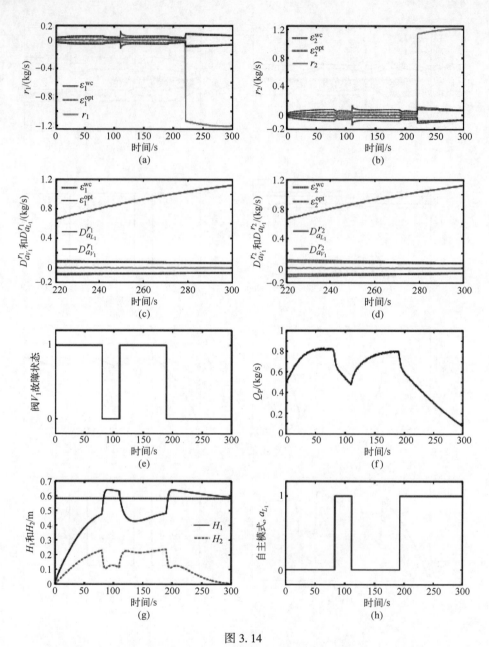

图 3.14

(a) 残差 $r_1$；(b) 残差 $r_2$；(c，d) 在阀 $V_1$ 出现卡在关闭位置故障后，$D^{r_1}_{a_{V_1}}$，$D^{r_2}_{a_{V_1}}$ 和 $D^{r_1}_{a_{L_1}}$，$D^{r_2}_{a_{L_1}}$ 使用残差 $r_1$，$r_2$ 及其对 $a_{V_1}$，$a_{L_1}$ 的灵敏度的区别对比；(e) 阀 $V_1$ 故障状态；(f) 输入 $Q_p$；(g) $H_1$ 和 $H_2$；(h) 使用测量 $H_1$ 预测自主模式 $a_{L_1}$ 的激活情况。（见彩插）

## 第 3 章　基于模型的混杂动态系统故障诊断的最佳自适应阈值和模式故障检测

在故障情况—2 中（即阀 $V_1$ 卡在关闭状态故障，$a_{V_1}\downarrow$），从图 3.14（a）、(b) 可以看出，对该故障敏感的残差 $r_1$ 和 $r_2$ 都偏离了各自的最优自适应阈值（$\varepsilon_1^{opt}$ 和 $\varepsilon_2^{opt}$）以及最差条件自适应阈值（$\varepsilon_1^{wc}$ 和 $\varepsilon_2^{wc}$）。220s 后，相干向量 $\mathbf{CV}=[-1,+1]$（见图 3.14（a）、(b)）利用表 3.7（特定情况）中的动态故障特征矩阵匹配 $\mathbf{CV}=[-1,+1]$ 后，得到 SSF 为 $\{C_{dV_1}\downarrow, C_{dL_1}\downarrow, a_{V_1}\downarrow, a_{L_1}\downarrow\}$。注意，在故障初期，测量结果表明模式 $a_{L_1}\downarrow$ 应为 1（见图 3.14（h）），但仍有可能误关闭阀门导致 $a_{L_1}\downarrow$。根据获得的 SSF，由于所有的 SSF 备选对象都具有相同的故障特征，因此诊断模块不能直接隔离 $a_{V_1}\downarrow$。然而，可以通过使用式（3.24）粗略估计每个可疑参数的初始相对偏差来最小化 SSF 的备选对象规模。在这种情况下，我们发现 $\delta_{C_{dL_1}}^f$ 不止一个。因为 $0\leqslant\delta_{C_{dL_1}}^f\leqslant 1$ 是强制的，所以 $C_{dL_1}\downarrow$ 被从 SSF 中移除，而精细化的 SSF 可写为 $\{C_{dV_1}\downarrow, a_{V_1}\downarrow, a_{L_1}\downarrow\}$。再次，首先触发式（3.23）中提出的离散模式故障识别技术，即分别在故障检测后用最优自适应阈值（分别如图 3.14（c）、(d) 所示）测试 $a_{V_1}\downarrow$ 和 $a_{L_1}\downarrow$ 的差异 $D_{a_{V_1}}^{r_1}=||r_1|-|C_{dV_1}\sqrt{\rho g(H_1(t)-H_2(t))}||$，$D_{a_{V_1}}^{r_2}=||r_2|-|C_{dV_1}\sqrt{\rho g(H_1(t)-H_2(t))}||$ 和 $D_{a_{L_1}}^{r_1}=||r_1|-|C_{dL_1}\rho g(H_1(t)-H_{L_1})||$，$D_{a_{L_1}}^{r_2}=||r_2|-|C_{dL_1}\rho g(H_1(t)-H_{L_1})||$。从图 3.14（c）、(d) 可以看出，在单一故障假设下，$D_{a_{V_1}}^{r_1}\leqslant\varepsilon_1^{opt}$ 且 $D_{a_{V_1}}^{r_2}\leqslant\varepsilon_2^{opt}$ 表示 $a_{V_1}\downarrow$ 是故障离散参数。从故障后的残差偏移的大小可以观察到，这种离散模式故障 $a_{V_1}\downarrow$ 对系统的行为有着严重的影响。

因此，该技术可以有效地检测和隔离单故障情况下 HDS 中的离散模式故障和参数故障。在不失普遍性的情况下，可以应用文献［43］中提出的故障发生后动态更新的模式和参数来包络残差，以扩展本书提出的方法，从而能够处理多个连续故障的情况。

## 3.5　结　　论

本章将通用键合图建模框架应用于混杂系统建模、仿真、GARRs 和阈值方程推导、最优自适应阈值选择以及离散和参数故障检测和隔离的规则开发。利用实测数据和由 DHBG-LFT 模型生成的阈值方程，通过估计参数的偏离方向或不确定度方向来选择最优的自适应阈值。所选的最优阈值适当地约束了真实的不确定残差，从而避免了不必要的错误报警，与传统的最差条件自适应阈值相比，提高了故障检测能力。故障隔离采用了故障识别能力较好的 GF-SSM 和 MCSSM[27]。提出了一种基于故障后残差大小的初始假设来区分参数故障和离散模式故障的新方法。仿真结果表明,利用不同参数变化下的残差灵敏度,可以有效区分故障效应。同时还发现,利用故障方向信息和对参数偏差施加适当的边界,通过减少参数搜索区域,改进了参数估计方法。

## 参考文献

[1] Gertler, J. (1998). Fault detection and diagnosis in engineering systems. New York: Dekker. ISBN 0-8247-9427-3.

[2] Blanke, M., Kinnaert, M., Lunze, J., Staroswiecki, M., & Schröder, J. (2006). Diagnosis andfault-tolerant control. Berlin: Springer.

[3] Chen, J., & Patton, R. J. (2012). Robust model-based fault diagnosis for dynamic systems. Berlin: Springer Science Business Media.

[4] Gelso, E. R., Biswas, G., Castillo, S., & Armengol, J. (2008, September). A comparison oftwo methods for fault detection: A statistical decision, and an interval-based approach. In 19th International Workshop on Principles of Diagnosis DX (pp. 261–268).

[5] Borutzky, W. (2015). Bond graph model-based fault diagnosis of hybrid systems. Cham, Switzerland: Springer.

[6] Mukherjee, A., Karmakar, R., & Samantaray, A. K. (2006). Bond graph in modelling, simulation and fault identification. New Delhi: I. K. International Pvt. Ltd.

[7] Samantaray, A. K., & Ould Bouamama, B. (2008). Model-based process supervision: A bondgraph approach. London: Springer.

[8] Karnopp, D. C., Margolis, D. L., & Rosenberg, R. C. (2012). System dynamics: Modelling, simulation, and control of mechatronic systems (5th ed.). Hoboken, NJ: Wiley.

[9] Mosterman, P. J., & Biswas, G. (1995). Behaviour generation using model switching: A hybrid bond graph modelling technique. Transactions of The Society for ComputerSimulation, 27 (1), 177–182.

[10] Roychoudhury, I., Daigle, M. J., Biswas, G., & Koutsoukos, X. (2011). Efficient simulationof hybrid systems: A hybrid bond graph approach. Simulation, 87 (6), 467–498.

[11] Ghoshal, S. K., Samanta, S., & Samantaray, A. K. (2012). Robust fault detection and isolationof hybrid systems with uncertain parameters. Proceedings of the Institution of MechanicalEngineers, Part I: Journal of Systems and Control Engineering, 226 (8), 1013–1028.

[12] Wang, D., Yu, M., Low, C. B., & Arogeti, S. (2013). Model-based health monitoring of hybridsystems. New York: Springer Science Business Media.

[13] Djeziri, M. A., Merzouki, R., Ould Bouamama, B., & Dauphin-Tanguy, G. (2007). Robustfault diagnosis by using bond graph approach. IEEE/ASME Transactions on Mecha-

# 第3章 基于模型的混杂动态系统故障诊断的最佳自适应阈值和模式故障检测

tronics, 12 (6), 599-611.

[14] Merzouki, R., Samantaray, A. K., Pathak, P. M., & Ould Bouamama, B. (2012). Intelligentmechatronic systems: Modelling, control and diagnosis. London: Springer.

[15] Touati, Y., Merzouki, R., & Ould Bouamama, B. (2012). Robust diagnosis to measurementuncertainties using bond graph approach: Application to intelligent autonomous vehicle. Mechatronics, 22 (8), 1148-1160.

[16] Arogeti, S., Wang, D., & Low, C. B. (2010). Mode identification of hybrid systems in thepresence of fault. IEEE Transactions on Industrial Electronics, 57 (4), 1452-1467.

[17] Daigle, M., Bregon, A., & Roychoudhury, I. (2016). A qualitative fault isolation approach forparametric and discrete faults using structural model decomposition. In Annual Conferenceof PHMS.

[18] Prakash, O., & Samantaray, A. K. (2017). Model-based diagnosis and prognosis of hybriddynamical systems with dynamically updated parameters. In Bond graphs for modelling, control and fault diagnosis of engineering systems (pp. 195-232). Cham, Switzerland: Springer.

[19] Samantaray, A. K., Ghoshal, S. K., Chakraborty, S., & Mukherjee, A. (2005). Improvementsto single-fault isolation using estimated parameters. Simulation, 81 (12), 827-845.

[20] Samantaray, A. K., & Ghoshal, S. K. (2007). Sensitivity bond graph approach to multiplefault isolation through parameter estimation. Proceedings of the Institution of MechanicalEngineers, Part I: Journal of Systems and Control Engineering, 221 (4), 577-587.

[21] Low, C. B., Wang, D., Arogeti, S. A., & Luo, M. (2009, July). Fault parameter estimation forhybrid systems using hybrid bond graph. In Control Applications, (CCA) Intelligent Control, (ISIC), 2009 IEEE (pp. 1338-1343). New York: IEEE.

[22] Bregon, A., Biswas, G., & Pulido, B. (2012). A decomposition method for nonlinear parameter estimation in TRANSCEND. IEEE Transactions on Systems, Man, and Cybernetics-PartA: Systems and Humans, 42 (3), 751-763.

[23] Jha, M. S., Dauphin-Tanguy, G., & Ould Bouamama, B. (2014, June). Robust FDI based on LFT BG and relative activity at junction. In European on Control Conference (ECC) (pp. 938-943). New York: IEEE.

[24] Touati, Y., Mellal, M. A., & Benazzouz, D. (2016). Multi-thresholds for fault isolation in thepresence of uncertainties. ISA Transactions, 62, 299-311.

[25] Khorasgani, H., Eriksson, D., Biswas, G., Frisk, E., & Krys, M. (2014). Off-line robustresidual selection using sensitivity analysis. 25th International Workshop on Principles of Diagnosis (DX-14). Graz, Austria, September 8-11, 2014. https://doi.org/10.13140/2.1.3090.8809.

[26] Borutzky, W. (2014). Bond graph model-based system mode identification and mode-dependent fault thresholds for hybrid systems. Mathematical and Computer Modelling of Dy-

namical Systems, 20 (6), 584-615.

[27] Levy, R., Arogeti, S., Wang, D., & Fivel, O. (2015). Improved diagnosis of hybrid systemsusing instantaneous sensitivity matrices. Mechanism and Machine Theory, 91, 240-257.

[28] Alonso, N. M., Bregon, A., Alonso-González, C. J., & Pulido, B. (2013, September). Acommon framework for fault diagnosis of parametric and discrete faults using possibleconflicts. In Conference of the Spanish Association for Artificial Intelligence (pp. 239-249). Berlin, Heidelberg: Springer.

[29] Bregon, A., González, C. A., & Pulido, B. (2015). Improving fault isolation and identificationfor hybrid systems with hybrid possible conflicts. In DX@ Safeprocess (pp. 59-66).

[30] Vento, J., Blesa, J., Puig, V., & Sarrate, R. (2015). Set-membership parity space hybrid systemdiagnosis. International Journal of Systems Science, 46 (5), 790-807.

[31] Rahal, M. I., Ould Bouamama, B., & Meghebbar, A. (2016, May). Hybrid bond graph forrobust diagnosis to measurement uncertainties. In 2016 5th International Conference onSystems and Control (ICSC) (pp. 439-444). New York: IEEE.

[32] Louajri, H., & Sayed-Mouchaweh, M. (2014, September). Decentralized approach for faultdiagnosis of three cell converters. In Annual Conference of the Prognostics and Health-Management Society, Fort Worth, TX, USA (pp. 265-277).

[33] Toubakh, H., & Sayed-Mouchaweh, M. (2016). Hybrid dynamic classifier for drift-like faultdiagnosis in a class of hybrid dynamic systems: Application to wind turbine converters. Neurocomputing, 171, 1496-1516.

[34] Ko'scielny, J. M. (1995). Fault isolation in industrial processes by the dynamic table of statesmethod. Automatica, 31 (5), 747-753.

[35] Cordier, M. O., Dague, P., Lévy, F., Montmain, J., Staroswiecki, M., & Travé-Massuyés, L. (2004). Conflicts versus analytical redundancy relations: Acomparative analysis of themodel based diagnosis approach from the artificial intelligence and automatic control perspectives. IEEE Transactions on Systems, Man, and Cybernetics, Part B (Cybernetics), 34 (5), 2163-2177.

[36] Puig, V., Schmid, F., Quevedo, J., & Pulido, B. (2005, December). A new fault diagnosisalgorithm that improves the integration of fault detection and isolation. In Proceedings ofthe 44th IEEE Conference on Decision and Control, and the European Control Conference, Seville, Spain (pp. 3809-3814).

[37] Petti, T. F., Klein, J., & Dhurjati, P. S. (1990). Diagnostic model processor: Using deepknowledge for process fault diagnosis. AIChE Journal, 36 (4), 565-575.

[38] Samantaray, A. K., Medjaher, K., Ould Bouamama, B., Staroswiecki, M., & Dauphin-Tanguy, G. (2006). Diagnostic bond graphs for online fault detection and isolation. SimulationModelling Practice and Theory, 14 (3), 237-262.

[39] Low, C. B., Wang, D., Arogeti, S., & Luo, M. (2010). Quantitative hybrid bond

## 第3章 基于模型的混杂动态系统故障诊断的最佳自适应阈值和模式故障检测

graph-basedfault detection and isolation. IEEE Transactions on Automation Science and Engineering, 7 (3), 558-569.

[40] Brandt, A. (2011). Noise and vibration analysis: Signal analysis and experimental procedures. New York: Wiley.

[41] Nocedal, J., & Wright, S. (2006). Numerical optimization. New York: Springer Science and Business Media.

[42] Oukl Bouamama, B., Staroswiecki, M., & Samantaray, A. K. (2006). Software for supervisionsystem design in process engineering industry. IFAC Proceedings Volumes, 39 (13), 646-650.

[43] Prakash, O., Samantaray, A. K., & Bhattacharyya, R. (2017). Model-based diagnosis ofmultiple faults in hybrid dynamical systems with dynamically updated parameters. IEEE Transactions on Systems, Man, and Cybernetics: Systems. https://doi.org/10.1109/TSMC.2017.2710143.

# 第4章
# 用极大-加代数方法诊断混杂动态系统

## 4.1 引　　言

混杂系统（HS）是一个由连续和离散动态共同控制演化的模型。诊断混杂动态系统的一个关键挑战是难以进行连续方面和离散方面的推理（例如，跟踪和状态估计），而每个方面都需要不同的基础数学、算法和常用的推理工具。故障可能发生在连续方面（例如，阀门卡在部分关闭位置）或离散方面（开/关执行机构在打开状态下发生故障）[28]；这些故障可能证明是逐渐或突然的故障。有些方法（如文献[4]）旨在将这两个方面结合起来，而其他方法则将这两个方面映射到一个单一的框架中，例如，可以使用粒子过滤器或动态贝叶斯网络来计算诊断的概率框架[17]。

本书介绍了一种计算效率高的诊断方法，用于求解一类混杂系统，该混杂系统可使用时间事件图（TEG）[10]建模，该图用于表示各种时间系统，如过程控制和制造系统、运输网络和通信系统。这种受限的离散事件系统（DES）允许同步而不需要并发或选择。用 max-plus 线性离散事件系统对这类 DES 进行建模，其中在极大-加代数（max-plus algebraic）[2,7]内推理是线性

# 第 4 章　用极大-加代数方法诊断混杂动态系统

的，因此计算效率比传统方法高[27]。

研究人员通过整合 TEG 和 max-plus 代数，开发了 TEG 控制技术。该框架已成功应用于解决控制问题，包括调度、混杂系统（切换）操作和实时控制[6,25]。考虑到建模和控制的广泛应用，这些方法对于 HS 诊断推理的关注有限。

本书提出了一个混杂系统（HS）建模和诊断推理的 max-plus 代数框架，描述了一个基于 $(\max,+)$-线性（MPL）代数的离散时间混杂系统，定义在集合 $\mathbb{Z}^+$ 或 $\mathbb{R}_{\max} = \mathbb{R} \cup \{-\infty\}$ 上[11,12]。在 max-plus 半环 $\langle \mathbb{R}_{\max}, \oplus, \otimes \rangle$ 上定义了 max-plus 代数，即集合 $\mathbb{R}_{\max} = \mathbb{R} \cup \{-\infty\}$ 以及操作 $x \oplus y = \max(x,y)$ 和 $x \otimes y = x+y$。加法和乘法恒等式分别为 $\varepsilon = -\infty$ 和 $e = 0$。

本书采用 max-plus 代数，这是许多用于计算推理的等幂半环中的一个，不仅因为它的操作是关联的、交互的和分布的（如在常规代数中），而且因为它将系统定时动态（在常规代数中是非线性的）上的推理转换为 max-plus 代数中的线性[2]。

将该模型扩展到切换 MPL（SMPL）框架[25]，该框架引入了系统在两种模式之间切换的模式，并进一步扩展了具有随机切换行为的 SMPL 系统，以捕获故障发生的随机性。通过模式转换的概率分布引入随机故障发生。随机 SMPL 框架为描述一组真实系统提供了丰富的理论基础，例如，时间驱动域中的分段仿射（PWA）系统[26]。

本书采用了一种计算上高效的基于观测器的诊断方法来监控系统并隔离故障，诊断方法使用 max-plus 模型进行有效的推理，并且通过只计算最可能的系统行为（而不是使用所有可能行为的空间）来限制故障隔离期间所涉及的诊断空间。

本章主要包括如下内容：

（1）使用一个切换（max,+）-线性（SMPL）代数，建立了一个 HS 模型。

（2）定义了一个基于观测器的经典监控框架，并将其扩展为故障隔离。

（3）对推理的计算复杂性方面的问题进行了探索。

## 4.2　问题陈述

本节介绍了主要的目标和方法。

### 4.2.1　混杂系统模型

本节介绍混杂诊断问题的公式，首先定义一个混杂系统。

**定义1（混杂系统）** 一个混杂系统是一个5元组$\langle x, \Gamma, \mathcal{F}(u,\phi)\rangle$，其中：

(1) $x \subseteq \mathbb{R}^n$是一组连续状态变量，其中$x = \{x_1, \cdots, x_n\}$。

(2) $\Gamma = \{\gamma_1, \cdots, \gamma_k\}$是一组有限的系统模式。

(3) $\mathcal{F} = \{f_{\gamma_1}, \cdots, f_{\gamma_k}\}$是一组有限的函数和相关的参数值$\theta$，因此对于每个模式，$\gamma_i$，$f_{\gamma_1}(t,\theta,x(t)):\mathbb{R}\times\mathbb{R}\times x \to x$定义系统在模式$\gamma_i$中的连续行为。

(4) $(u, \phi)$描述系统的离散切换行为，其中$u = \{u_1, \cdots, u_m\}$是一组有限的控制集，用于在模式之间切换系统；$\phi$为切换（转换）函数，该函数将动作、模式和系统状态矢量映射到新的模式和状态矢量，即$\phi:u\times\Gamma\times x \to \Gamma\times x$。

混杂系统产生一个"轨道"，这是一个定时观测序列，$Y_{0,k} = (y(0), \cdots, y(k))$。假设除了初始条件$x_0$外，相应的状态变量轨道$X_{1,k}$是不可观测的。进一步假设控制输入是可观测事件，但故障切换是不可观测事件。

4.4.2节和4.4.3节分别详细描述了$\mathcal{F}$和$(u,\phi)$的连续和离散动力学。

### 4.2.2 目标

考虑一个离散时间仿射系统，它的动态服从$\mu$个可能的模型之一（已知的和可观测的），每个模型对应一个系统模式。目标是，当给定一个异常输出$\hat{y}(k)$时，能够确定在时间$k$时的系统模式$\gamma(k)$，而这一系统模式能够最接近地模拟观测到的动态。为了实现这一目标，寻找输入$U_{0,k} = (u(0), \cdots, u(k))$和测量$Y_{0,k} = (y(0), \cdots, y(k))$的（最短）序列，以便时间$k$的输出仅与一个模式$\gamma(k) \in \Gamma$一致。由于最小长度$l$的多个输入序列可以满足这一要求，因此选择了使给定成本函数最小化的模式。下面，假设在$[0, \cdots, N]$中的每个离散步骤中只有一个模型是活动的。

### 4.2.3 系统架构

使用图4.1所示的3步过程来处理我们的任务。

（1）基于观测者的监测和残差生成：在这个阶段，使用基于观测者的方法来检测异常，使用残差$r$。

（2）模式选择：如果出现异常，此阶段计算最可能模式的集合$\Gamma^* \subseteq \Gamma$，并对每个模式$\gamma_i \in \Gamma^*$进行模拟（给定输入$x(0)$，$U_{0,k}$），以估计相应的残差值$r_i$。

（3）故障隔离：在此阶段，根据成本函数$\mathcal{J}(y,\hat{y})$和$r_i$集计算系统最可能的故障模式。

在图4.1中，采用状态空间模型，其中$A$、$B$是状态矩阵，$C$是输出矩阵，$K$是观测矩阵。

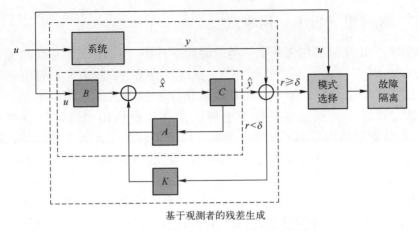

图 4.1　方法体系架构。3 个步骤分别为：
监测和残差生成、模式选择和故障隔离

## 4.3　相关工作

### 4.3.1　混杂系统的代数描述

SMPL 系统的类别与（max，+）自动机[12]有关，它也可以被描述为具有有限值动态的非平稳自主 max-plus 线性系统（即，形式为 $x(k+1) = A(k) \otimes x(k)$，$y(k) = C \otimes x(k)$ 的系统，其中 $A(k)$ 在有限集 $\{A(1), \cdots, A(N)\}$ 中取其值）。

使用操作最大化、最小化、加法和标量乘法来表示状态空间形式的最大—最小—正比例（MMPS）系统。MMPS 系统相当于一类特殊的混杂系统，连续分段（PWA）系统[23]。PWA 系统的定义是将系统的状态空间划分为有限个多面体区域，并将不同的仿射动态关联到每个区域[18]。PWA 和 MMPS 系统之间的这种关系使我们能够研究 PWA 系统的某些结构特性，如可观测性和可控性，同时也可以设计控制器方案，如模型预测控制（MPC）[5]。

由于我们采用了一种代数方法来进行观测，因此我们的工作不同于离散事件系统的其他建模技术，例如 Petri 网、扩展状态机、事件图、形式语言、广义半马尔可夫过程、非线性规划、自动机、计算机模拟模型（参见文献[15，22]）。

### 4.3.2 佩特里（Petri）网模型

时间 Petri 网包括作为一个子类的时间事件图（TEG），其中将位置表示为"弧"，将变换表示为"节点"[16]。在这种情况下，所有库所都有一个单一的上游过渡（消除了在 TEG 中使用或供应令牌的竞争）和一个单一的下游过渡（通过一些预先定义的策略解决了在库所使用令牌的所有潜在冲突）。尽管这些约束限制了某些应用域，但还是获得了计算上的优势；通常可以通过在抽象（或分层）级别上做出一些设计和调整决策来满足这些约束。

Petri 网的诊断（如文献 [3]）有很多方法，本书所采用的方法其不同之处在于，使用了状态空间描述、观测者的监控以及基于（max，+）代数的高效计算方法。

### 4.3.3 诊断混杂系统

科研人员对混杂系统的监测和故障诊断高度关注，参见文献 [1, 28, 29]。本书的方法是第一个为此任务使用（max，+）代数的方法。（max，+）代数方法比现有的方法计算效率更高，但可能需要更长的时间延迟来进行故障隔离观测，并且限制了一类可以基于时间异常进行诊断的混杂系统。

## 4.4 行为建模：SMPL 系统

本节概括了用于处理混杂系统连续和离散行为的模型。将对 max-plus 线性（MPL）系统、切换 max-plus 线性（SMPL）系统依次进行描述。MPL 系统可以概括为捕获广泛内容的混杂系统。通过引入模式，可以捕获开关行为[25]。可以在模型中引入不同形式的不确定性，以捕获不同类型的随机行为，例如，参见文献 [24]。本书介绍了模式切换中的不确定性，以捕获故障模式初始时的不确定性。

### 4.4.1 极大-加（max-plus）代数

本节概述了代数框架的基础。首先定义 $\varepsilon = -\infty$，$\mathbb{R}_{max} = \mathbb{R} \cup \{\varepsilon\}$。

**定义 2 ( max-plus 代数**[2, 8]**)** 一个 max-plus 代数 $\langle \mathbb{R}_{max}, \oplus, \otimes \rangle$，对于数字 $x, y$ 定义加法（$\oplus$）和乘法（$\otimes$）如下：

$$x \oplus y = \max(x, y) \tag{4.1}$$

$$x \otimes y = x + y \tag{4.2}$$

将这些扩展到矩阵运算，如下所示：

$$[A \oplus B]_{ij} = a_{ij} \oplus b_{ij} = \max(a_{ij}, b_{ij}) \tag{4.3}$$

$$[A \otimes C]_{ij} = \bigoplus_{k=1}^{n} a_{ik} \oplus c_{kj} = \max_{k=1,\cdots,n}(a_{ik}, c_{kj}) \tag{4.4}$$

对于矩阵 $A, B \in \mathbb{R}_{\max}^{m \times n}$，$C \in \mathbb{R}_{\max}^{n \times p}$。

### 4.4.2 连续动态：max-plus 线性系统

本书使用 max-plus 状态空间模型（式（4.5））定义连续动态。同时，定义了单一模式的动态，并将其扩展到 4.4.3 节中的复合模式。

max-plus 线性（MPL）系统是一类离散事件系统，允许同步，但不允许并发或选择[2]。使用两个操作符"max"和"+"定义 MPL 系统。"max"函数为事件之间的同步建模：事件发生在其所依赖的所有进程完成之后。"+"函数为过程时间建模：过程完成的时刻必须等于开始时间和完成过程所需的时间之和。MPL 系统被称为 max-plus 线性系统，是因为基础时间代数的计算复杂性在 max-plus 代数中是"线性"的[2]。

**定义 3（max-plus 线性系统）**

$$x(k) = A(k) \otimes x(k-1) \oplus B(k) \otimes u(k) \tag{4.5}$$

其中 $A \in \mathbb{R}_{\max}^{n \times n}$，$B \in \mathbb{R}_{\max}^{n \times m}$，$C \in \mathbb{R}_{\max}^{m \times n}$ 具有 $n$ 个状态和 $m$ 个输入。

指数 $k$ 为事件计数器。对于 MPL 系统，状态 $x(k)^2$ 通常包含第 $k$ 次发生内部事件的时间瞬间；输入 $u(k)$ 包含第 $k$ 次发生输入事件的时间瞬间；输出 $y(k)$ 包含第 $k$ 次发生输出事件的时间瞬间。

### 4.4.3 切换 max-plus 线性系统

现在，将框架扩展到可以在不同运行模式之间切换的系统[25]。假设一个系统在某些模式 $\gamma \in \Gamma$ 下运行，其中包括 $|\Gamma| = 2^n$ 模式。将 $\Gamma$ 划分为 $\eta_f$ 型故障模式的子集 $\Gamma_f$ 和 $\eta_n$ 型标称模式的子集 $\Gamma_n$。

**定义 4 切换 max-plus 线性（SMPL）系统**

在事件步骤 $k$ 的模式 $\gamma(k) \in \cdots, n_m$ 中，存在一个由

$$\hat{x}(k+1) = A^{(\gamma(k))} \otimes \hat{x}(k) \oplus B^{(\gamma(k))} \otimes u(k) \tag{4.6}$$

$$\hat{y}(k) = C^{(\gamma(k))} \otimes \hat{x}(k) \tag{4.7}$$

控制的切换 max-plus 线性状态空间模型，其中矩阵 $A^{(\gamma(k))}$、$B^{(\gamma(k))}$、$C^{(\gamma(k))}$ 是模式 $\gamma(k)$ 的系统矩阵。

模式切换可能由于连续转换和离散转换（使用切换函数 $\phi$ 控制输入）而发生。假设故障转移是不可观测的，并且由于系统的连续动态而发生。连续

切换允许对模式变化进行建模,无论是标称模式还是故障模式。这种模式切换包括系统结构的变化,如中断同步或改变事件顺序。每个模式 $\gamma$ 对应一组所需的同步和一个事件顺序调度,这将导致一个带有系统矩阵($A^{(\gamma(k))}$、$B^{(\gamma(k))}$)的模型(对应第 $\gamma$ 个模式)。模式 $\gamma(k)$ 决定在第 $k$ 个事件期间哪个 max-plus 线性模型有效。

离散切换的时刻是由切换机制 $\phi$ 决定的。将 $\mathbb{R}_{max}^{n_z}$ 划分为 $\eta$ 个子集 $Z(i)$ ($i=1,\cdots,\eta$)。现在就可通过确定事件步骤 $k$ 处的设置 $\gamma(k)$ 来获得模式 $\gamma(k)$。所以,如果 $\gamma(k) \in Z(i)$,则 $\gamma(k)=i$。切换机制依赖于应用程序;在某些系统中,它将依赖于状态 $x(k-1)$ 和输入 $u(k)$,而在其他示例中 $\gamma(k)$ 将由 $w(k)$ 管理。

### 4.4.4　随机 SMPL 系统

在现实情况中,故障转移是随机的。可以使用模式转换行为(切换机制 $\gamma(k)$)在 SMPL 框架中捕获该行为。在最初的定义中,$\gamma(k)$ 的函数形式是开放的。可以使用马尔可夫转换矩阵[24]定义随机失效模式转换,以及确定性标称模式转换。本书假设故障是随机发生的,导致随机模式从标称模式切换到故障模式。一旦发生故障,它将持续存在。用一个随机变量 $\pi_{ij}$ 捕捉到故障,它定义了从 $k-1$ 时刻的 $\gamma_i(k-1)$ 模式切换到 $k$ 时刻的 $\gamma_j$ 模式的概率:

$$\pi_{ij} = P[\gamma_j(k) | \gamma_i(k-1)]$$

例如,可能有一个从标称模式 $\gamma_i(k-1)$ 到故障模式 $\gamma_j(k)$ 的随机切换,其中切换概率为 0.01。

可以定义 $\eta$ 模式下随机变量 $\pi_{ij}$ 的切换概率矩阵如下,其中 $\pi_{ij}(i,j=1,\cdots,\eta)$:

$$P_s = \begin{bmatrix} \pi_{11} & \cdots & \pi_{\eta 1} \\ \vdots & \ddots & \vdots \\ \pi_{1\eta} & \cdots & \pi_{\eta\eta} \end{bmatrix} \tag{4.8}$$

### 4.4.5　方法的通用性

本书的代数方法是通用的和可扩展的,因为可以通过改变半环来保持问题的结构和获得不同的问题。例如,可以保持定义 4 的问题结构,只需将其改为半环 $\langle[0,1],(+,\times)\rangle$,就可以得到由动态贝叶斯网络定义的混杂系统[19]。此外,还可以使用图 4.1 的推理结构来处理这个动态贝叶斯网络。

把 $x$、$y$ 和 $u$ 定义为随机变量,矩阵 $A$、$B$、$C$ 定义为马尔可夫转移矩阵。通过对模型的修正,可以将半环运算应用于半环 $\langle[0,1],(+,\times)\rangle$。

以一种类似的方式，可以将几个不同的半环替换为定义 4，以获得不同的混杂系统公式，而无需改变半环操作以外的推理工具。例如，文献 [21] 中定义了通过采用不同的半环操作可能实现的几种类型的诊断推断。

## 4.5　运行实例

下面使用三罐系统来说明上述方法，如图 4.2 所示。

### 4.5.1　标称模型

将水箱表示为 $T_1$，$T_2$，$T_3$。它们都有相同的截面积 $A_1 = A_2 = A_3 = 3\text{m}^2$。假设重力加速度 $g$ 为 =10，箱内为纯水，其密度为 $\rho = 1$。水箱 $T_1$ 通过水管 $q_0$ 注入液体，流量为 $0.75\text{m}^3/\text{s}$。水通过管道 $q_1$ 流入 $T_2$。$T_1$ 的液面高度为 $h_1$。水箱 $T_1$ 底部设置一压力传感器 $P_1$，测量单位为 Pa。该系统有 3 个阀门分别为 $V_1$，$V_2$，$V_3$，如图 4.2 所示。

可以测量水箱的压力值，测量向量为 $y = \{p_1, p_2, p_3\}$。控制任务是保持每个水箱的设定点高度；诊断任务是计算水箱 $T_1$（泄漏）故障以及阀 $V_i$ 和给定压力 $p_i(i=1,2,3)$。

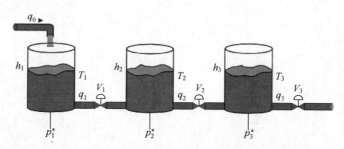

图 4.2　三水箱系统的诊断

根据托里切利定律，从 $i$ 罐流出液体 $q_i$，相应液面高度为 $h_i$，液体流入 $j$ 罐，则可定义标称模型如下：

$$q_i = \varsigma \, \text{sign}(h_i - h_j) \sqrt{2g(h_i - h_j)} \tag{4.9}$$

其中，系数 $\varsigma$ 用于模拟排水孔的面积及液体穿过排水孔的摩擦系数。

通过式（4.9），可以推导出以下方程：

$$\begin{cases} \dot{h}_1 = q_0 - c_1\sqrt{(h_1-h_2)} \\ \dot{h}_2 = c_1\sqrt{(h_1-h_2)} - c_2\sqrt{(h_2-h_3)} \\ \dot{h}_3 = c_2\sqrt{(h_2-h_3)} - c_3\sqrt{h_3} \end{cases} \tag{4.10}$$

式中：常数 $c_1$、$c_2$、$c_3$ 分别代表横截面积、摩擦系数、重力等的系统参数。

最后，可以从水位计算出压力：

$$p_i = \frac{gh_iA}{A} = gh_i \tag{4.11}$$

其中：$i(i \in \{1,2,3\})$ 为水箱序号。

控制目标是分别达到 $T_1$ 和 $T_3$ 水箱的设定点高度 $h_1^+$ 和 $h_3^-$；要保持 $h_1$ 的水平低于其最大值，即 $h_1 \leq h_1^+$，且 $h_3$ 的水平高于其最小值，即 $h_3 \geq h_3^-$。假设有一个恒定的流入量 $q_0$，只需修改阀 $V_3$ 的设置。假设 $V_3 = 0$ 表示关闭，$V_3 = 1$ 表示打开，即阀门只能完全关闭或完全打开。开关控制在 $h_1 > h_1^+$ 或 $h_3 < h_3^-$ 时启动。

图 4.3 显示了该系统的典型模拟。系统周期（覆盖时间 $t = 0$ 至 $t = 5.8s$）如下。从阀门打开开始，看到液位 $h_1$ 和 $h_3$ 都在下降。当 $h_3 < h_3^-$ 时，关闭阀门。$h_1$ 和 $h_3$ 开始上升，当 $h_1 > h_1^+$ 时，打开阀门。周期性重复。

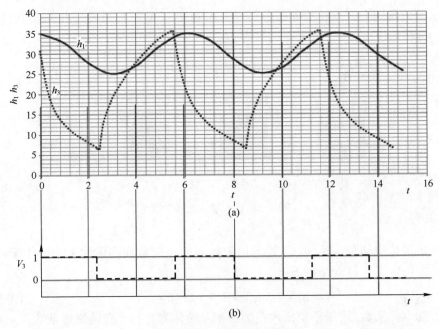

图 4.3　三水箱系统仿真

（a）水箱中的液面高度 $h_1$ 和 $h_3$；（b）阀门 $V_3$ 的设置。

### 4.5.2 故障模型

接下来定义阀门（执行机构）故障；其他故障，例如泄漏或传感器故障，可以类似地定义。

假设一个附加阀故障，其中，当给定指令位置 $v_i$ 和故障 $\Delta_{v_i}$ 时，阀门 $i$ 的实际位置为

$$v_i = \begin{cases} \max\{0, v_i, +, \Delta_{v_i}\}, & \Delta_{v_i} \leq 0 \\ \min\{1, v_i, +, \Delta_{v_i}\}, & \Delta_{v_i} > 0 \end{cases} \tag{4.12}$$

其中：$\Delta_{v_i} \in [-1, 1]$。

### 4.5.3 极大-加（max-plus）模型

现在从 ODE 模型中导出一个极大-加（max-plus）模型。目标是在事件之间创建一个基于事件的表达式。使用阀门 $V_3$ 的开关作为事件。将 $z_2$ 设为由于水箱 $T_1$ 中的液面超高（$h_1 > h_1^+$）而发生开关 $\sigma_2$ 的时间，将 $z_1$ 设置为由于水箱 $T_3$ 中的液面高度过低（$h_3 < h_3^-$）而发生开关 $\sigma_1$ 的时间。设 $t_0$ 为初始时间。确定两个时间参数，$\tau_1$ 和 $\tau_2$ 用于系统的正常运行。$\tau_1$ 为切换 $\sigma_1(k-1)$ 和 $\sigma_1(k)$ 之间的时间间隔。类似地，$\tau_2$ 为切换 $\sigma_2(k-1)$ 和 $\sigma_2(k)$ 之间的时间间隔。

所以，必须使：

$$z_1(k) \geq \max\{z_2(k-1) + \tau_1\}$$
$$z_2(k) \geq \max\{z_1(k-1) + \tau_2\}$$

在 max-plus 中表示为

$$z_1(k) \geq \tau_1 \otimes z_2(k-1)$$
$$z_2(k) \geq \tau_2 \otimes z_1(k-1)$$

用矩阵符号表示为 $\boldsymbol{Z}(k) \geq \boldsymbol{A}_0 \boldsymbol{Z}(k) \oplus \boldsymbol{A}_1 \boldsymbol{Z}(k-1)$，或者

$$\begin{bmatrix} z_1(k) \\ z_2(k) \end{bmatrix} \geq \begin{bmatrix} \epsilon & \epsilon \\ \tau_2 & \epsilon \end{bmatrix} \begin{bmatrix} z_1(k) \\ z_2(k) \end{bmatrix} \oplus \begin{bmatrix} \epsilon & \tau_1 \\ \epsilon & \epsilon \end{bmatrix} \begin{bmatrix} z_1(k-1) \\ z_2(k-1) \end{bmatrix} \tag{4.13}$$

这样 $\boldsymbol{Z}(k) = [z_1(k) \; z_2(k)]^\mathrm{T}$，$\boldsymbol{A}_0 = \begin{bmatrix} \epsilon & \epsilon \\ \tau_2 & \epsilon \end{bmatrix}$，$\boldsymbol{A}_1 = \begin{bmatrix} \epsilon & \tau_1 \\ \epsilon & \epsilon \end{bmatrix}$。$\boldsymbol{A} = \boldsymbol{A}_0^* \otimes \boldsymbol{A}_1$，其中运用克林（Kleene）矩阵积得到 $\boldsymbol{A}_0^*$，$\boldsymbol{Z}(k) = \boldsymbol{A} \otimes \boldsymbol{Z}(k-1)$，$\boldsymbol{A} = \begin{bmatrix} \epsilon & \tau_1 \\ \epsilon & \tau_1 \otimes \tau_2 \end{bmatrix}$。

## 4.6 用 SMPL 自动机诊断混杂系统

本节介绍了一个监测 SMPL 自动机的观测器框架；然后通过扩展它以隔离这些自动机中的故障。

### 4.6.1 观测器

现在，使用残差向量 $r(k)$ 将处于事件步骤 $k$ 的 $\gamma(k) \in 1,\cdots,\eta$ 模式中的 max-plus 线性状态空间模型扩展到监控系统中。使用观测器来定义状态规范如下：

**定义 5**（观测器状态空间模型）

$$\hat{x}(k+1) = A^{(\gamma(k))} \otimes \hat{x}(k) \oplus B^{(\gamma(k))} \otimes u(k) \oplus K^{(\gamma(k))} \otimes r(k) \quad (4.14)$$

$$\hat{y}(k) = C^{(\gamma(k))} \otimes \hat{x}(k) \quad (4.15)$$

$$r(k) = |\hat{y}(k) - y(k)| \quad (4.16)$$

其中 $(\hat{x}, \hat{y})$ 对应模式预测，$y$ 对应观测量输出。在这个表达式中，$K^{(\gamma(k))}$ 为观测器的增益矩阵，必须对其进行调整。关于基于观测器的控制的更多细节，参见文献 [13]。

对于观测器，可以使用残差来监控系统并识别异常行为，如下所示：

**定义 6**（故障检测） 给定非负阈值 $\delta \in \mathbb{R}$，如果 $|r(k)| > \delta$，则存在异常（对应于故障）。

### 4.6.2 隔离故障

本节描述了一种在异常情况下进行故障隔离的方法。一般来说，可以使用一系列的方法来隔离该框架中的故障，例如，各类残差生成器、ARRs 等。故障隔离的一个经典方法是使用一组残差生成器，每一个需要诊断的故障对应一个生成器[27]。这种方法可以很方便地适应该框架；但是，它不能很好地扩展到大量的复合故障组合发生的情况（诊断空间中的故障模式数量在 $\Gamma_f$ 中呈指数增长）。因此，在计算上禁止搜索整个空间，并且使用大量的残差生成器通常仅限于单一故障情况。

下面将讨论最可能发生的复合故障情况。特别是，使用故障转移概率将推断集中在最可能出现故障的轨迹上。

需要引入一些定义来使故障隔离程序更加清晰。对于多个故障诊断，允许每个故障模式 $\gamma \in \Gamma_f$ 采用一组离散的值。

**定义7（轨迹）** 轨迹是一系列事件和状态。

**定义8（观测序列）** 观测序列是可观测事件的序列。

对于随机变换，计算未来状态的概率。

**定义9（随机状态估计任务）** 当给定一个具有 $k$ 个可观测事件的序列 $Y$ 和初始状态 $x(0)$ 时，随机状态估计的任务是识别 $P(x(k))$，即状态 $x$ 在时间 $k$ 时的概率。

可以用开关概率矩阵 $P_S$ 来计算 $P(\gamma(k)|P(\gamma(0)))$，其中 $\gamma(0)$ 为初始模式。$P_S^k$ 表示 $k$ 步后到达任何模式的概率分布。更准确地说，第 $ij$ 项表示 $k$ 步之后从模式 $i$ 转换到模式 $j$ 的概率。对于任何模式 $\gamma \in \Gamma$，都可以运用这一矩阵来计算相应的概率 $P(\gamma(k)|P(\gamma(0)))$。

采用多个观测器作为基线诊断方法，用每个观测器计算针对特定故障调整的残差。假设只计算每个残差对应的单一故障诊断。然后将此方法与多重故障方法进行比较。

在本书中，采用了一种基于近似的方法来进行多故障隔离，研究了诊断空间中最可能的子空间。要做到这一点，必须计算出最可能的轨迹。幸运的是，这很容易用代数方法计算出来。假设在第 $k$ 步处发现一个异常。使用 $(\max, *)$-代数（$*$为标准乘法）可以计算第 $k$ 步发生故障的概率。计算过程中需要用到借助 $(\max, *)$-代数进行计算的 $P_S^k$ 来对长度为 $k$ 的路径的概率进行计算。$P_S^k$ 中的 $\pi_{ij}$ 项表示从模式 $i$ 到模式 $j$ 的 $k$ 阶路径的最大概率。使用阈值 $\delta_\pi$，当 $\pi_{ij} > \delta_\pi$ 时才考虑故障 $j$ 的故障发生。确定了使损失函数 $\mathcal{J}(\hat{y}, y)$ 最小化的故障：

$$\gamma_f^* = \arg\min_{\gamma_f \in \Gamma_f} \mathcal{J}(\hat{y}, y) \tag{4.17}$$

在本书中，使用了概率损失函数，因此计算了最大概率故障。

## 4.7 计算复杂性

在切换 max-plus 系统（定义4）中，诊断推理的复杂性取决于两个因素：

**故障检测**：为了识别异常，必须解算系统来计算 $r$，这需要解出由式（4.6）和式（4.7）给出的矩阵关系。

**故障隔离**：这一阶段的推理要求识别"解释"异常的故障模式，即最小化诊断成本函数的故障模式。

下面依次定义每个因素的复杂性。

### 4.7.1 故障检测

给出一个时刻 $k$ 时的观察值 $y(k)$，计算残差 $r(k)=|y(k)-\hat{y}(k)|$ 时涉及使用 $\hat{y}(k)$ 估计输出。可以从式（4.6）和式（4.7）中计算得出：

$$\hat{y}(k) = C \otimes \hat{x}(k) \quad (k=1,2\cdots)$$
$$= C \otimes \left[ A^{\otimes k} \otimes x(0) \oplus \bigoplus_{i=1}^{k} A^{\otimes k-i} \otimes B \otimes u(i) \right]$$

计算一个矩阵的 $k$ 次幂，对于 $k \in \mathbb{N}_0$，采用以下形式：

$$(A^{\otimes k})_{ij} = \max_{i_1, i_2, \cdots, i_{k-1}} (a_{ii_1} + a_{i_1 i_2} + \cdots + a_{i_{k-1} j}) \quad (\forall i,j)$$

这在矩阵的大小上显然是线性的。由此可以看出，计算残差在所涉及矩阵的大小上是线性的。这与传统的矩阵运算不同，后者是 $O(n^3)$ 表示 $n \times n$ 矩阵。

### 4.7.2 故障隔离

隔离故障是问题的计算负担部分。以下概述了这个问题在最坏情况下的复杂性，然后展示了采用的近似技术。

诊断问题定义如下：

**定义 10（SMPL 诊断）** 在初始条件为 $x(0)$ 且异常观测值为 $y$ 的 SMPL 系统中，计算一个以持续故障结束的切换序列，该故障产生一个输出 $\hat{y}$，从而使 $J(\hat{y},y)$ 在切换序列的所有排列中最小化。

可以使用这个问题公式来证明诊断任务的决策版本。

**命题 1（SMPL 诊断复杂性）** 给定一个初始条件为 $x(0)$，时间为 $k$ 时异常观测为 $y(0)$ 的整数 SMPL 系统，计算是否存在以持续故障结束的切换序列，并在时间 $k$ 时产生输出 $\hat{y}(k) = y(k)$，这是非完全多项式的。

完全诊断问题（定义 10）是决策问题的优化版本，所以是 NP 困难问题（非确定性多项式困难问题）。问题是切换序列的指数数必须进行分析。值得注意的是，尽管 SMPL 方法解决了 NP 困难诊断推理问题，但这比使用传统的 HS 诊断推理更容易处理。

### 4.7.3 近似算法

使用一种近似技术来探索切换序列的多项式数（轨迹），而不是切换序列的（最坏情况）指数数。利用控制故障转移的随机函数，对故障转移的轨迹进行概率分配，只研究概率高于阈值 $\varphi$ 的轨迹。通过控制 $\varphi$ 的值，可以将轨迹数限制为 $|x|$ 中的多项式。其提供了一种以故障隔离精度来权衡推理速度的

主要方法。

或者，可以将这个问题作为一个混合整数线性规划问题[9]来解决，对于这个问题，存在许多有效的解算器。

## 4.8 诊断方案

本节介绍了水箱示例的诊断场景。以下将检查 3 种情况：①$T_3$泄漏；②$V_3$堵塞；③$T_2$泄漏。

计算事件间隔时间的残差：$R=z_2(k)-z_2(k-1)$，$R_3=z_1(k)-z_2(k-1)=\tau_1$。

### 4.8.1 情况 1：$T_3$泄漏

第一种情况包括 $t=4$ 时 $T_3$ 中的大泄漏。这将导致达到最小设定点 $h_3^-$ 比正常情况快，从而导致 $t=6.5$ 时 $V_3$ 的更快切换，如图 4.4 所示。本书的方法能够快速隔离此故障，在备选故障中，$T_3$ 的泄漏概率最高。

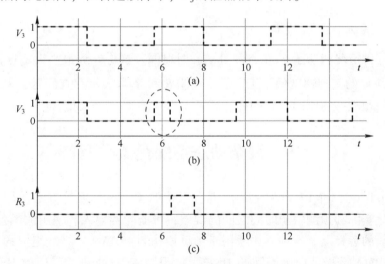

图 4.4　水箱 $T_3$ 泄漏的诊断情况

（a）阀 $V_3$ 正常设置；（b）阀 $V_3$ 故障设置；（c）阀 $V_3$ 残差。

### 4.8.2 情况 2：$V_3$堵塞

第二种情况包括在 $t=4$ 时 $V_3$ 中的暂时阻塞。这将导致达到最小设定点 $h_3^-$ 比正常情况慢，从而导致 $t=8.7$ 而不是 $t=8$ 时 $V_3$ 的一个更慢的切换，如图 4.5 所示。本书的方法能够将 $V_3$ 中的堵塞故障作为最高概率故障进行隔离。

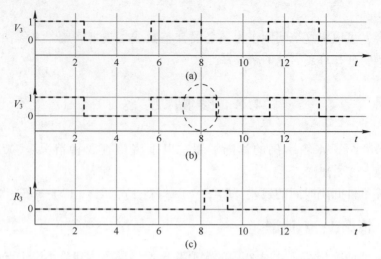

图 4.5 阀 $V_3$ 堵塞的诊断情况

（a）阀 $V_3$ 正常设置；（b）阀 $V_3$ 故障设置；（c）阀 $V_3$ 残差。

### 4.8.3 情况 3：$T_2$ 堵塞

第三种情况涵盖了 $T_2$ 在 $t=4$ 处的临时泄漏。这将导致最小设定点 $h_3^-$ 和最大设定点 $h_1^+$ 的实现速度低于正常值。残差 $R$ 和 $R_3$ 都表示存在问题，但系统无法隔离问题唯一的原因。它同样计算了 $V_2$ 和 $V_3$ 阀堵塞的可能性。

## 4.9 混杂动态系统覆盖类型

本节讨论了 SMPL 框架适用的混合系统的类型。本书的方法使用观测器来最小化实际和预测输出时间之间的误差，可能受到输入和输出的额外限制。在最一般的意义上，这种方法适用于由分段仿射（PWA）系统组成的混杂系统[23]。PWA 系统是众所周知的 HS 模型，因为它们捕获了广泛的 HS 属性，但具有数学上可处理的描述。PWA 系统在数学上是可处理的，因为它们扩展了线性系统，从而能够以任意精度模拟非线性/非光滑现象。此外，PWA 系统具有较好的表达力，因为它们可以表示关键的混合特征，如线性阈值事件和模式切换。

Van den Boom 和 De Schutter[26] 给出了以下等效结果：

**命题 2（等价）** 每一个有限的 SMPL 系统都可以写成一个分段仿射系统。在下文中，简要回顾了建立这一结果所需的符号，并请读者参考文献

[26] 了解完整的详细信息。

Van den Boom 和 De Schutter[26] 利用文献 [14] 的结果证实了，可以将 SMPL 系统改写为分段仿射系统、最大—最小—加—定标系统（max-min-plus-scaling）、扩展线性互补（ELC/LC）系统或混杂逻辑动态（MLD）系统，所有这些都可应用于混杂系统领域。可以利用等价性把分段仿射系统和最大—最小—加—定标系统的性质转移到 SMPL 系统。

我们首先介绍了有限 SMPL 和分段仿射系统的类型。通过切换系统（(SMPL) 的定义，可以得到：

**定义 11（有限 SMPL 系统）**：有限的 SMPL 系统生成有限的 $x(k)$、$y(k)$，作为所有 $\gamma(k-1) \in \{1,2,\cdots,\mu\}$ 的有限输入 $x(k-1)$、$u(k)$。目标是将有限的 SMPL 系统与基于多面分区概念的 PWA 系统联系起来：

**定义 12（多面分区）**：空间 $\mathbb{R}_w^n$ 的多面分区 $\{\Lambda_i\}_{i=1,\cdots,n_s}$ 被定义为将空间 $\mathbb{R}_w^n$ 划分为 $\Lambda_i = \{w(k) | S_i w(k) \leqslant_i s_i\}$ $(i = 1, 2, \cdots, n_s)$ 形式的非重叠多面体 $\Lambda_i$ $(i = 1, 2, \cdots, n_s)$。

对于一些带有 $\leqslant_i$ 向量运算符的矩阵 $S_i \in \mathbb{R}^{q \times n_w}$ 和向量 $s_i \in \mathbb{R}^q$，运算符代表 $\leqslant$ 或者 $<$，并且

$$\bigcup_{i=1}^{n_s} \Lambda_i = \mathbb{R}^{n_w} \quad \text{和} \quad \Lambda_i \cap \Lambda_j = \emptyset (i \neq j)$$

现在定义一个 PWA 系统如下：

**定义 13（分段仿射系统）**：分段仿射系统对于

$$\begin{bmatrix} x(k-1) \\ u(k) \\ d(k) \end{bmatrix} \in \Omega_i$$

表述如下：

$$x(k) = A_i x(k-1) + B_i u(k) + f_i \tag{4.18}$$

$$y(k) = C_i x(k) + D_i u(k) + g_i \tag{4.19}$$

式中：$f_i \in \mathbb{R}^{n_x \times 1}$，$g_i \in \mathbb{R}^{n_y \times 1}$，$A_i \in \mathbb{R}^{n_x \times n_x}$，$B_i \in \mathbb{R}^{n_x \times n_u}$，$C_i \in \mathbb{R}^{n_y \times n_x}$，$D_i \in \mathbb{R}^{n_y \times n_u} (i = 1, \cdots, N)$，其中符号 $d(k) \in [0,1]$ 是一个均匀分布的随机标量信号，$\Omega_i (i = 1, \cdots, N)$ 是一个 $\mathbb{R}^{n_x \times n_u + 1}$ 的多面分区。

为了证明这种等效性，文献 [26] 根据分段仿射多面分区重写 SMPL 系统的原始定义4：

**定义 14（随机 SMPL 系统）**：考虑具有 $\mu$ 个可能模式的（定义4）系统，并用 $P[\pi(k) = \gamma(k) | \gamma(k-1), x(k-1), u(k), w(k)]$ 表示给定 $\gamma(k-1)$，$x(k-1)$，$u(k)$，$w(k)$ 情况下切换到模式 $\gamma(k)$ 的概率。如果任意给定的 $\gamma(k) \in 1, \cdots,$

$\mu$，$P[\pi(k)=\gamma(k)]$ 是一个概率函数，它是变量 $\gamma(k-1)$，$\boldsymbol{x}(k-1)$，$\boldsymbol{u}(k)$，$\boldsymbol{w}(k)$ 空间多面分区上的分段仿射，那么它就具备为切换 max-plus 线性（SMPL）系统的条件。

这些结果表明，可以使用 max-plus 框架对各种混杂系统进行建模。max-plus 框架的优点是通用的可扩展性及其效率。

## 4.10 总　　结

本章提出了求解一类 PWA 混杂系统的 max-plus 代数方法。对于这类系统，max-plus 代数方法的计算速度比传统方法快。尽管一般的诊断推理任务是 NP 困难的（NP 困难问题，非确定性多项式困难问题），但本章描述了一种在问题规模上具有复杂多项式的近似技术。并且已经在一个过程控制实例上说明了该方法。

这种方法为混杂系统的诊断提供了一种新的计算框架，它是建立在一种使用 max-plus 代数方法对系统进行建模和控制的重要基础上。这种方法的应用前景是广泛的，包括将此方法应用于大型系统以测试比例特性，研究切换概率对故障隔离精度的影响，或将该方法与最先进的方法进行优劣比较。

我们还计划展示这种代数方法的可推广性，即可以通过改变基础代数运算，定义一系列随机混杂系统，例如马尔可夫交换系统，甚至非线性系统，其动态通常是使用粒子滤波器来定义的[17]。我们将展示所有上述方法如何使用相同的公式，并且只在底层代数运算中有所不同。

### 参考文献

[1] Arogeti, S. A., Wang, D., & Low, C. B. (2008). Mode tracking and FDI of hybrid systems. In 10th International Conference on Control, Automation, Robotics and Vision (ICARCV) (pp. 892-897). New York：IEEE.

[2] Baccelli, F., Cohen, G., Olsder, G. J., & Quadrat, J.-P. (1992). Synchronization and linearity：An algebra for discrete event systems. Chichester：Wiley.

[3] Basile, F. (2014). Overview of fault diagnosis methods based on Petri net models. In 2014European Control Conference (ECC) (pp. 2636-2642). IEEE.

[4] Bayoudh, M., & Travé-Massuyès, L. (2014). Diagnosability analysis of hybrid systems cast ina discrete-event framework. Discrete Event Dynamic Systems, 24 (3), 309-338.

[5] Bemporad, A., & Morari, M. (1999). Robust model predictive control: A survey. In Robustness in identification and control (pp. 207-226). London: Springer.

[6] Boukra, R., Lahaye, S., & Boimond, J.-L. (2015). New representations for (max, +) automata with applications to performance evaluation and control of discrete event systems. Discrete Event Dynamic Systems, 25 (1-2), 295-322.

[7] Butkovic, P. (2010). Max-linear systems: Theory and algorithms. Berlin: Springer.

[8] Cuninghame-Green, R. A. (1979). Minimax algebra. Lecture notes in economics and mathematical systems (Vol. 166). Berlin: Springer.

[9] De Schutter, B., Heemels, W. P. M. H., & Bemporad, A. (2002). On the equivalence of linear complementarity problems. Operations Research Letters, 30 (4), 211-222.

[10] Gaubert, S. (1990). An algebraic method for optimizing resources in timed event graphs. In Analysis and optimization of systems (pp. 957-966). Berlin: Springer.

[11] Gaubert, S. (1995). Performance evaluation of (max, +) automata. IEEE Transactions on Automatic Control, 40 (12), 2014-2025.

[12] Gaubert, S. (1997). Methods and applications of (max, +) linear algebra. In Annual symposium on theoretical aspects of computer science (pp. 261-282). Berlin: Springer.

[13] Hardouin, L., Shang, Y., Maia, C. A., & Cottenceau, B. (2017). Observer-based controllers for max-plus linear systems. IEEE Transactions on Automatic Control, 62 (5), 2153-2165.

[14] Heemels, W., De Schutter, B., & Bemporad, A. (2001). Equivalence of hybrid dynamical models. Automatica, 37 (7), 1085-1091.

[15] Hillion, H. P., & Proth, J.-M. (1989). Performance evaluation of job-shop systems using timed event-graphs. IEEE Transactions on Automatic Control, 34 (1), 3-9.

[16] Holloway, L. E., Krogh, B. H., & Giua, A. (1997). A survey of Petri net methods for controlled discrete event systems. Discrete Event Dynamic Systems, 7 (2), 151-190.

[17] Koutsoukos, X., Kurien, J., & Zhao, F. (2002). Monitoring and diagnosis of hybrid systems using particle filtering methods. In International Symposium on Mathematical Theory of Networks and Systems.

[18] Leenaerts, D., & Van Bokhoven, W. M. G. (2013). Piecewise linear modeling and analysis. New York: Springer Science & Business Media.

[19] Lerner, U., Parr, R., Koller, D., & Biswas, G. (2000). Bayesian fault detection and diagnosis in dynamic systems. In AAAI/IAAI (pp. 531-537).

[20] Manger, R. (2008). A catalogue of useful composite semirings for solving path problems in graphs. In Proceedings of the 11th International Conference on Operational Research (KOI2006).

[21] Provan, G. (2016). A general characterization of model-based diagnosis. In Proceedings of the 22nd European Conference on Artificial Intelligence. IOS Press.

[22] Sahner, R. A., Trivedi, K., & Puliafito, A. (2012). Performance and reliability analysis

of computer systems: An example-based approach using the SHARPE software package. Berlin: Springer Science & Business Media.

[23] Sontag, E. (April 1981). Nonlinear regulation: The piecewise linear approach. IEEE Transactions on Automatic Control, 26 (2), 346-358.

[24] Van den Boom, T. J. J., & De Schutter, B. (2004). Model predictive control for perturbed max-plus-linear systems: A stochastic approach. International Journal of Control, 77 (3), 302-309.

[25] van den Boom, T. J. J., & De Schutter, B. (2006). Modelling and control of discrete eventsystems using switching max-plus-linear systems. Control Engineering Practice, 14 (10), 1199-1211.

[26] van den Boom, T. J. J., & De Schutter, B. (2012). Modeling and control of switching max-plus-linear systems with random and deterministic switching. Discrete Event Dynamic Systems, 22 (3), 293-332.

[27] Witczak, M. (2007) Modelling and estimation strategies for fault diagnosis of non-linear-systems: From analytical to soft computing approaches (Vol. 354). Berlin: Springer Science& Business Media.

[28] Zaytoon, J., & Lafortune, S. (2013). Overview of fault diagnosis methods for discrete eventsystems. Annual Reviews in Control, 37 (2), 308-320.

[29] Zhao, F., Koutsoukos, X., Haussecker, H., Reich, J., & Cheung, P. (2005). Monitoring andfault diagnosis of hybrid systems. IEEE Transactions on Systems, Man, and Cybernetics, PartB (Cybernetics), 35 (6), 1225-1240.

# 第 5 章

# 混杂动态系统的监测：在化工过程中的应用

## 5.1 简 介

本章介绍了一种化工过程的故障检测和隔离方法。这种被称为 SimAEM（模拟异常事件管理）的方法是专门为监控批量和半连续生产过程所设计的。这些工艺流程是少量高附加值产品的普遍生产方式。这类过程由相互关联和共享的资源组成，并进行连续的处理。因此，它们通常被认为是离散与连续兼有的混杂系统。然而，配方通常用状态事件（温度或成分阈值等）来描述，而不是用固定的处理时间来描述[1]。SimAEM 方法是一种基于模型的方法。基于模型的诊断在文献中被广泛讨论，并且许多工业应用都利用了这一原理[2]。这类方法主要分 3 个阶段进行设计：残差生成、残差评估和定位。在研究中，所应用的方法是基于一个混合动态模拟器来进行的。这个模拟器提供了一个参考模型，该模型应该是正确的[3,26]。SimAEM 监控系统的总体架构如图 5.1 所示。

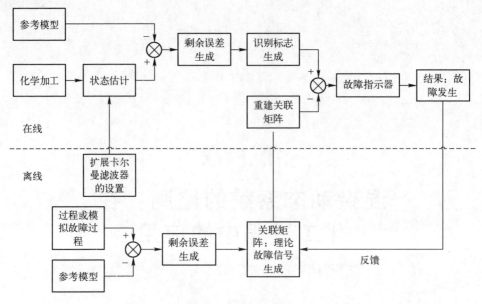

图 5.1 SimAEM 架构

本章重点介绍了故障诊断的不同步骤顺序，并对在线和离线步骤进行了区分。因此，SimAEM 方法分为 3 个步骤：

（1）第一步是残差生成（图 5.1 中的虚线图案）。它包括仿真得到的预测模型与观测器检测到的实际系统运行之间的比较。在实验中，扩展了卡尔曼滤波器，其目的是根据测量结果重建系统输出。

（2）第二步（特征生成）旨在分析残差（图 5.1 中的波形图）。这是检测步骤，它决定是否存在故障。并且引入"特征"概念。

（3）第三步（图 5.1 中阴影部分）为故障诊断。这个步骤利用上一步中生成的特征确定故障类型。为此，进行了一个内联匹配过程。这是一个模式识别问题。为此，通过计算间距，将瞬时故障特征与理论故障特征进行比较，以识别和定位故障。这些理论故障特征列在发生表中。瞬时故障特征是通过实验或故障过程的离线模拟获得的。

## 5.2 扩展卡尔曼滤波器产生的残差

基于模型诊断系统的初始步骤生成的故障指示信号，称为残差。残差包含被监测系统偏移或故障的信息。其目的是检测系统测量值与参考模型获得的所谓"理论"值之间的差异。残差的产生是诊断成功的关键步骤。

## 5.2.1 状态估计量：扩展卡尔曼滤波器

混杂动态系统的许多工作是围绕着建模、稳定性和可控性为主线展开的[4]。近年来，在有关可观测性的文献中作了更为详细的研究。观测器在工业中具有很强的鲁棒性和实时性是众所周知的[5]。虽然状态观测理论在连续和离散事件领域已达到一定成熟程度，但对于混杂动态系统的观测仍然是一个挑战。

状态观测特别适合于故障检测和诊断的研究，为决策提供了更多信息。因此，状态估计产生的残差包括使用观测器重建状态或者是过程输出的误差，然后将误差估计作为残差。克拉克（Clark）是第一个使用这个概念的人[6]。如果说线性系统的观测器设计问题能得到很好的解决，那么非线性系统却并非如此：目前还没有令人满意的全局解决方案。

本书研究选取扩展卡尔曼滤波器重建过程状态。事实上，这种滤波器在计算时间上是宽裕的，并且对变化缓和的非线性系统有很好的效果[5,7,8,26]。需要注意的是，一旦非线性变化太强烈或初始化不当，扩展卡尔曼滤波器就会失效。在本书的研究中，这个滤波器是基于混合动态系统的动态仿真。PrODHyS 模拟器[9]提供了模型，该模型描述了反应过程，特别是在瞬态期间的。由于使用了该滤波器，对同时存在噪声和过程不确定性的监测具有很强的鲁棒性，这样就避免了误报警。

用扩展卡尔曼滤波器进行状态重建，使估计误差不受系统不确定性影响。在文献 [9，10] 中可以找到有关此滤波器及其实现的描述。

## 5.2.2 残差的产生

下面介绍残差 $r(t)$ 的产生。它们是由表示观测器的估计状态 $\hat{X}(t)$ 重构的状态向量与参考模型得到的状态向量 $X(t)$ 之间进行比较得出的。

$$r(t) = \hat{X}(t) - X(t) \tag{5.1}$$

这种残差被称为"绝对"残差。可以通过图 5.2 中的简单例子来解释"绝对"残差的概念。要考虑到被热源 $\sum 1$ 加热的反应因素 $R1$。

为了确定代表异常行为的变量，有必要比较温度 $T$ 和输出流量 $d_{out}$ 的残差。然而，尽管在数值上相似，这些残差并不是无量纲的。为了能够比较，它们必须是无量纲的：$r_T = 1K$ 和 $r_{d_{out}} = 1L/s$。为此，定义了相对残差：

$$r^r(t) = \frac{\hat{X}(t) - X(t)}{X(t)} \tag{5.2}$$

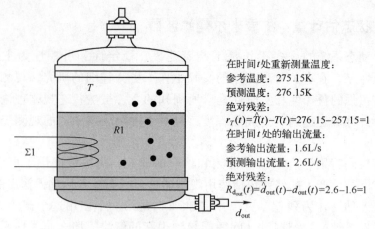

图 5.2 绝对残差

然后,得到以下相对残差:

$$r^r_T(t) = \frac{\hat{T}(t)-T(t)}{T(t)} = \frac{276.15-275.15}{275.15} = 0.36\%$$

$$r^r_{d_{out}}(t) = \frac{\hat{d}_{out}(t)-d_{out}(t)}{d_{out}(t)} = \frac{2.6-1.6}{1.6} = 62.5\%$$

可以得出输出流量是一个代表异常状态的变量,而温度在正常状态。

## 5.3 残差估计:特征量产生

实时运行是故障检测中的一个重要环节。的确,一个前期的故障检测,对于避免化学反应过程中造成灾难性的后果是有价值的[2]。此外,以往的信息可以帮助了解当前的进程。然后,根据信息的有效性收集观测结果。直观的感觉是,当时间范围为 $t \gg 1$ 时,初始时刻的数据对 $T$ 时刻的残差没有影响。因此,没必要收集所有数据。可以定义时间大小为 $T$ 的观测窗。在 $T$ 时间内观察系统。此窗口代表系统状态。它的大小是根据系统动态选择的参数决定的。

图 5.3 阐释了变化窗口的概念。接下来,检测中包含了对第一步(图 5.1)中残差生成的即时特征评估,用 $S$ 代表这个特征,$(S)$ 代表维度 $n$ 的正向量(状态向量的大小)。更具体地说,该向量的每个分量都是一个正实数,这是阈值测试的结果。因此,特征的元素定义如下:

$$S_i(t) = \begin{cases} 0, & |r_i(t)| \leq \varepsilon_i(t) \\ \alpha_i > 0, & |r_i(t)| > \varepsilon_i(t) \end{cases} \quad i \in [1,n] \qquad (5.3)$$

式中：$\alpha_i$ 是阈值违规测试的结果；$r_i(t)$ 是检测第一部分生成的残差；$\varepsilon_i(t)$ 是自适应检测阈值。

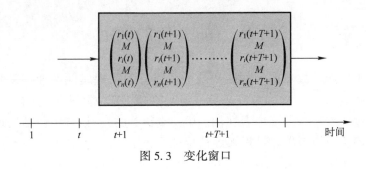

图 5.3　变化窗口

$S$ 是瞬时特征。假设故障发生，那么 $S$ 是一个非零向量（$S_i(t)=\alpha_i>0, i\in[1;n]$）。零向量表示被监控系统的先验正态行为，$S_i(t)=0 (i=1,\cdots,n)$。这个特征向量可以是一个二进制向量：如果残差超过阈值，那么特征等于 1。然而，通过以这种方式定义特征向量，会丢失关于测试失败的大量信息：那么应该超过阈值多少？这个超出量可以忽略吗？通过不将特征向量定义为布尔值，可以有效避免错误报警，并区分偏差和故障情况。而且，初期很难探测到类似偏移的故障，在 Sayed Mouchaweh[11] 中可以找到偏移检测和处理的观测。在这项研究工作中，利用一个非二元向量，得到了所有必要的信息可视化偏移对状态向量的影响。此外，由于使用了卡尔曼滤波器，可以区分偏移和模型（测量）噪声[9]。

在 $t$ 时处的瞬时故障特征 $S(t)$ 是残差 $R(t)$ 和检测阈值 $\varepsilon(t)$ 的矢量函数。每个分量 $S_i(t)$ 由下面的公式定义：

$$S_i(t)=\text{Max}[(|r_i(t)|-\varepsilon_i(t));0],\quad i\in[1;n] \tag{5.4}$$

在前一点中，强调了相对残差的利害关系。同样地，定义了瞬时相对故障，它是检测阈值 $\varepsilon(t)$ 的相对残差 $r(t)$ 和状态向量 $X$ 的函数：

$$\begin{cases} S_i^{rr}(t)=\text{Max}[(|r_i(t)|-\varepsilon_i(t));0],\quad i\in[1;n] \\ r_i^r(t)=\dfrac{\hat{X}_i(t)-X_i(t)}{X_i(t)}\varepsilon_i'=\dfrac{\varepsilon_i(t)}{X_i(t)} \end{cases} \tag{5.5}$$

最后，对这些特征规范化以查看主要变化。因此，归一化相对故障特征由下列方程定义：

$$S_i^r(t)=\dfrac{r_i^r(t)}{\sum\limits_{k=1}^n (t)}=\dfrac{\text{Max}[(|r_i^r(t)|-\varepsilon_i'(t)):0]}{\sum\limits_{k=1}^n \text{Max}[(|r_k^r(t)|-\varepsilon_k'(t)):0]},\quad i\in[1;n] \tag{5.6}$$

因此，归一化相对故障特征的所有分量之和为1。这转化为以下探索：如果残差 $r_i^t$ 对故障敏感，则其他 $r_k^t(k \neq 1)$ 不敏感。

## 5.4 关联矩阵的确定

许多工作涉及故障信号的距离或关联矩阵的结构属性处理，以便实现鲁棒性的故障隔离[12-14]。故障特征是特定残差和特定故障所独有的。这个特征通常是经过实验获得的（或者在例子中仿真得到的）。该方法包括通过对比参考模型和实验或模拟故障过程来评估特征（图5.1）。更具体地说，该向量的每个分量都是阈值测试的结果（如式(5.6)）。

对于本章的方法，将在不同的时间模拟相同的故障，并将生成该故障的特征信号用于故障过程的 $P$ 模拟。这样做的目的就是要对这个故障有一个唯一的表示。设想两种情况：

（1）这些特征描述了相同的状态向量。这意味着 $P$ 个模拟具有同样的重要性；它们发生的可能性是相同的。这个独有的特征信号与通过模拟获得 $P$ 个特征信号的核心相一致。对于复杂的系统，分析数据并确定其主要组成部分是很重要的。然后，$P$ 个模拟的近似表示是小范围的子空间。

（2）特征不能描述相同的状态向量（不同数量的状态变量）。因此有必要进行规范分析。考虑对同一故障进行两组模拟。第一个由状态向量1表示，第二个由状态向量2表示。这个分析包括检查这些集合之间存在的联系。它是基于主体分析分解的。这个理论在文献[15]中有所描述。注意，如果两个空间有重叠部分，这意味着两个集合中只有一个是必需的，因为它们具有相同的描述能力。相反，如果这两个集合都是正交的，则这两个集合代表不同的属性。因此，有必要考虑两种不同的故障特征来表征同一个故障。

下面对这个初始学习阶段进行阐述。考虑一个以状态向量为特征的系统 $[x,y,z]$。通过在不同的时间引入相同的故障，进行了一组模拟，图5.4表示结果。因此，得到了一个表征故障的模式。但是，根据系统状态，故障特征可能有所不同。这就是针对一个故障的不同状态或者唯一状态，可能有不同理论特征的原因（图5.4）。

一旦得到全局关联矩阵，可以重建一个适应系统状态的关联矩阵（图5.1）。为此，简化关联矩阵：在瞬时故障特征中只使用了现有的残差，最后对每个理论故障特征进行了归一化。下面用一个简单的例子来实现这个方案（图5.5）。

第 5 章　混杂动态系统的监测：在化工过程中的应用

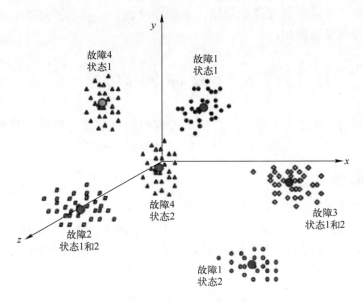

图 5.4　关联矩阵示例

$$T' = \begin{array}{c} \\ r_1 \\ r_3 \\ r_4 \end{array} \begin{pmatrix} f_1 & f_2 & f_3 & f_4 & f_5 \\ 1 & 0 & 0 & 1/3 & 1/3 \\ 0 & 0 & 0 & 1/3 & 1/3 \\ 0 & 1/2 & 0 & 1/3 & 0 \end{pmatrix} \Rightarrow T' = \begin{array}{c} \\ r_1 \\ r_3 \\ r_4 \end{array} \begin{pmatrix} f_1 & f_2 & f_3 & f_4 & f_5 \\ 1 & 0 & 0 & 1/3 & 1/2 \\ 0 & 0 & 0 & 1/3 & 1/2 \\ 0 & 1 & 0 & 1/3 & 0 \end{pmatrix}$$

注意：故障 $f_3$ 是不可以排除之外的。

图 5.5　关联矩阵简化举例

假设所包含的特征如下：

$$s^{rN} = \begin{pmatrix} 1/2 \\ 1/2 \\ 0 \end{pmatrix} \begin{array}{c} r_1 \\ r_3 \\ r_4 \end{array}$$

关联矩阵如下：

$$T = \begin{array}{c} \\ r_1 \\ r_2 \\ r_3 \\ r_4 \end{array} \begin{pmatrix} f_1 & f_2 & f_3 & f_4 & f_5 \\ 1 & 0 & 0 & 1/3 & 1/3 \\ 0 & 1/2 & 1 & 0 & 1/3 \\ 0 & 0 & 0 & 1/3 & 1/3 \\ 0 & 1/2 & 0 & 1/3 & 0 \end{pmatrix}$$

在本例中，残差 $r_2$ 不会出现在瞬时故障信号中。这代表关联矩阵是不合适的。因此，有必要研究这个矩阵。关联矩阵的第二行将被删除，并且所产生的故障特征被规范化：

## 5.5 故障隔离

隔离系统如图 5.1 所示。它包括从过程的测量信息（瞬时故障特征）和从实验或模拟（理论故障特征）获得的信息中建立诊断。

### 5.5.1 原理

关联矩阵 $T$ 的列表示故障特征。关联矩阵各列采用的符号如下：$T_{.j}(j=1,2,\cdots,m)$。$T_{.j}$ 对应与第 $j$ 个故障 $f_j$ 相关的特征。同样，关联矩阵的每一行 $T_{i.}$，表示第 $i$ 个残差的特征。图 5.6 展示了理论故障特征和关联矩阵的残差特征的示例。

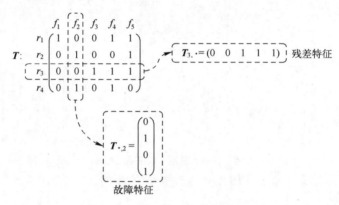

图 5.6 故障特征和残差特征

本研究的方法类似于模式识别问题。分类的形式是在上一步中生成的瞬时归一化相对故障特征 $S^{rN}$（图 5.1）。然后将这个模式应用于现有的分类。在例子中，每个类都由一个理论上的故障特征 $T_{.j}(j=1,2,\cdots,m)$ 表示。

因此，在故障检测和诊断的情况下，将瞬时归一化相对故障特征 $S^{rN}$ 与 M 理论故障特征 $T_{.j}(j=1,2,\cdots,m)$ 进行了比较。特征 $S^{rN}$ 记录实体系统的反应情况。矢量 $T_{.j}$ 代表第 $j$ 个故障的特征。这两个特征之间相关性的关联程度与故障 $f_j(j=1,2,\cdots,m)$ 发生的概率成正比。如果存在 $j \in [1;m]$，如 $S^{rN}$ 相似于 $T_{.j}$，那么诊断在发生故障 $f_j$ 时得出结论。

为了比较瞬时特征 $S^{rN}(t)$ 和特定故障特征 $T_{.j}$，可以使用相似函数或距离来进行比较。在示例中，分类是根据特征的空间距离决定的。

**距离的定义**　设 $S$ 为瞬时归一化相对故障特征的空间，$T$ 为理论故障特征的有界空间（$T$ 的秩等于 $m$，$m$ 是考虑到的故障数目）。距离 $S^{rN}(t)$ 定义了相关征兆。瞬时特征 $S^{rN}(t)$ 和故障特征 $T_{\cdot j}$ 之间的距离由以下表达式定义：

$$D: S \times T \to [0;1]$$

$$(S^{rN}(t); T_{\cdot j}) \alpha D_j(t) = D(S^{rN}(t); T_{\cdot j})$$

距离 $D$ 验证以下特性：

对于 $X \in S$，$Y \in T$

（1）$D(X,Y) = 0 \Rightarrow X = Y$

（2）$D(X,Y) = D(Y,X)$

（3）对于 $Z \in S$，$D(X,Z) \leq D(X,Y) + D(Y,Z)$

然后定义一个故障指示：

**故障指示的定义**　故障指示 $I_j \in [0;1]$ 与故障 $f_j(j=1,2,\cdots,m)$ 相对应。它表示故障的发生概率，是通过以下关系定义的：

$$I_j(t) = 1 - D_j(t) = 1 - D(S^{rN}(t), T_{\cdot j}) \tag{5.7}$$

根据距离的特性（1），$I_j(t) = 0$ 意味着故障 $f_j$ 没有出现。相反，$I_j(t) = 1$ 反映了故障 $f_j$ 被检测和定位。一般来说：不会有这些严格的对等，而是一种次序的关系：$0 < I_j(t) < 1$。

这种关系促使故障 $f_j$ 发生时触发报警。如果故障指示 $I_j$ 接近零，故障的发生不能被检测。另一方面，如果 $I_j$ 接近 1，则说明故障 $f_j$ 发生。

### 5.5.2　距离

通常，使用的距离是汉明距离[16,17]。这是一个数学距离。它比较了两个相同大小的二进制向量 $\boldsymbol{B}_1$ 和 $\boldsymbol{B}_2$。该距离等于两个向量 $\boldsymbol{B}_1$ 和 $\boldsymbol{B}_2$ 的绝对值之和：

$$D^H = \sum_{i=1}^{n} |\boldsymbol{B}_{1i} - \boldsymbol{B}_{2i}| \tag{5.8}$$

图 5.7 说明了两个二进制向量 $\boldsymbol{B}_1$ 和 $\boldsymbol{B}_2$ 之间汉明距离的计算。在这个例子中，汉明距离等于 1。

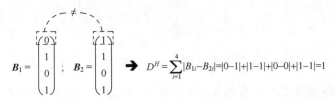

图 5.7　汉明距离计算举例

这意味着两个向量之间只有一个分量是不同的，为了对所有特征的距离进行标准化，定义了相对汉明距离[18]。两个二进制向量 $B_1$ 和 $B_2$ 之间的距离可表示为[19]

$$D^{Hr}(t) = \frac{\sum_{i=1}^{n}|B_{1i} - B_{2i}|}{n} \tag{5.9}$$

在上一节中，强调了在连续空间 [0;1] 中工作的重要性。式 (5.8) 可以推广到非二进制向量：这种情况下的距离被称为曼哈顿距离。同样，将式 (5.9) 推广到非二进制情况，从而定义了一个新的距离，称为相对曼哈顿距离[1,9,10]。可以在文献 [10] 中找到这个定义的证明。

**相对曼哈顿距离的定义** 设 $S$ 为瞬时归一化相对特征的空间，$T$ 为理论故障特征的有界空间（$T$ 的秩等于 $m$，$m$ 是考虑到的故障数目）。瞬时特征 $S^{rN}(t)$ 和特定故障特征 $T_{\cdot j}$（维度大小均为 $n$）之间的距离由以下表达式定义：

$$D_j^{Mr}(t) = \frac{\sum_{i=1}^{n}|S_i^{rN}(t) - T_{ij}|}{n} \tag{5.10}$$

故障诊断隔离（FDI）系统的主要问题之一是其具有检测多个故障的发生和定位的能力。事实上，理论特征是一个特定的故障。然而，多个故障的发生是由一个新的故障特征来表示的[20]。这个特征是通过结合理论故障特征得到的[19]。如图 5.8 所示。

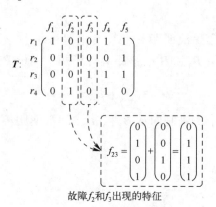

故障 $f_2$ 和 $f_3$ 出现的特征

图 5.8 多个故障的特征

考虑到理论特征的所有线性组合引起组合激增，这不是一个令人满意的解决方案。因此，有必要使用避免组合测试的方法。因而，泰洛尔等[18]定义了一个修正的汉明指示器，它只在比较中考虑理论故障特征的非零元素：

# 第 5 章 混杂动态系统的监测：在化工过程中的应用

$$D_j^{Ha}(t) = \frac{\sum_{i=1}^{n} |S_i^{rN}(t) - T_{ij}| \cdot T_{ij}}{n'} \qquad (5.11)$$

式中：$n'$ 是理论故障特征 $T_{\cdot j}$ 的非零元素个数，通过定义改进的曼哈顿距离 $D^{Ma[10]}$，将该距离推广到非二进制情况：

$$D_j^{Ma}(t) = \frac{\sum_{i=1}^{n} |S_i^{rN}(t) \times m' - T_{ij} \times n'| \cdot T_{ij}}{n'} \qquad (5.12)$$

式中：$n'$ 是理论故障特征 $T_{\cdot j}$ 的非零元素个数；$m'$ 是瞬时故障特征 $S^{rN}$ 的非零元素个数。

**注释：**

改进的汉明距离和曼哈顿距离不是数学距离[10]。然而，这些指标之所以被称为"距离"，是因为这两个指标允许在瞬时特征 $S^{rN}$ 和特定故障特征 $T_{\cdot j}$ 之间，根据异常征兆的相似性进行比较。

下面把相对和改进的曼哈顿特征量应用到一个具体的例子。考虑故障 $f_1$ 和 $f_2$ 同时发生的情况，并在图 5.9 中给出了瞬时故障特征向量和关联矩阵。这些距离（式（5.10）和式（5.12））以及相应的故障指示（式（5.7））进行计算。

考虑下面的瞬时故障特征和关联矩阵

$$S^{rN} = \begin{pmatrix} 1/3 \\ 1/3 \\ 0 \\ 1/3 \end{pmatrix} \qquad T = \begin{array}{c} \\ r_1 \\ r_2 \\ r_3 \\ r_4 \end{array} \begin{pmatrix} f_1 & f_2 & f_3 & f_4 & f_5 \\ 1 & 0 & 0 & 1/3 & 1/3 \\ 0 & 1/2 & 0 & 0 & 1/3 \\ 0 & 0 & 1 & 1/3 & 1/3 \\ 0 & 1/2 & 0 & 1/3 & 0 \end{pmatrix}$$

相对曼哈顿距离 $D_i^{Mr} = \dfrac{\sum_{k=1}^{4}|S_k^{rN} - T_{ki}|}{4}$

$$\begin{aligned} & \quad\quad\quad f_1 \quad\ f_2 \quad\ f_3 \quad\ f_4 \quad\ f_5 \\ D^{Mr} &= (0.33 \quad 0.17 \quad 0.5 \quad 0.17 \quad 0.17) \\ I^{Mr} &= (0.67 \quad 0.83 \quad 0.5 \quad 0.83 \quad 0.83) \end{aligned}$$ ←---- 不能得到结论

改进曼哈顿距离 $D_i^{Ma} = \dfrac{\sum_{k=1}^{4}|S_k^{rN} \times m' - T_{ki} \times n'| \cdot T_{ki}}{n'}$, $m'=3$

$$\begin{aligned} & \quad\quad\quad f_1 \quad f_2 \quad f_3 \quad\ f_4 \quad\ \ f_5 \\ D^{Ma} &= (0 \quad\ 0 \quad\ 1 \quad 0.11 \quad 0.11) \\ I^{Ma} &= (1 \quad\ 1 \quad\ 0 \quad 0.89 \quad 0.89) \end{aligned}$$ ←---- 故障 $f_1$ 和 $f_2$ 的诊断和隔离

图 5.9　曼哈顿距离和相应故障指示器示例

在这个例子中，计算相对曼哈顿故障指示得不出相关结论。瞬时故障特征与任何理论故障特征都不对应。改进的曼哈顿距离是基于在瞬时故障特征中只找到故障的显著症状（即非零元素）的想法。使用改进的曼哈顿指示器后，故障 $f_1$ 和 $f_2$ 都被检测和隔离出来。

### 5.5.3 做出决策

将生成的故障指示器传输到决策步骤（图 5.1）。这一步包括对最可能故障的识别。由于这两个距离都是在空间间隔[0;1]中被定义的，因此故障指示器被定义为 1 这个距离范围的补充。一个指示器可以被看作是某个特定故障发生的可能性。这些指示器遵循一个中心约束的正态分布律 $\aleph(u,\sigma)$。相应分布如图 5.10 中所示。夏皮罗·威尔克（Shapiro.Wilk）的著名统计检验证实了这一点[21,27]。此测试用于验证正态性。根据检验值，我们可以接受或拒绝相应分布为正态的假设。Shapiro.Wilk 检验是使用最广泛的正态性检验，因为它是一种比许多替代验证更有说服力的检验[15]。

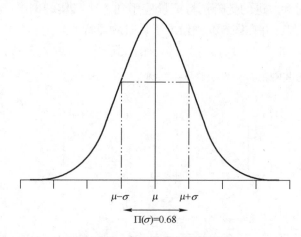

图 5.10 中心约束的正态分布

利用产生的故障指示器对系统进行诊断。为了做出这一决定，下面提出了两个假设：

（1）可以考虑以故障指示器的最小值为定义。该阈值等于 0.68，对应于标准偏差。这允许我们定义一个与标准偏差概率相对应的极限阈值，即小于 0.68。因此，如果故障指示数小于 0.68，则故障的存在是无效的。

（2）为了限制可能出现的错误选择，提出下面的假设：可以同时发生的故障数量限制在 3 个。

## 5.6 复杂化学过程的监测

本节示例中的研究涉及一个化学过程的转化，其在文献［22］中有所描述。化学过程如图 5.11 所示。本装置的目的是生产和包装质量纯度必须等于 98% 的产品 $P$。所考虑的反应是吸热平衡反应，其反应如下：

$$R1+R2\leftrightarrow P \tag{5.13}$$

为了实现最大化反应的转化率而不加长过程的循环时间，当产物 $P$ 的组分达到 0.8 时反应停止。此外，反应 $R$ 的速度随着温度 $T$ 的升高而加快，反应的选定温度必须保证反应的快速性，并使组分保持液态。383K 的温度满足这两个约束条件。离散控制器控制阀门（打开/关闭）。

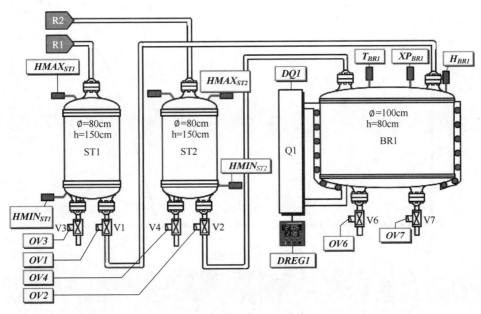

图 5.11 工艺流程图[22]

根据反应器 BR1 中的反应（式（5.13））生成 $P$ 涉及以下步骤：
（1）在反应器中引入 $n/2$mol 的产品 $R1$。
（2）预热温度达到 383K。
（3）在设定值为 383K 的温度控制反应器中引入 $n/2$mol 的 $R2$ 产品。
（4）反应直至产物组分 $P$ 达到 0.8。

### 5.6.1 参考模型的仿真

本模拟中使用的模型考虑了全局和局部物料平衡、能量平衡、液体/蒸汽平衡、反应速率和水压现象。事实上，除了带泵的管道外，油箱之间的传输是靠重力进行的。这说明水箱的出口流量是液压和源罐液位的函数。因此，传输时间取决于系统状态的时间变化。利用混合动力模拟器 PrODHyS 进行仿真，读者可以在文献［23］中找到有关 PrODHyS 的更多信息。图 5.12 展示了反应器中组分随时间发生的变化。

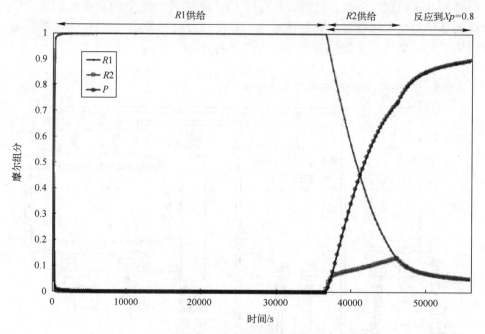

图 5.12 反应器中成分随时间的变化

### 5.6.2 检测 BR1

本章所提出的方法用一个化学过程来说明。所研究的故障涉及恶化：$V2$ 阀中的流量减少。这意味着 $V2$ 阀被部分关闭。能够检测和判断偏移以避免故障是非常重要的[24]。我们可以在文献［11］中找到许多处理这个问题的办法。

在本示例研究中，考虑了与物理量相关的 17 个特征：

（1）特征量 $s_1$ 代表阀门 $V1$ 中的流量。

(2) 特征量 $s_2$ 代表阀门 $V2$ 中的流量。
(3) 特征量 $s_3$ 代表罐体 ST1 中的组分 $R1$。
(4) 特征量 $s_4$ 代表罐体 ST1 中的组分 $R2$。
(5) 特征量 $s_5$ 代表罐体 ST1 中的组分 $P$。
(6) 特征量 $s_6$ 代表罐体 ST1 中的液体滞留量。
(7) 特征量 $s_7$ 代表罐体 ST2 中的组分 $R1$。
(8) 特征量 $s_8$ 代表罐体 ST2 中的组分 $R2$。
(9) 特征量 $s_9$ 代表罐体 ST2 中的组分 $P$。
(10) 特征量 $s_{10}$ 代表罐体 ST2 中的液体滞留量。
(11) 特征量 $s_{11}$ 代表罐体 BR1 中的液位。
(12) 特征量 $s_{12}$ 代表罐体 BR1 中的组分 $R1$。
(13) 特征量 $s_{13}$ 代表罐体 BR1 中的组分 $R2$。
(14) 特征量 $s_{14}$ 代表罐体 BR1 中的组分 $P$。
(15) 特征量 $s_{15}$ 代表罐体 BR1 中的温度。
(16) 特征量 $s_{16}$ 代表罐体 ST1 中的液体滞留量。
(17) 特征量 $s_{17}$ 代表罐体 BR1 的电源提供的热量。

图 5.13 说明了检测步骤，并对反应器 BR1 中的液体残留量进行了展示。用统计分析估计卡尔曼滤波器的预测误差，并确定 150mol 时的极限阈值。根

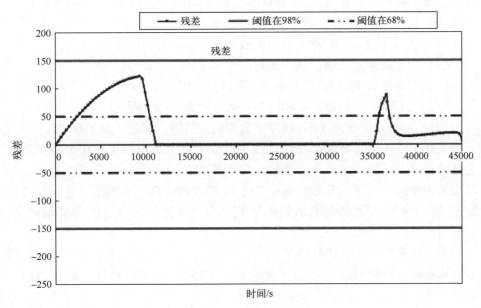

图 5.13 偏移检测

据正常规律，这个阈值对应为 98% 的概率：在这个区间内工作正常的概率为 98%。得到的残差保持在这个置信区间内。这代表这个阈值（98%）不适用于检测恶化的故障情况。必须为此更改阈值，并且必须低于此阈值。为了避免错误的警报，做出了相应改变。为实现这一目标，制定了与故障指标相同的假设：阈值降低到 68% 的概率（图 5.10）；然后在 50mol 时获得新阈值。从 $t = 2400s$，残余物超出正常操作区域。在 $t = 3000s$ 时启动诊断。

然后评估残差向量并获得相应的瞬时故障特征。

### 5.6.3　诊断

本例中考虑的故障，是根据风险评估研究与在事故中学习的经验教训进行选取的：

（1）故障 1 对应于反应器 BR1 的电源故障：后者提供的能量降低。

（2）类似地，故障 2 表示反应器 BR1 的冷却系统中的故障，其提供的能量降低。

（3）故障 3 是罐体 ST1 上的组分故障，其通常包含纯组分 $R1$。在该罐体中发现了组分 $R2$ 的痕迹。

（4）故障 4 表征相同的故障，但这次有组分 $P$ 的痕迹。

（5）在罐体 ST2 上也考虑相同类型的故障，其通常包含纯组分 $R2$。因此，故障 5 表示组分 $R1$ 存在于罐体 ST1 中的事实。

（6）故障 6 是相同的故障但是具有组分 $P$。

（7）故障 7 表示反应器电源中的故障，其不在合适的温度下。

（8）考虑致动器故障，故障 8 对应于阀 $V1$ 在打开位置的阻塞。

（9）对应于阀 $V1$ 的恶化状态的故障 9：该阀的流量降低。

（10）故障 10 与故障 8 是相同的故障，但是适用于阀 $V2$。

（11）类似地，故障 11 与故障 9 是相同的故障，但是适用于阀 $V2$。

关联矩阵包含所有理论故障特征。离线蒙特卡罗模拟提供理论特征。它包括模拟具有不同发生日期的故障。每个模拟的故障参数都会发生变化，并且会模拟噪声。例如，考虑故障 9 中阀 $V1$ 的流速降低。该阀由于仿真假设被阻断部分。阻断程度随仿真假设而变化。在线重建该矩阵以匹配状态向量。这一阶段是在第（4）点中制定。

通过计算相对曼哈顿距离（式（5.10））和改进方程（式（5.12））的相对故障指标，将瞬时故障特征（表 5.1）与关联矩阵进行比较。获得的指标见表 5.2。

# 第 5 章　混杂动态系统的监测：在化工过程中的应用

表 5.1　瞬时故障特征

| $S_1$ | 0.21775356 | $S_7$ | 0 | $S_{13}$ | 0.16505573 |
| --- | --- | --- | --- | --- | --- |
| $S_2$ | 0 | $S_8$ | 0 | $S_{14}$ | 0.16505354 |
| $S_3$ | 0 | $S_9$ | 0 | $S_{15}$ | 0 |
| $S_4$ | 0 | $S_{10}$ | 0 | $S_{16}$ | 0.21909804 |
| $S_5$ | 0 | $S_{11}$ | 0.21952267 | $S_{17}$ | 0 |
| $S_6$ | 0.01182547 | $S_{12}$ | 0 | | |

表 5.2　相对和改进的曼哈顿指标

| | 相对曼哈顿指标 | 改进曼哈顿指标 |
| --- | --- | --- |
| 故障 1 | 0.92118933 | 0.84052179 |
| 故障 2 | 0.92118933 | 0.86669003 |
| 故障 3 | 0.90196728 | 0.15177246 |
| 故障 4 | 0.90277453 | 0.19006373 |
| 故障 5 | 0.88238145 | 0.0003779 |
| 故障 6 | 0.88236707 | 0.00018733 |
| 故障 7 | 0.92118933 | 0.86669003 |
| 故障 8 | 0.92335219 | 0.67944269 |
| 故障 9 | 0.98670897 | 0.95493963 |
| 故障 10 | 0.92383701 | 0.84716655 |
| 故障 11 | 0.99785443 | 0.99547681 |

因为所有值都大于 0.68，而故障指标的数值为 0.68，因此无法避免故障。另一方面，改进的故障指标可以消除故障 3、5、6 和 8。因此，有 6 个可能的故障。然后使用制定的第二个假设（见 5.3 节）：同时出现的故障不会超过 3 个。因此，只保留具有最高值的指标：

（1）故障 11 的比率超过 99%。

（2）故障 9 的比率为 95%。

（3）故障 2 和故障 7 的比率为 98.7%。

通过组合的两个指标结果，发现故障 11 是在两种情况下都具有大于 99% 的比率，尤其是这个故障的指标最大。因此，我们可以得出最可能的故障原因：故障 11，它代表阀 $V2$ 的退化状态（流速低于正常流量）。

残差值揭示了偏差的大小，即约 0.1。这里的参数估计，对更精确地确定阀的开启系数是有利的。但是，鉴于结果，系统处于退化模式。可以考虑将其置于此状态。在这种情况下，重要的是在参考模型中考虑这种退化。最后，我们可以得出结论，SimAEM 方法能够检测和诊断故障的退化。

## 5.7 结　论

本章介绍了一种基于模型的方法，并通过模拟复杂的化学过程来说明该方法。描述了使用仿真作为故障检测工具的可行性。本章中研究的方法依赖于混合动态模拟器（PrODHyS）。这里研究的故障检测和诊断方法是检测和分辨故障发生的一般方法。此外，这种方法可以检测多种类型的故障，并能够检测和分辨同时发生的故障[1]。正在进行的工作旨在确定故障诊断后的恢复解决方案。为此，将利用特征判断的结果来生成定性信息。如本章示例所示，可以区分简单的退化和故障。最后，故障过程的动态模拟是安全性研究的一项重要内容。这使得分析偏移以评估其动态和大小，从而确定所需的安全分界线成为可能。此外，模拟结果为验证分界线的性质和大小提供了预测信息。

## 参考文献

［1］ Olivier. Maget, N., Hétreux, G., Le Lann, J. M., & Le Lann, M. V.（2009）. Model. based fault diagnosis for hybrid systems：Application on chemical processes. *Computers & Chemical Engineering*, 33（10），1617-1630.

［2］ Venkatasubramanian, V., Rengaswamy, R., Yin, K., &Kavuri, S. N.（2003）. A review of process fault detection and diagnosis. *Computers & Chemical Engineering*, 27, 293-346.

［3］ De Kleer, J.（1986）. An assumption. based TMS. *Artificial Intelligence*, 28, 127-162.

［4］ Birouche, A.（2006）. *Contribution sur la synthèsed'observateurs pour les systèmesdynamiqueshybrides*. Thèse de doctorat, Institut National Polytechnique de Lorraine, Nancy, France.

［5］ Ding, S. X.（2014）. Data. driven design of monitoring and diagnosis systems for dynamic processes：A review of subspace technique based schemes and some recent results. *Journal of Process Control*, 24（2），431-449.

［6］ Clark, R. N., Fosth, D. C., & Walton, V. M.（1975）. Detection instrument malfunctions in control systems. *IEEE Transactions on Aerospace and Electronic Systems*, AES. 11, 465-473.

［7］ Jazwinski, A. H.（1970）. *Stochastic processes and filtering theory*, Mathematics in Science and Engineering（Vol. 64）. New York：Academic Press.

［8］ Reif, K., &Unbehauen, R.（1999）. The extended Kalman filter as an exponential observer

## 第 5 章　混杂动态系统的监测：在化工过程中的应用

for nonlinear systems. *IEEE Transactions on Signal Processing*, 47（8）, 2324-2328.

［9］Olivier. Maget, N., Hétreux, G., Le Lann, J. M., & Le Lann, M. V.（2009）. Dynamic state reconciliation and model. based fault detection for chemical processes. *Asia Pacific Journal of Chemical Engineering*, 4（6）, 929-941.

［10］Olivier. Maget, N.（2008）. *Surveillance des systèmesdynamiqueshybrides: Application aux procédés*. Thèse de doctorat, Université de Toulouse, France.

［11］Sayed. Mouchaweh, M.（2016）. *Learning from data streams in dynamic environments, Springer briefs in electrical and computer engineering*（p. 75）. Cham: Springer. ISBN: 978.3.319.25665.8.

［12］Chin, H., & Danai, K.（1991）. A method of fault signature extraction for improved diagnosis. In *IEEE ACC Conference*, Boston, USA.

［13］Fang, C. Z., & Ge, W.（1998）. Failure isolation in linear systems. In *IMACS 12th world congress*, Paris, France, pp. 442-446.

［14］Gertler, J., & Singer, D.（1990）. A new structural framework for parity equation based failure detection and isolation. *Automatica*, 26（2）, 381-388.

［15］Saporta, G.（1990）. *Probabilités, analyse des données et statistique*. Paris: Éditions Technip.

［16］Cassar, J. P., Litwak, R..G., Cocquempot, V., &Staroswiecki, M.（1994）. Approchestructurellede la conception de systèmes de surveillance pour les procédésindustriels. *Diagnostic et SûretédeFonctionnement*, 4（2）, 179-202.

［17］Kaufmann, A.（1977）. *Introduction à la théorie des sous. ensemblesflous à l'usagedesingénieurs*. Tomes I et II, Masson.

［18］Theillol, D., Weber, P., Ghetie, M., &Noura, H.（1995）. A hierarchical fault diagnosis method using a decision support system applied to a chemical plant. In *International Conference on Systems, Man, and Cybernetics*, Canada.

［19］Ripoll, P.（1999）. *Conception d'un système de diagnostic flou appliqué au moteur automobile*. Thèse de doctorat, Université de Savoie, France.

［20］Koscielny, J. M.（1993）. Method of fault isolation for industrial processes. *Diagnostic et Sûretéde Fonctionnement*, 3（2）, 205-220.

［21］Olivier. Maget, N., &Hétreux, G.（2016）. Fault detection and isolation for industrial risk prevention. *Journal Européen des Systèmes Automatisés*, 49（4.5）, 537-557.

［22］Joglekar, G. S., &Reklaitis, G. V.（1985）. A simulator for batch and semi. continuous-processes. *Computers and Chemical Engineering*, 8（6）, 315-327.

［23］Olivier. Maget, N., Hétreux, G., Le Lann, J. M., & Le Lann, M. V.（2008）. Integration of a failure monitoring within a hybrid dynamic simulation environment. *Chemical Engineering and Processing: Process Intensification*, 47（11）, 1942-1952.

［24］Toubakh, H., &Sayed. Mouchaweh, M.（2016）. Hybrid dynamic classifier for drift. like fault diagnosis in a class of hybrid dynamic systems: Application to wind turbine converters.

*Neurocomputing*, 171, 1496-1516.

[25] Einicke, G. A., & White, L. B. (1999). Robust extended Kalman filtering. *IEEE Transactions on Signal Processing*, 47 (9), 2596-2599.

[26] De Kleer, J., & Williams, B. C. (1987). Diagnosing multiple faults. *Artificial Intelligence*, 32, 97-130.

[27] Shapiro, S. S., & Wilk, M. B. (1965). An analysis of variance test for normality (completesamples). *Biometrika*, 52 (3.4), 591-611.

# 第 6 章
# 混合键合图在混杂系统故障诊断中的潜在干扰

## 6.1 简　　介

　　混杂系统是呈现出连续运转状态的物理系统，可以根据其配置的变化，对系统进行修改。这类系统在日常生活中无处不在：汽车工业中常见的防抱死制动系统（ABS）；可提供加热、通风以及供应热或冷空气的空调（HVAC）系统；以及在不同操作模式下工作的飞机或工厂等。混杂系统表现出复杂的运转，由连续和离散动态混合组成，对于监测其当前状态（正常或故障）极具挑战性。这种监测是一项必不可少的任务，以保持系统在正常和安全状态下工作。

　　这项研究的重点是由离散事件控制连续运转的混杂系统。在那些系统中，混合动作的主要来源是离散执行器，如流体或电气系统中的阀门或开关。执行器中的故障（称为离散故障）会影响系统动态，通常导致模式改变，从而以不同于参数故障的方式修改系统运行[1]。故障检测和隔离不仅需要快速，而且必须在连续模式变化之间执行。因此，使用一个独特的诊断框架，能够处理这两种类型的故障——离散故障和参数故障，将减轻任务难度。在本书中，提出了一个基于模型的诊断框架，能够诊断参数故障和离散故障。

在过去的20年中，控制理论和人工智能界①已经对混杂系统建模和诊断进行了探讨。在故障诊断与隔离（FDI）领域，已经开发了几种方法来诊断混合[2]或量化系统[3]。同时，在DX（人工智能）领域，基于混合建模[4,5]，混合状态估计[6,7]或在线状态跟踪和残差评估的组合[8,9]，提出了不同的提议。所有这些提议都至少存在以下困难中的一个：必须预先列出系统中所有可能的配置或工作模式（并为所有这些配置或工作模式提供模型），或者它们需要以某种方式确定实际工作模式，包括执行器的配置和连续运行状况。为了克服其中一些困难，部分研究人员提出了混合键合图（HBG）[10,11]作为替代建模技术，因为不需要对整组配置进行枚举。HBG建模是众所周知的键合图（BG）建模方法[12,13]对混杂系统的扩展，并提供了系统模型的图形描述。通过连接或断开系统部分的理想化开关结点，引入混合动作。可以从BG和HBG图形模型自动导出不同类型的数值方程，并且这些方程后续可以用于模拟或诊断系统运行。

本书对混杂系统诊断的建议是利用潜在干扰（PC）扩展基于一致性的诊断[14]。潜在干扰是一组最小超定方程，可用于检查不同的诊断假设。潜在干扰被定义为代数或微分方程组，但是这个概念后续被扩展到与BG模型一起使用[15]。最初，一旦使用顺序因果分配过程（SCAP）算法②分配因果关系，就根据与BG相关联的时间因果图（TCG）计算潜在干扰。后续，使用HBGS[16]研究混杂系统的PC，称为混合潜在干扰（HPCs）。该方法的主要假设是，当每个开关结设置为开时，模型中的任何键在整体因果关系中都存在一个有效的因果分配（VCA）③。当检测到模式变化时，可以使用HSCAP（混杂动力系统SCAP的扩展版本）更改HPC模型中的因果关系[17]。在本书中，删除了这一要求，并在HBG框架中提供了HPC的正式特征，称为混合键合图潜在干扰（HBG-PC）。研究人员实现了这一目标，引入了结构混合键合图潜在干扰的概念（SHBG-PC）。

此外，本书还为离散故障和参数故障的检测与隔离提供了一个通用框架。一旦检测到一个故障，并且它可能与一个离散的故障有关，那么这些故障将成为首选的候选者，而不是任何参数故障，因为它们引入了高度非线性的动作。通常，离散故障会改变当前状态。研究人员建议监测每个可能的新状态残差，并剔除残差不为零的那些状态。只有当离散故障被剔除时，才开始参

---

① 通常分别称为FDI和DX团体。
② 键中的因果关系表示基础方程是如何求解的，即哪个变量取决于方程中其他变量。
③ VCA为BG/HBG模型中的每一个联系提供一个因果分配。

数化故障隔离阶段。为了实现这种统一的解决方案，本书将直接使用来自 HBG-PC 模型的不同结构和定性信息：混合故障特征码矩阵（HFSM）、简化定性故障特征码矩阵（RQFSM）和混合定性故障特征码矩阵（HQFSM）。每个故障特征矩阵（FSM）将在不同阶段使用，以减少潜在状态变化或潜在故障候选者之间的搜索空间，剔除那些与当前观测不一致的状态或模式。

本章的内容安排如下：首先，介绍了 BG 建模的概念，以及 BG 框架中基于一致性诊断的 PC 方法。然后，将 PC 扩展到 HBG 术语中，并提供计算 SHBG-PC 的算法。之后，介绍参数故障和离散故障的通用诊断框架，并在四罐模拟示例研究中显示其性能。最后，通过讨论相关状况，并得出一些结论来完成说明。

## 6.2 描述 BG 建模框架中的潜在干扰

本章简要介绍了混合键合图的概念，并从键合图的角度提出了潜在干扰诊断方法。

### 6.2.1 混杂系统建模的混合键合图

混合键合图通过涵盖理想的开关结（简称 SW）来扩展键合图，以允许系统中的配置更改。如果 SW 设置为 ON，它将作为一个常规的连接。当它变为 OFF，所有发生在连接点上的连接都被禁用，强制 1（或 0）个连接点的流量（或力）为 0。

图 6.1（a）和（b）显示了理想 1-SW 三键的两种配置。相关的键图描述了临时分配，以及将在下一节介绍的常用图形符号。请注意，关闭配置的临时分配是必须的。理想 SW（开关）上的转换实现为有限状态机控制规范（CSPEC）。CSPEC 状态之间的转换可以由称为保护的内生或外生变量触发。CSPEC 捕获受控和自主变化在文献 [17] 中有所描述。图 6.1（c）显示了潜在 CSPEC 自动控制，当开关 $SW_1$ 设置为 ON，表示为 $SW_1$；当设置为 OFF，表示为 $!SW_1$。

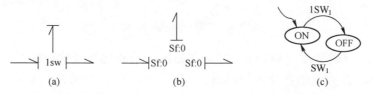

图 6.1 （a）和（b）中 1 个开关结的语义；（c）自动机与 SW1 从 ON 到 OFF 的命令转换相关联，反之亦然。
(a) 设置为开；(b) 设置为关；(c) 开关自动切换。

## 6.2.2 BG 模型中的潜在干扰

潜在干扰方法是来自 DX 团体[14]的依赖性编译技术，用于连续系统中基于一致性的诊断。潜在干扰离线编译那些系统模型中最小的、结构上多元素确定的方程子集，这些子集能够根据观测到的测量偏差生成故障假设，即：它们是检查系统中观测变量和估计变量之间一致性的基础。

估算潜在干扰所需的结构和因果信息可以从一组方程中自动导出，这组方程可以是一组代数微分方程或键合图模型[15]。

为了扩展用于混杂系统诊断的潜在干扰方法，研究人员选择了 HBG 模型，因为没有必要事先列举每种工作模式[18]。此外，存在有效的建议，以便在系统模式发生变化时自动改变模型中的因果关系[17]。

最初依靠两个主要假设来计算潜在干扰集：可以使用因果关系进行积分来求解基本方程，并且当每个开关都设置为开启时，系统模型有一个完全有效的因果分配。这些子系统被称为混合潜在干扰[16]。本书建议删除这两个假设，仍然计算混合潜在干扰的集合。主要原因是：当每个开关都打开时，一些系统在整体因果关系下没有有效的因果分配，因为这样的配置永远不会被设置。研究者将用激励例子来说明这一现象，具体将在 6.4 节中介绍。

为了避免一些必要条件，研究者建议在不考虑因果关系的情况下计算混合潜在干扰的集合。将这些子系统称为混合结构键合图潜在干扰（SHBG-PCs）。为了定义混合结构键合图潜在干扰，首先定义用于键合图建模的潜在干扰，然后将其扩展到混合键合图模型。本书将使用图 6.2 中所示的键合图模型示例，来说明这些定义深层次内涵。

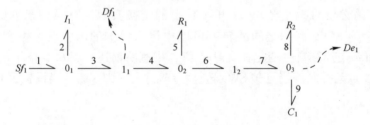

图 6.2 键合图模型示例

**定义 1（键合图（BG））** 键合图是由元素和键组成的连接图：$\{E, B\}$，$E = St \cup M$。$M$ 代表测量器或传感器，$(De, Df)$，$St$ 代表结构元素集，$St = S \cup PSV \cup J_t$。$S$ 代表力或流量元素 $(Se, Sf)$。PSV 包含无源元件（电阻器 $R$，电容器 $C$ 或电感元件 $I$）。$J_t$ 是联结点的集合：$J_t = J \cup T$，其中 $T$ 是变压器（TF），是回转器（GY），$J$ 是 0 或 1 的联结点。在键合图中，元素通过由 $B \subset E \times E$ 定

义的键连接,并且意味着 $e_i$,$e_j$ 之间的每个关系都符合 $b_k \in B$。

事实上,$(e_i,e_j) \in B, e_i \in J_t$ 或 $e_j \in J_t$ 或 $(e_i,e_j) \subset J_t$。

在特殊情况下,可能存在一个有源和一个无源元件的组合,这些组合不符合该通用规则,但研究者认为这些系统对于故障诊断不具有重要意义。

此外,键合图通常经过向每个键添加数字来扩展,以便于枚举每个作用力和流量变量。每个键 $b_k \in B$ 表示系统(力和流量)变量之间的关系或等式。$S \cup PSV$ 中的元素通过其组成的方程组提供运行模型。$J_t$ 的元素提供了系统的结构模型。集合 $M$ 确定可以观察的系统中的变量(观测模型)。在图 6.2 的键合图模型示例中,有两个传感器 $M = \{Df_1, De_1\}$,单流源 $S = \{Sf_1\}$,4 个被动元件 $PSV = \{I_1, R_1, R_2, C_1\}$,5 个联结点 $J = \{0_1, 0_2, 0_3, 1_1, 1_2\}$,通过 9 个键联结起来。因果关系表示了键合图中工作和流程变量之间的计算属性[17]。具有有效全局因果分配且没有传感器的键合图,定义了一组刚确定的方程组,其中单流源元素是外变量或输入[19]。这种键合图被称为因果增强型键合图[18] 或因果型键合图[19]。

**定义 2(因果键合图)** $BG = \{E, B\}$,$b_i \in B \subset E \times E$ 通过一个标签:因果 = $\{$"力","流量"$\}$。这个变量(力或流量)信号确定了键的因果关系:$b_i = (e_i, e_j, $ 因果关系$)$。

每一个键的因果关系以图形方式描述为边缘的一个笔划(表示力的方向)。一旦在键合图模型中将因果关系赋予键,就知道如何使用这些方程进行行为模拟。SCAP 算法[12] 已被用于自动将因果关系分配给键合图。图 6.3 显示了图 6.2 中键合图示例在整体因果关系假设下的有效因果分配。

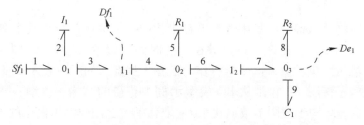

图 6.3 带有有效因果赋值的键合图模型示例

在键合图模型中,有一套规则控制因果关系分配[19]。通常,这些规则没有规定唯一的因果分配,必须做出一些强制选择来修复因果关系。

在键合图中添加传感器会在系统模型中引入分析冗余,因为至少要估计和观测与传感器相关的每个变量。在基于模型的故障诊断中,传感器是潜在的误差源。这是利用键合图建立 FDI,分析冗余关系(ARR)或诊断键图(DBG)的主要思想[19]。潜在干扰也适用于这些概念,尽管它们最初不是在键合图框架中定义的。将潜在干扰的概念扩展到键合图集合中，需要在具有最小分析冗余的键合图中找到一组子系统，而这又需要引入以下 3 个定义。

**定义 3（退化连接点（$J_d$））**

削弱的 1-$j$（等于 0-$j$）是一个单端口元素，必须从连接到流量传感器 $Df$（等价于 $De$）或流源 $Df$（等价于 $Se$）的键合图中的有效 1-$j$（等于 0-$j$）获得。给定一个键 $b$，和一个量度 $Df_1$，1-退化结点（等价于 0-$j$）改变联结运行模型：

（1）$f_b := Df_1$（替代具有确定键 $b$ 的 3 端口 1 结的等式集 $f_a = f_b = f_c$）。如果 $b$ 联结到一个源，那么等式就是 $f_b := Sf_1$。

（2）共轭变量 $e_b$ 没有限制（代替 $e_b = e_a + e_c$）。

退化结提供了一个变量的值，该变量与相邻测量或源的类型（作用力/流量）完全相同。

**定义 4（结构子键图（BG））**

由 $BG = \{E, B\}$ 导出的结构子键图（BG）是连通子图 $\{E', B'\} | E' = St' \cup M'$，$St' = S' \cup PSV' \cup J'$，$S' \subseteq S$，$PSV' \subseteq PSV$，$M' \subseteq M$，$B' \subseteq E' \times E' \subset B$。$J' = J_0' \cup J_d'$，$J_0' \subseteq J_t$，$J_d'$ 是一组中包含零个或多个退化结。另外，如果 $J_t \in J_d'$ 是从 $j_0 \in J_t$ 派生的，则 $j_0 \notin J'$。

结构子键图定义了从键合图中获得的子图，因为它是由键合图的一些组成元素和原始键合图的一组结 $J_0$ 组成的。然而，也有一组可能是空的退化的 1 和 0 结，$J_d$ 不包含在原始键合图中，将用于分割根据来源或测量值确定流量/作用力变量的值。如果 $j_d$ 是从原始结 $j_0 \in J$ 派生的退化结，那么根据定义 $j_0 \notin J'$。

退化结将是从键合图集中计算潜在干扰的一个关键部分。其主要思想是，退化结和对偶传感器允许在计算潜在干扰时停止搜索，因为它们提供测量的作用力或流量变量的值，该变量将作为潜在干扰定义的子图输入变量。图 6.4 显示了结构子键图 1，它是从 BG 模型示例中获得的结构子键图，其 VCA 如图 6.3 所示。结构子键图 1 被退化结 $O_{3d}$ 取代了键合图模型示例中的 $O_3$ 结，删除了键 8 和 9，以及对偶传感器 $De_1$。以类似的方式，可以通过对偶传感器 $Df_1$，创建一个新的退化结 $1_{1d}$，去除原始键合图中左边的 3 个键和其余元素，获得结构子键图 2，如图 6.5 所示。

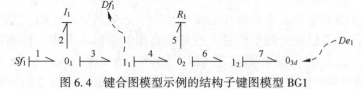

图 6.4　键合图模型示例的结构子键图模型 BG1

# 第 6 章　混合键合图在混杂系统故障诊断中的潜在干扰

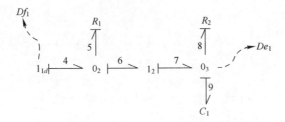

图 6.5　键合图模型示例的结构子键图模型 BG2

对于诊断任务，我们只考虑具有分析冗余的结构子键图：

**定义 5（冗余结构子键图（RBG））**

冗余结构子键图被定义为 BG，其基础模型具有分析冗余。为了获得干扰和诊断的简洁表示，定义了最小冗余结构子键图的概念：

**定义 6（最小 RBG）**

如果 $\not\exists RBG'$ 来自于键合图，那么 $RBG' \subset RBG$ 从有效键合图中得到的冗余结构子键图是最小的。

现在，有了在键合图框架中定义潜在干扰的必要概念：

**定义 7（键合图潜在干扰（BG-PC））**

对于具有 VCA 的有效键合图，键合图潜在干扰是从键合图派生的最小冗余结构子健。

从键合图衍生的键合图潜在干扰的实体，要求键合图具有分析冗余：必须存在 $d' \in M_{pc}$，以便键合图潜在干扰的有效因果分配，允许从二元化传感器或源估计 $d'$。$d'$ 是键合图潜在干扰的差异节点，它是唯一的（否则，键合图潜在干扰中的分析冗余将不会是最小的）。

关于本章中的键合图模式示例，较易于检查结构子键图 1 和结构子键图 2 都是最小冗余结构子键图。因此，结构子键图 1 和结构子键图 2 都是键合图潜在干扰。

## 6.3　混合键合图潜在干扰特征

混合键合图模型没有真正的键合图新元素。图 6.6 显示了之前键合图示例中获得的混合键合图模型示例，用开关 $l_{SW}$ 替换结 $l_2$。只有改变其状态的开关情况才能修改基本方程组。因此，使用混合键合图模型而不是键合模型，在定义潜在干扰的方式上几乎没有区别。因此，如果每个开关都设置为开启，那么扩展混杂系统的概念相对简单。所有以前的定义都默认扩展到接受设置为开启（ON）的开关状态。由于其主导作用，对 HBG-PC 的定义如下：

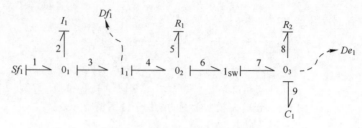

图 6.6 混合键合图模型示例

**定义 8（HBG-PC）**

它是一个混合的 BG-PC = $\{E', B'\}$ $|E' = St' \cup M'$ 和 $St' = S' \cup PSV \cup J'$，来自一个有效的混合键合图，其中一些元素 $J_{SW} \subset J'$ 是开关，当 $J_{SW}$ 中的每个开关都设置为 ON 时，它有一个全局的有效因果分配。

在文献 [16，20] 中，讨论了当每个开关设置为 ON 时，混合键合图中的一组潜在干扰如何提供较小的一组潜在干扰，并且任何分析冗余子系统将是这些潜在干扰中的一个部分④。原因是，一个开关从 ON 到 OFF 的变化，既不会在系统中引入新的测量，也不会增加状态变量的数量。因此，它不能成为新冗余的来源。从 ON 切换到 OFF，反之亦然，只会连接或断开系统的某些部分⑤。

建议在每个开关设置为 ON 时，去除整个系统存在有效因果分配的假设：此类配置可能没有有效的因果模型。这并不奇怪。一些系统具有多种结构配置，并且其中一些系统彼此不兼容。这些配置通常是预先知道的，因为它们代表系统中有限的一组有效操作模式。但是，设计良好的系统必须至少有一个有效因果分配，用于某些开关设置为 ON 和/或 OFF 的配置⑥。如果假设开关设置为 OFF 时，断开系统的一部分，则这些有效配置中的每一个都代表对键合图潜在干扰的假设成立的子系统：当子系统中的每个开关都设置为 ON 时，它必须具有有效因果分配。如果能够找到假设的开关的最大子集，可以保证不会产生真正新的和更小的键合图潜在干扰。

**定义 9（$\max J_{SW}$）**

给定一个冗余结构子键图及其一组开关 $J_{SW}$，一个最大子集 $\max J_{SW} \subseteq J_{SW}$，满足以下属性：

---

④ 异常情况下，一些退化的子系统可能出现，但它们对诊断没有意义。
⑤ 如果从源到传感器的键合图中存在非参数流或作用力路径，则可能会发生运行中的例外情况。
⑥ 否则系统的某些部分将永远不会被使用，或者模型中不需要这样的开关。

(1) 当 $\max J_{SW}$ 中的所有开关设置为 ON 时,冗余结构子键图具有有效因果分配。

(2) 冗余结构子键图 $\forall SW' \in \{J_{SW}\backslash\max J_{SW}\}$ 没有有效因果分配,$\max J_{SW} \cup \{SW'\}$ 中的所有开关都设置为"ON"。

因为键合图模型中的每个键合图潜在干扰都与一个传感器相关,并且将一个开关从 ON 更改为 OFF 时不引入新的冗余,可以分两步搜索键合图潜在干扰:首先搜索结构冗余,假设每个开关都打开,不考虑因果关系。称这些包含分析冗余的新子系统为结构化 HBG-PC,简称 SHBG-PC。其次检查有效因果分配的每个 SHBG-PC 中的最大开关配置。这些有效配置中的每一个都是混合键合图潜在干扰。

**定义 10**(结构 HBG-PC)(结构混合键合图潜在干扰)

它是一种混合冗余结构子键图,通过以下操作获得的 $\forall \max J_{SW} \subseteq J_{SW}$,每个 RBG'⊂RBG 都是一个 HBG-PC(即生成的每个 RBG'都是最小的):

(1) 在 RBG 中设置 $\{J_{SW}\backslash\max J_{SW}\}$ 中的所有开关为 OFF。

(2) 保持在 RBG'中,$\max J_{SW}$ 中的所有开关为 ON。

(3) $J_{SW} = \cup \max J_{SW}$。

(4) 结构 HBG-PC 是最小的,因为从 RBG 衍生出的 ∄RBG″使得 RBG″⊂RBG′,所以 RBG″是 HBG-PC。

每个 SHBG-PC 定义 HBG 中的最大元素集,它们可以是与 SHBG-PC 中差异节点相关的 HBG-PC 的一部分(这是引入冗余的传感器)。搜索集合 $\max J_{SW}$ 是一个最坏情况下的难题。然而,计算 SHBG-PC 的方式有助于解决这个问题,因为 SHBG-PC 是整个系统的一个子集,因此减少了搜索空间。

对于图 6.6 中的 HBG 模型示例,很容易检查是否获得两个混合的 st-sBGs,基本上与图 6.4 和图 6.5 中的相同。只需将连接点 $1_2$ 替换为开关 $1_{sw}$。它们都有一个 $1_{sw}$ 设置为 ON 的有效因果分配。因此,在这两种情况下,$\max J_{SW}$ 都是 $\{1_{sw}\}$ 集。因此,可以获得两个 SHBG-PC。

在这个简单的混合键合图模型例子中,SHBG-PC 的概念没有得到阐述,因为当 $1_{sw}$ 设置为 ON 时,只有一个开关和一个有效因果分配。因此,可获得与使用 BG-PC 形式相同的结果。为此,下一节将引入一个激励性示例来展现 SHBG-PC 的潜力。

## 6.4 SHBG-PC 激励示例

为了说明 SHBG-PC 方法,将使用一个简单的电路,展示混杂系统的主要特征：一对物理开关，为系统提供 4 种可能不同的工作模式。该系统如图 6.7（a）所示。

该电路包括两个并联的电池。虽然这是在实际应用中没有问题的常见配置，但是它可能在模拟中造成计算困难。当电池被建模为没有内部电阻且两个开关都设置为 ON 的理想电池时，由此产生的模拟方程没有有效的因果分配，因为每个电池对电阻 $R_1$ 输入端的电压施加不同的值。

图 6.7（b）显示了电气系统的 HBG 模型。在该模型中，有两个 1-SW，$1_{sw1}$ 和 $1_{sw2}$，它们都设置为 ON。HBG 模型对图中的键没有因果关系。

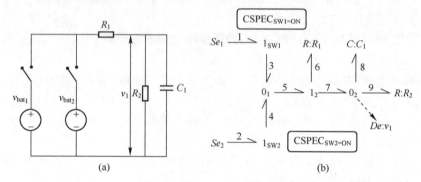

图 6.7 两个电源供电的电气系统。可以使用开关选择每个电源。
（a）系统原理图；（b）混合键合图模型。

图 6.8 显示了关闭这些开关时系统的不同配置。为了清晰起见，在 HBG 示意图中，将开关及其相关键关闭时的颜色变为灰色。如果默认开关设置为 ON 是一个常规的连接，那么它们中的每一个都是一个键合图。图 6.8（b）~（d）中的配置具有有效因果配置。只有图 6.8（a）中的配置没有有效因果配置，对应于两个开关设置为 ON。

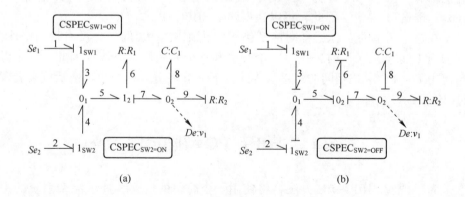

第 6 章　混合键合图在混杂系统故障诊断中的潜在干扰

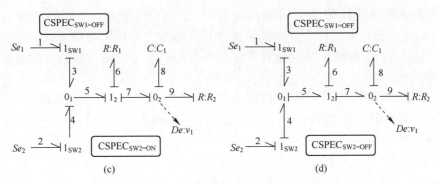

图 6.8　4 种可能配置下运行示例的键合图

配置（a）没有有效的因果分配；配置（d）具有有效的因果分配，但没有冗余。
（a）打开每个开关；（b）开关 1 是开的；（c）开关 2 是开的；（d）关闭每个开关。

## 6.5　HBG PC 计算结构

本节将介绍计算 SHBG-PC 集的新算法，并将在图 6.7 所示的电路中说明它们的性能。

### 6.5.1　算法

**算法 1**　假定原始的 HBG 模型是正确的，并且作用力/流量传感器将分别只连接到 0/1 结。HBG 被建模为一组通过键连接的节点（元素）。

从 HBGs 计算 SHBG-PCs 很简单：必须将 HBG 从传感器转换到源和/或其他传感器，收集其所有组成部分，除了那些与双重传感器相连的退化结。但是，由于存在非参数路径，该规则有一个例外：HBG 的路径允许从源或传感器传输流或力，而不受被动元素的影响。因此，这些路径仅包含源、连接元件或传感器。考虑到正在寻找最小的冗余，非参数路径的被动元素不应该包含在 SHBG-PC 中。因此，算法首先会在 HBG 中查找非参数路径。这可以很简单地实现，通过只包含非参数或退化结的路径，使用每个源或传感器的深度优先搜索。

需要注意的是，有些非参数路径可能是键合图潜在干扰，因为它们可以从其他来源或其他传感器估计传感器的值。这些路径只能检测传感器的故障，不能用于参数故障的诊断，所以可以看作是退化的 BG-PC。因此，本框架不将它们视为常规的 BG-PC。

一旦算法在 HBG 中识别出非参数路径中的节点，那么它将首先对每个可用传感器到源或传感器元件的最小路径进行深度搜索。所谓的试探路径（tentative path）中的每个节点都需要计算传感器中的作用力或流量变量。一旦对节点进行了分析，它就包含在试探性 SBG-PC 中，如果搜索成功，它将是一个 SHBG-PC。

**算法 2** 在每个步骤中从试探路径中提取一个节点，直到该路径为空。在这种情况下，搜索将停止，并且试探路径 SBG-PC 中的节点集是新的 SHBG-PC。

**算法 3** 对试探路径中的每个元素进行分析。根据节点的类型，执行不同的操作。如果节点是一个结，并且节点附近有一个源或传感器，搜索将停止。如果结属于与原始差异传感器不同的传感器或源相连的非参数路径，则会发生同样的情况。否则，将收集任何元素，包括结（以前未访问过的结），并将它们存储在当前的试探路径 SBG-PC 中。

---

**Algorithm1：SHBG-PC ALGORITHM**

**Input**：Set of nodes in Bond Graph：nodeSet
**Output**：Set of SHBG-PCs

1　Mark nodes belonging to *Non-Parametric* Paths to sources/sensors；
2　for *each sensors{De or Df} in nodeSet* do
3　　　$TentativeSBGPC := \{sensor\}$；$TentativeSBGPC.discrepancyNode := sensor$；
4　　　$TentativePath := \{\quad\}$；$nodeSet := nodeSet := nodeSet - \{sensor\}$；
5　for　any node in nodeSet adjacent to sensor do
do
　　　　　$TentativePath := TentativePath \cup \{node\}$；
7　　$[TentativeSBGPC, ok] := bulidRBG(nodeSet, TentativeSBGPC, TentativePath)$
8　if　$ok == 1$ AND TentativeSBGPC is a non parametric BG-PC then
9　　　　Insert TentativeSBGPC in SHPG-PCs；

---

**Algorithm2：BULID RGB**

**Input**：*Set of nodes, nodeSet*, current RBG, *TentativeSBGPC*, and current path, *TentativePath*
**Output**：Updated *TentativeSBGPC* and *TentativePath*, and error code, *ok*

1　while　*TentativePath is not empty AND ok != -1* do
2　　　　Ectract *node* from *TentativePath*；
3　　　　$[TentativeSBGPC, TentativePath, ok] :=$
　　　　　$analyzeEl(node, TentativeSBGPC, TentativePath)$

**Algorithm3：ANALYZEEL**

**Input**：Current *node*，current *TentativeSBGPC*，and current search path *TentativePath*
**Output**：Updates*TentativeSBGPC* and *TentativePath*，and error code *ok*

1  *ok* := 0
2  **if** *node* is not in *TentativeSBGPC* **then**
3      Add *node* to *TentativeSBGPC*；
4      **if** *node* is a junction linked to sensor/source *s* AND *s* ∉ *TentativePath* **then**
5          *ok* := 1；Add *s* to *TentativeSBGPC*
do  **else if** *node* is a junction in a Non-Parametric Path to *s'* AND
7      *s'*！= *TentativeSBGPC*. *DiscrepancyNode* **then**
8          *ok* := 1 Add nodes in Non-Parametric Path to *s'* to*TentativeSBGPC*
9      **else if** there is a non-empty subset of nodes adjacent to *node* **then**
10         Add every 1-Port element，*E* in *subset* to *TentativeSBGPC*；
11         Add every junction in *subset* to *TentativePath*
12     **else**
13         *ok* := −1

一旦找到了一个 SHBG-PC，就需要找到集合 $\max J_{SW}$ 以确定它是否定义了 HBG-PC。如 6.4 节所述，这个问题具有最强的复杂性。然而，首先使用结构信息找到 SHBG-PC，可以降低搜索的复杂性，将全局搜索转变为本地搜索（在 SHBG-PC 中）。此外，确定 HBG-PC 的存在只需要找到一个具有至少一个有效因果分配的最大集合。

### 6.5.2 激励示例中的 SHBG-PC

下面将在激励示例中阐述这些算法的性能。图 6.7 中的 HBG 模型是正确的，具有冗余性（由作用力传感器 $v_1$ 给出），但如果运行 HSCAP "每个开关设置为 ON"（参见图 6.8（a）中的配置），则没有有效因果分配。

算法 1 针对唯一可用的传感器 $v_1$ 运行，它将是唯一可能的差异节点。该算法从相邻结 $0_2$ 向后搜索，将相邻元素 $C_1$ 和 $R_2$ 添加到试探路径中。对试探路径中的每个元素进行分析，并将其包含在试探路径混合结构键合图潜在干扰中。

算法 2 和 3 继续分析结 $I_2$。这个结包含元素 R1，它被添加到试探路径中。算法到达 $0_1$ 时停止搜索。到达 $0_1$ 的两条路径都是非参数路径：$\{Se_1, 1_{sw1}, 0_1\}$ 和 $\{Se_2, 1_{sw2}, 0_1\}$。每个元素都添加到试探路径 SBGPC 中。正确定义了 HBG，并且两条路径都在两个源头处完成,每个源头都能够为结 $0_1$ 中的工作量设置值。

算法 1 找到了一个由整个系统组成的潜在 SHBG-PC。由于整个结构模型没有有效因果分配,所以应从上到下搜索开关设置为 ON 的最大子集:交替地将一个开关切换为 OFF;首先是 $1_{sw2}$,然后是 $1_{sw1}$。两种配置都有效因果分配,因此无需进一步搜索。因此,试探路径 SBGPC 是一个 SHBG-PC,它有两组 $\max J_{SW}$:$\max J_{SW}^1$ 和 $\max J_{SW}^2$,$\max J_{SW}^1 = \{1_{sw1}\}$,$\max J_{SW}^2 = \{1_{sw2}\}$。当根据那些 $\max J_{SW}$ 配置 SHBG-PC 时,可得到两个最小的混合 RBG:$RBG_1$ 和 $RBG_2$。两者也都是最小的 HBG-PC,即 $HBG-PC_1$ 和 $HBG-PC_2$。它们只在工作电源(理想电池)和设置为 ON 的开关上有所不同。

表 6.1 总结了这些结果。

表 6.1 包含整个系统模型的 SHBG-PC 电路中的 HBG-PC

| HBG-PC | 传感器 | $\max J_{SW}$ | 元素 |
| --- | --- | --- | --- |
| $HBG-PC_1$ | $v_1$ | $\{1_{sw1}\}$ | $\{Se_1, O_1, l_1, R_1, O_2, C_1, R_1\}$ |
| $HBG-PC_2$ | $v_2$ | $\{1_{sw2}\}$ | $\{Se_2, O_1, l_1, R_1, O_2, C_1, R_1\}$ |

这两种配置具有有效因果分配和冗余。虽然没有必要尝试将两个开关都设置为 OFF 的配置,因为它不会是最大值,但是如图 6.8(d)所示,很明显这样的配置有效因果分配,但它不是冗余键合图。因此,它不会影响对前一段结果的判断。

在图 6.8 中,可以看到图 6.7(b)中非因果模型的 4 种配置。$HBG-PC_1$ 和 $HBG-PC_2$ 分别对应图 6.8(b)和(c)。图 6.8(a)中的 HBG 没有 VCA,图 6.8(d)中的 HBG 不是 RBG。

总而言之,SHBG-PC 是 $HBG-PC_1$ 和 $HBG-PC_2$ 的结合,它包含整个系统,因为它有两个有效的 $\max J_{SW}$ 集。

SHBG-PC 框架用于搜索与每个测量变量相关的最小 HBG-PC,而不考虑因果关系。与相同差异节点相关的那些 HBG-PC 组成了 SHBG-PC。对于每个 SHBG-PC,必须尝试因果关系分配并找出每个 $\max J_{SW}$。

研究人员在更复杂的 HBG 模型(例如反渗透系统)的大型系统中测试了算法,找到了使用之前的方法得到的完整 HBG-PC 集。由于篇幅有限,此处不做过多介绍。读者可以在文献[21]中找到有关这些测试的完整描述。

下一节将介绍如何使用 SHBG-PC 对混杂系统进行故障检测,以及隔离和识别混杂系统的参数故障和离散故障。

## 6.6 离散故障和参数故障的通用框架

在本节中，我们将把故障特征矩阵和定性故障特征矩阵的概念扩展到混合情况。这些扩展允许研究者以类似的方式处理离散故障和参数故障。之后，用假设的场景说明诊断过程，最后讨论复杂性问题。

### 6.6.1 假设

在描述架构之前，需要清楚几个问题：

(1) 可用测量集是固定的（否则需要重新计算冗余子系统集）。

(2) 没有结构故障：系统模型不包括能够改变系统结构的故障。

(3) 模型参数可用于模拟参数故障运行。

(4) 关于故障概况，当前的提议适用于参数故障的单一故障和突发故障假设。瞬时出现突发故障，之后它们的大小不会改变（可以建模为阶梯函数）。

(5) 离散故障与离散执行器中的故障有关，即与不执行正确操作的执行器相关的命令或自动模式切换。此处考虑 $SW_i$ 的 4 种不同的故障情况（其中 $SW_i$ 指的是第 $i$ 个开关结），这取决于开关 $i$ 的当前状态——状态可以是开 (1) 或关 (0)——及其对新命令的响应。

① $SW_1(11)$：$SW_1$ 为开 (1) 并且尽管命令为关 (0) 仍然保持开。

② $SW_1(00)$：$SW_1$ 为关 (0) 并且尽管命令为开 (1) 仍然保持为关 (0)。

③ $SW_1(01)$：$SW_1$ 从关 (0) 到开 (1) 的非命令开关转换。

④ $SW_1(10)$：$SW_1$ 从开 (1) 到关 (0) 的非命令开关转换。

非命令转换，指的是命令开关在没有适当命令的情况下改变其状态（例如，命令阀突然关闭）或者自动开关在没有所需条件的情况下改变其状态（例如，两个连接罐之间的完整管道）。

(6) 该提议假定系统的当前状态是已知的，并且其特征在于每个 SHBG-PC 中的一组开关的给定配置：$J' \subset \max J_{SW} \subset J$。当前模式的改变将与开关中的命令、非命令（自动切换）或与离散故障有关。

因此，连续系统状态可以被监测，虽然全系统可观测不是必需的，但除了命令开关，其他必须是可观察的。

(7) 对于每个 SHBG-PC，其任何 $\max J_{SW_i}$ 都定义了 HBG-PC$_i$，即最小 RBG$_i$，其中包括 $\max J_{SW_i}$ 设置为 ON 的所有结以及任何其他设置为 OFF 的开

关。每个HBG-PC$_i$描述了一组方程,可用于一致性检查或残差评估。如果既没有状态变化也没有故障,那么残差的"理想"应为零。

整合提案的主要思想是始终将离散故障视为故障诊断和隔离的首选目标,因为它们具有潜在的灾难性危害。另外,由于当前状态是已知的,知道SHBG-PC中开关的当前位置,因此限制了潜在新故障状态的搜索空间。

### 6.6.2 用于故障隔离的故障特征矩阵

在框架中,使用每个SHBG-PC的结构和运行信息来构建3个不同的故障特征矩阵。查看电气系统示例,其结构信息位于表6.1中。

首先,SHBG-PC中的开关与离散故障有关。此信息收集在混合故障特征矩阵HFSM中[16]。在示例中,$\{1_{SW_1}, 1_{SW_2}\}$只与SHBG-PC有关。

其次,可以根据开关的值来表示当前状态为ON/OFF,用二进制数表示每个配置:SW=ON 转换为1,而 SW=OFF 转换为0。因此,SHBG-PC⟨1,0⟩和SHBG-PC⟨0,1⟩是导致HBG-PC$_1$和HBG-PC$_2$的两种有效配置,分别见表6.1。

第3,属于$S \cup PSV \cup J_t$的元素即SHBG-PC中的子集元素属于原始HBG。但此处只对参数故障感兴趣,因此源、传感器和结都不会被视为故障选择项。对于电气系统示例,$\Theta = \{R_1, C_1, R_2\}$是一组潜在的参数故障。该信息将用于构建简化的定性故障特征矩阵RQ-FSM[16]。

可以用这些片段构建3个新的故障特征矩阵信息:

(1)混合故障特征矩阵(HFSM)[16]描述了每个SHBG-PC与其开关之间的关系。如果输入$H_{i,j}$为1则表示$SW_i$在SHBG-PC$_j$中,是潜在的离散故障候选者。例如,电路的HFSM见表6.2(a)。由于SHBG-PC包含整个电路,因此它包含每个开关。一般来说,不同的SHBG-PC将包含不同的开关子集。

表6.2 电路示例中SHBG-PC的故障特征矩阵

| SW | SHBG-PC |
|---|---|
| $1_{SW_1}$ | 1 |
| $1_{SW_2}$ | 1 |

(a) SHBG-PC 的 HFSM

| $\theta_i \in \Theta$ | HBG-PC$_1$ |
|---|---|
| $R_1^+$ | 0- |
| $C_1^+$ | -+ |
| $R_2^+$ | 0+ |

(b) SHBG-PC⟨1,0⟩的 RQ-FSM

| SW | HBG-PC$_1$ |
|---|---|
| $1_{SW_1}$(11) | + |
| $1_{SW_1}$(10) | - |
| $1_{SW_2}$(00) | 禁止配置 |
| $1_{SW_2}$(01) | No VCA |

(c) SHBG-PC⟨1,0⟩的 HQFSM

(2)对于每个状态,子集$SW_j \subseteq \max J_{SW}$将被设置为ON,定义HBG-PC$_j$,这是一个最小的RBG。因此,差异节点中每个故障的定性影响(仅HBG-PC$_j$

的可用输出测量）可以根据 TRANSCEND 方法中描述的相关时间因果图[4]计算，除了使用潜在干扰方法外，信息量很少[15]。该定性信息是每个 HBG-PC 残差的预期偏差，通过将实际测量值与其差异节点的预测值进行比较而获得。

这种定性信息存储在每个状态的简化定性故障特征矩阵（RQ-FSM）[16]中。RQ-FSM 中的输入 $RQ_{i,j}$ 表示 HBG-PC$_j$ 的参数故障 $\theta_i \in \Theta$ 的定性影响（如果有的话）。

在电路示例中，只有一个传感器 $v_1$，表 6.1 中名为 HBG-PC$_1$ 的 SHBG-PC <1,0> 的 RQ-FSM 可以在表 6.2 中看到。

（3）离散故障通常会引起残差信号的显著偏差。因此，使用与 RQ-FSM 类似的方法，可以为当前模式构建混合定性故障特征矩阵（HQFSM）[16]，对于每个潜在的离散故障配置，表示其当前模式的 HBG-PC 残差的预期定性偏差。

读者应该注意到，在单一故障和已知模式假设下，存在一组有限的离散故障配置，这些配置必须符合本节开头的离散故障的定义。

例如，在电气系统示例中，如果处于 $1_{sw_1}$ = ON 且 $1_{sw_2}$ = OFF 的状态，即有 SHBG-PC⟨1;0⟩，且 HBG-PC$_1$ 监测系统正在使用，那么有以下潜在的离散故障：$1_{sw_1}(10), 1_{sw_1}(11), 1_{sw_2}(01), 1_{sw_2}(00)$。HBG-PC1 的混合定性故障特征矩阵可以在表 6.2（c）中看到，其中定性特征表示每个潜在离散故障对 HBG-PC$_1$ 残差的预期影响。在下一小节中，将解释它们如何影响诊断计算。

很明显，需要从残差变化的分析中获得正确的定性信息，因为定性特征在推理过程中起着重要作用。在总结方法论的基础上，采用基于 z 检验的鲁棒方法进行符号生成[4]。第一个符号是根据故障检测结果得出的。第二个符号用于计算残差斜率的方向，也可使用 z 检验，因此当信号有噪声时，具有一种稳定的方法来计算该符号。不需要隐式计算导数的数值。用于计算斜率的窗口增加，直到符号成功生成，或者当前时间与检测时间之间的差异大于用户指定的限制，此时斜率被报告为 0，表示真实斜率为零或未知，但非常小。

此时具备了描述诊断框架所需的所有元素。

### 6.6.3 诊断框架

基于模型的离散故障和参数故障是在一致性基础上诊断的。因此，使用先前定义的故障特征矩阵中的信息，来筛掉特征与假设故障不一致的故障。只有当没有故障选择被筛掉时，才会开始故障识别过程，如文献［22-23］中所述。

下面使用图 6.9 来解释提案的诊断过程。一个具有 3 个 SHBG-PC 的假设系统，它们共享多个参数和执行器，重叠的 HBG-PC 以图形方式表示。

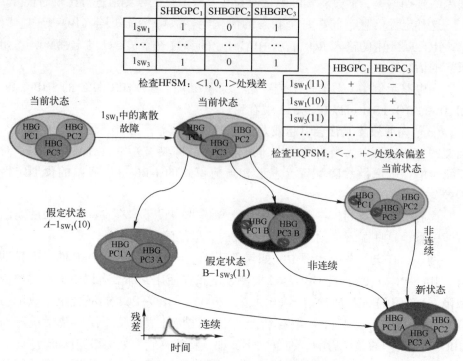

图 6.9 假设诊断场景的状态监测

可以使用 SHBG-PC 执行混杂系统的监测。如果新模式有有效因果分配，则每个新状态（由于新的开关配置）为每个 SHBG-PC 定义一个 HBG-PC。这种测试需要在新模式下在 SHBG-PC 上运行 HSCAP 算法。如果有一个有效的 HBG-PC，它可以用来监测系统并计算残差[16]。对于初始状态也是如此。

如果出现故障，应激活对故障敏感的 HBG-PC 的残差。在图 6.9 中的诊断场景中，系统处于当前状态，离散故障的存在会产生 HBG-PC$_1$ 和 HBG-PC$_3$ 两个残差的激活，而 HBG-PC$_2$ 的残差在统计上接近于零。

由于离散故障将始终是首选目标，首先看一下 HFSM。如果存在与 SHBG-PC 相关的任何开关，则在单一故障假设下，寻找当前状态下的潜在离散故障。这些潜在的离散故障定义了一组被认为是假设状态的可实现状态，例如图 6.9 中的状态 A 和状态 B。

这些离散故障必须根据其 HQFSM 在残差中引入定性偏差。根据 HQFSM 中的预期故障特征检查当前残差特征，并拒绝那些不一致的特征（在图 6.9

# 第6章 混合键合图在混杂系统故障诊断中的潜在干扰

中的示例中,这对应于状态 B)。实际上,可以不生成这些状态,因为它们与当前的观察结果不一致。

然后,为每个可能的状态创建一个新的假设状态,与当前的观察结果一致。在图 6.9 中的示例中,为了清楚起见,只包含一个新的一致假设状态:状态 A。

之后,开始在周期 $\sigma_t$ 内跟踪它们的残差。在该周期 $\sigma_t$ 内,一个一致的假设状态的残差最终应收敛为零,并且将识别离散故障。

当这一过程同时发生时,当前状态的原始 HBG-PC 仍在监测(跟踪)系统,以便在发现新的激活时更新选择范围。

最后,创建了一种新的状态,其中包括残差统计为零的 HBG-PC 集。最后一种新状态与当前观测结果一致,描述了单一故障假设下,离散故障的当前集合。在图 6.9 中的示例中,新状态由 HBG-PC2、HBG-PC1A 和 HBG-PC3A 构成,不受离散故障的影响。这是正确隔离单个离散故障的标准场景。

然而,最初一致的假设状态的残差都不可能收敛到零。之后所有假设状态都被标记为不一致,它们的 HBG-PC 集被停用,并且故障被假定为当前状态的参数。然后,使用 RQ-FSM 开始参数故障检测和隔离过程,以获得尽可能准确的隔离,如文献 [22] 中所述,即可以拒绝那些与观察到特征不匹配的定性特征。只有那些定性特征与 RQ-FSM 一致的故障才会在故障识别阶段使用,如文献 [22-23] 所述。

在电路示例中,每个电流或假设状态只有一个有效的 HBG-PC。因此,故障隔离将是直截了当的。例如,如果当前状态是 SHBG-PC⟨1;0⟩,HBG-$PC_1$ 用于监测系统。如果 HBG-$PC_1$ 的残差被激活,有 4 个潜在的离散故障,如上所述:$1_{sw_1}(10), 1_{sw_1}(11), 1_{sw_2}(01), 1_{sw_2}(00)$。

(1) 离散故障 $1_{sw_1}(11)$ 有一个相关的 HBG-PC,可以用它来监测系统。根据残差的定性特征,可以拒绝或确认。

(2) 故障 $1_{sw_1}(10)$ 生成一个子系统,其中工作源不再连接。子系统没有输入,但知道故障发生前状态变量的值,仍然可以跟踪其残差的演变。

(3) 出于安全考虑,应禁止故障 $1_{sw_2}(00)$,因为它会引入无效配置(原始命令会尝试同时连接两个源)。

(4) 最后故障 $1_{sw_2}(01)$ 也将引入潜在的灾难性配置,即 SHBG-PC⟨1;1⟩,它没有有效因果分配且无法跟踪。基于模型的诊断无法直接应对,因为在此配置下无法预测系统运行状况。因此,需要某种特别的解决方案。

## 6.6.4 方法的复杂性

现在清楚的是,计算 HBG-PC 是一种系统分解方法,它将系统模型分割成更小的子系统，从而允许对每个子系统进行独立的推理，并降低跟踪混杂系统状态的固有复杂性。在多故障假设下，问题显然是很严重的，但本书提出的单一故障假设和 HBG-PC 层面的推理缓解了这个问题。实际上，知道故障发生前的当前状态，潜在新状态的数量随着每个 HBG-PC 中的组件数量而线性增长。

此外，对于每个 HBG-PC 子系统，必须考虑不同的场景：

（1）由于很小的转换（命令转换或自主转换）引起的模式改变将引入模型的变化，可能需要运行类似 HSCAP 的算法，但不会引入要跟踪的新状态。只有残差激活故障检测时才会发生这种情况。

（2）在出现离散故障或参数故障时，残差引发的相关动作将创建新的状态配置；但是由于残差中离散故障引入的高动态特性，应该非常快速地对这类故障做出选择（是/否）。因此，同时监测多个状态的唯一来源将是参数故障，这将需要高质量的故障隔离和量化的故障参数识别阶段。即使在这些情况下，也将处理简化的故障特征矩阵和参数识别任务[22]。在正确识别故障的情况下，将再次执行每个 HBG-PC 监测一个模式。只有在故障隔离和识别阶段的新模式发生变化的情况下，才能转移到新的状态。

## 6.7 示例研究

为了充分阐述本章的提议，将使用图 6.10（a）所示的混合四罐系统进行说明。该系统具有输入流，该输入流可以分别通过使用开/关阀 $SW_1$ 和 $SW_3$ 改变流向到罐 1 或罐 3（或两者）。一旦罐 1 中的液体达到给定高度 $h$，罐 2 开始填充。罐 3 和罐 4 为对称配置。

图 6.10（b）显示了图 6.10（a）中四槽系统的 HBG 模型。该系统有 4 个 1-sw：$1_{SW_1}$、$1_{SW_2}$、$1_{SW_3}$ 和 $1_{SW_4}$。$1_{SW_1}$ 和 $1_{SW_3}$ 控制 ON/OFF 转换，而 $1_{SW_2}$ 和 $1_{SW_4}$ 是自主转换。使用有限状态机表示这两种转换。图 6.11 显示了与 $1_{SW_1}$ 和 $1_{SW_2}$ 两种转换相关的自动操作。对称开关 $1_{SW_3}$ 和 $1_{SW_4}$ 的自动操作是等效的。

使用 6.5 节中介绍的算法，计算了四罐系统 HBG 模型的 SHBG-PC。图 6.12 显示了找到的 4 个 SHBG-PC，其中每个潜在干扰估计一个测量的作用力变量（$p_1$、$p_2$、$p_3$、$p_4$）。这些 SHBG-PC 中的每一个都定义了一个可用于诊断目的的等效 HBG-PC，因为当每个开关打开时，它都有一个有效因果分配。

对于一组 SHBG-PC，可以计算 HFSM，如表 6.3 所列。请注意，$1_{SW_2}$ 和 $1_{SW_4}$ 中的故障不被视为潜在的离散故障，因为两个开关中的配置文件 $1_{SW}(01)$

# 第6章 混合键合图在混杂系统故障诊断中的潜在干扰

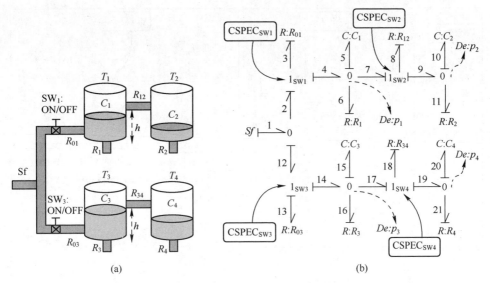

图 6.10 四罐混杂系统：原理图和相关的混合键合图模型。
（a）示意图；（b）HBG 模型。

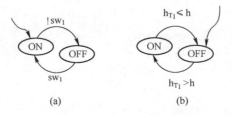

图 6.11 与（a）相关的自动操作与 $SW_1$ 的命令转换，
以及（b）$SW_3$ 中的自动转换相关联

在物理上是不可能的——对应于管道突然产生没有任何输入的流量，而配置文件 $1_{sw}(10)$ 等同于阻塞管道，因此建模为参数故障。

表 6.3 混合故障特征矩阵（HFSM）显示了 4 个储罐系统的开关结和每个 SHBG-PC 之间的关系

| $SW_j$ | SHBG-PC$_1$<1110> | SHBG-PC$_2$<0100> | SHBG-PC$_3$<1011> | SHBG-PC$_4$<0001> |
|---|---|---|---|---|
| $1_{SW_1}$ | 1 | 0 | 1 | 0 |
| $1_{SW_2}$ | 1 | 0 | 1 | 0 |

对于每个开关接通的模式，可以计算表 6.4 中所列的 RQ-FSM 和 HQFSM，它仅由 $1_{SW_1}$ 和 $1_{SW_3}$ 建模的执行器构建，如表 6.5 所列。

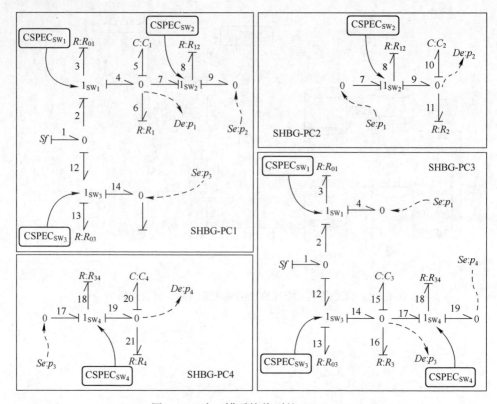

图 6.12 为四罐系统找到的 SHBG-PC

表 6.4 模式：$1_{sw_1}$=On，$1_{sw_2}$=On，$1_{sw_3}$=On，$1_{sw_4}$=On 时的定性故障特征矩阵

| $\Theta$ | HBG-PC$_1$ | HBG-PC$_2$ | HBG-PC$_3$ | HBG-PC$_4$ |
|---|---|---|---|---|
| $C_1^+$ | -+ | | | |
| $C_2^+$ | | -+ | | |
| $C_3^+$ | | | -+ | |
| $C_4^+$ | | | | -+ |
| $R_{01}^+$ | 0- | | 0+ | |
| $R_{03}^+$ | 0+ | | 0- | |
| $R_1^+$ | 0+ | | | |
| $R_2^+$ | | 0+ | | |
| $R_3^+$ | | | 0+ | |
| $R_4^+$ | | | | 0+ |
| $R_{12}^+$ | 0- | 0- | | |
| $R_{34}^+$ | | | 0+ | 0- |

## 第6章 混合键合图在混杂系统故障诊断中的潜在干扰

表6.5 四罐系统的混合定性故障特征矩阵

| $SW_j$ | $HBG\text{-}PC_1$ | $HBG\text{-}PC_2$ |
| --- | --- | --- |
| $1_{SW_1}(11)$ | + | − |
| $1_{SW_1}(00)$ | − | + |
| $1_{SW_1}(01)$ | + | − |
| $1_{SW_1}(10)$ | − | + |
| $1_{SW_3}(11)$ | − | + |
| $1_{SW_3}(00)$ | + | − |
| $1_{SW_3}(01)$ | − | + |
| $1_{SW_3}(10)$ | + | − |

### 6.7.1 案例研究的结果

已经在仿真中测试了几种情况以验证这种方法：必须检测到命令和非命令转换，以及必须检测和隔离的故障注入（离散和参数）。已经运行了几个具有不同模式配置和故障的模拟——改变了故障发生的大小、时间，甚至在模式改变后立即引入故障，在所有模式中获得满意的结果。由于篇幅限制，下面将解释其中两个场景的结果。两个模拟实验均在700s内运行，采样周期为1s；噪声水平设定为5%。

#### 6.7.1.1 $SW_1$（开关1）中的离散故障

在第一个实验中，最初为空的储罐开始填充。指令开关 $SW_1$ 和 $SW_3$ 的值都设置为开。500s后，在 $SW_1$ 中引入了一个离散故障：开关转到OFF而没有收到命令（即故障 $1_{SW_1}(10)$）。图6.13（a）显示了罐1和3中压力的变化，以及 $HBG\text{-}PC_1$ 和 $HBG\text{-}PC_3$ 在接近故障发生的时间窗口中的残差。在该时间窗口之外，残差为零。2号和4号罐的残余物不受此故障影响。故障检测发生在 $t=502\text{s}$，并且查看表6.3可知，每个离散故障都是可能的。

在 $t=507\text{s}$ 时，计算故障特征：为 $HBG\text{-}PC_1$ 残差导出0-特征，并为 $HBG\text{-}PC_3$ 残差导出0+特征。查看表6.5并与实际故障特征进行比较，得出结论，只有4个离散故障与当前观测结果一致：$1_{SW_1}(00)$，$1_{SW_1}(10)$，$1_{SW_3}(11)$，$1_{SW_3}(01)$。由于在当前状态下两个开关都被命令设置为ON，因此只能有两个离散故障（形式为 $1_{SW_i}(1X)$ 的离散故障，其中 $X$ 为0或1）：

(1) 在 $SW_1:1_{SW_1}(10)$ 中非命令转换为OFF。

(2) 在 $SW_3:1_{SW_3}(11)$ 中卡住ON。

在下一步中，混合诊断框架在系统中创建两个不同的HBG-PC实例，每个实例用于一个待选故障。它通过为模式转换运行混合 SCAP，快速重新分配因果关系，并根据经验确定的时间间隔 $\sigma_t$ 监测系统（在这项工作中，因为系统动态非常快，使用 $\sigma_t = 20s$）来隔离故障。对于 $SW_1$ 和 $SW_3$ 故障选择，这种跟踪分别见图 6.13（b）和（c）。可以看出，只有在 $SW_1$ 中假设的非命令转换到 OFF 的 HBG-PC 估计能够跟踪当前运行（残差变为零）。由于其他假设的错误无法恢复其残差，因此被排除作为有效候选项。

对于相同的初始配置，第二个实验对应于 $R_{01}$ 中的 20% 阻塞故障。在 $t = 500s$ 时引入故障，导致在 $t = 505s$ 时 HBG-PC$_1$ 和 HBG-PC$_3$ 残差检测到故障。查看表 6.3 可知必须首先考虑离散故障待选项。

在时间 $t = 511s$ 时，针对 HBG-PC$_1$ 残差导出 0-特征，并且针对 HBG-PC$_3$ 残差导出 0+特征。这些特征与前一个实验中的特征相同，那么待选集合是相同的。

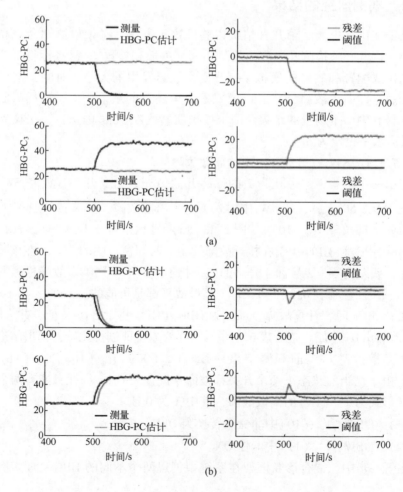

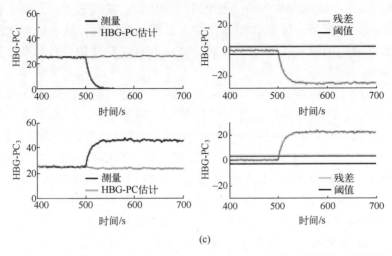

图 6.13　对于 $SW_1$ 中的非命令转换，$HBG-PC_1$ 和 $HBG-PC_3$ 及其相应残差的测量和估算。
（a）系统中 $SW_1$ 的非命令转换为 OFF，HBG-PC 估计和相应的残差；
（b）系统中 $SW_1$ 中的非命令转换为 OFF，并且在新状态下正确地假设这种改变；
（c）系统中的非命令转换为 OFF，并且在新状态下假设 $SW_3$ 卡在 ON 状态。

与之前的实验类似，混合诊断框架在系统中创建了两个不同的 HBG-PC 实例。混合 SCAP 重新指定模式转换的因果关系，并根据经验确定的 20s 时间间隔跟踪系统。然而，对于这种情况，没有一个离散的故障待选者可以被确认为系统中的真实故障（假设离散故障情景的残差都没有收敛到 0）。结果，隔离算法排除掉了系统中的离散故障。算法的下一步是假设参数故障。从表 6.4 可以看出，$HBG-PC_1$ 和 $HBG-PC_3$ 获得的故障特征仅与 $R_{01}$ 中的故障相匹配，从而确认 $R_{01}$ 为系统中的真实故障，无需进一步计算。

## 6.8　结　　论

本章研究的主要贡献是引入结构 HBG-PC，因为它允许系统模型的全局因果关系在无施加任何条件的情况下，找到混杂系统的 HBG-PC[17]，这是与依赖 HBG 模型的其他方法的主要区别[18-19]。

这项研究为 HBG-PC 提供了另一种表征，基于使用有效因果分配设置为开的最大开关集。当最大集合是整个开关集合时，该定义概括了前者[16,20]。然而，如果系统不能满足这一要求，SHBG-PC 的概念仍然有助于在本地处理无效的开关配置，同时包含每种可行配置的整套 HBG-PC。

一个 SHBG-PC 覆盖一组最大的开关结。实际的 HBG-PC 必须在 SHBG-

PC中进行搜索，而无需在全局模型中进一步搜索。发现最大的开关集合具有最严重的问题。但是，计算这些集合并不是严格要求的，除非想要离线描述每个有效配置的HBG-PC系列。只需检查任何有效配置是否有一个有效因果分配就足够了。

与以前的工作一样，结构HBG-PC允许仅通过模型中的局部变化来跟踪混杂系统行为，因为开关的变化是结构模型的局部变化。当系统模式的变化需要将开关从ON（开）变为OFF（关）或反之时，只需要在SHBG-PC内运行类似HSCAP的算法来确定新的诊断模型。这种局部推理方式与HyDe[5]有很大的不同，后者也允许不同的诊断方法，而本书只使用基于模型的诊断。

最近与HBG模型融合的进程中还采用了将类似于HFSM和HRQSM概念[24-25]的结构或运行信息，集成到基于模型的诊断和预测中的需求。

由于HBGS和开关结的概念，与基于ARR（解析冗余关系）的混杂系统方法相比，无需枚举完整的模式集或为所有潜在状态提供不同的模型[2,8]。此外，SHBG-PC描述的子系统冗余度最小，能够并行跟踪当前和潜在的新系统状态，类似于文献[9]，但不同于DBGS[11,19]或使用HBGS和定性信息的早期版本[4,18]。

通过分析离散故障和参数故障的不同动态，而不是将状态估计和监测结合起来，可以离线完成子系统模型和故障特征矩阵的查找和构建工作，从而降低复杂性，自动集中搜索潜在的新状态轨迹[6,9]。

基于状态估计或纯离散事件系统方法[26]的提议的另一个不同之处在于，在故障发生之前，假设每个SHBG-PC都知道当前状态。一方面，由于HBGS的存在，这种假设不需要指定每个电位系统模式，它允许动态地生成不同的模式，只作用于开关结的值。另一方面，需要命令开关的可观测性。对于自动开关，它们可能不会被直接测量，但它们必须依赖于HBG-PC内的连续变量，因为潜在干扰定义了一组超定的方程组，与监测连续过程时可观测的子系统相对应[27]。这一事实能够计算自动转换所需的子系统中的任何未知变量。在那些约束不成立的系统中，不能使用该方法。尽管不要求系统在结构上是可观察的，但是，任何SHBG-PC都不会描述系统的不可观察部分。另请注意，在单一故障假设下，如果系统能够识别精确的离散/参数故障，则可以立即将此新配置用作新的当前状态，该状态将继续跟踪系统的连续运行。上文中已经展示了本文中的方法可以在离散模式变化下执行故障识别[23]。

本书中的方法与使用结构模型分解和定性故障隔离的混杂系统故障诊断的其他方法[28,29]之间的主要区别是它们的模型由使用组合建模方法的用户自定义组件集合组成，而不是使用键合图。目前还有一项使用潜在干扰进行混杂系统诊断的研究，但使用了不同类型的模式估计技术进行模式跟踪（监测）[30]。

这项研究提出了一种基于模型的诊断的集中方法，但据估计，可以按照类似于文献［31］中提出的扩展系统分解方法进行分布式系统诊断，将其扩展到分布式系统的集中式版本[32]。

使用 HBGS 和定性故障特征矩阵[24,25]进行混杂系统诊断，与其他方案的主要区别在于，SHBG-PC 仅基于最小值定义子系统，而他们的建议是基于可诊断性和对故障的剩余敏感性。

虽然这项研究的重点是 HBG-PC 的特征和计算，以及定义离散故障和参数故障的诊断策略，但在 SHBG-PC 设计阶段，还需要进行更多的研究来分析不同概念的诊断能力[33-35]。还有其他方法来计算潜在干扰，例如合并最小潜在干扰以获得非最小潜在干扰，以改善诊断结果[23]。

需要进一步研究，以整合完全非参数化的 HBG-PC 集，其所有开关设置为开。在本书中，将介绍贴近源头（输入）的非参数路径的情况。需要进一步研究以扩展分布式系统和存在多个故障的相关方法。

## 参考文献

［1］Daigle, M. J. (2008, May). *A qualitative event. based approach to fault diagnosis of hybrid systems*. Ph. D. thesis, Graduate School of Vandebilt University, Nashville, TN.

［2］Cocquempot, V., El Mezyani, T., &Staroswiecki, M. (2004). Fault detection and isolation for hybrid systems using structured parity residuals. In 5*th Asian Control Conference*, July 2004 (Vol. 2, pp. 1204-1212).

［3］Lunze, J. (2000). Diagnosis of quantised systems by means of timed discrete. event representations. In *Proceedings of the 3rd International Workshop on Hybrid Systems: Computation and Control*, HSCC '00, London, UK (pp. 258-271). Berlin: Springer.

［4］Mosterman, P., & Biswas, G. (1999). Diagnosis of continuous valued systems in transient operating regions. *IEEE Transactions on Systems, Man, and Cybernetics—Part A*, 29 (6), 554-565.

［5］Narasimhan, S., &Brownston, L. (2007). Hyde. A general framework for stochastic and hybrid model. based diagnosis. In *Proceedings of the 18th International Workshop on Principles of Diagnosis*, DX07, Nashville, TN, May 29-31, 2007 (pp. 186-193).

［6］Hofbaur, M. W., & Williams, B. C. (2004). Hybrid estimation of complex systems. *IEEETransactions on Systems, Man, and Cybernetics, Part B*, 34 (5), 2178-2191.

[7] Benazera, E., &Travé. Massuyès, L. (2009). Set. theoretic estimation of hybrid system configurations. *IEEE Transactions on Systems, Man, and Cybernetics, Part B*, 39, 1277–1291.

[8] Bayoudh, M., Travé. Massuyès, L., & Olive, X. (2008). Towards active diagnosis of hybrid systems. In *Proceedings of the 19th International Workshop on Principles of Diagnosis, DX08*, Sept 2008, Blue Mountains, Australia.

[9] Rienmuller, T., Hofbaur, M., Travé. Massuyès, L., &Bayoudh, M. (2013). Mode set focused hybrid estimation. *International Journal of Applied Mathematics and Computer Science*, 23(1), 131.

[10] Mosterman, P. J., & Biswas, G. (1994). Behavior generation using model switching. A hybrid bond graph modeling technique. In Society for Computer Simulation (pp. 177–182). New York: SCS Publishing.

[11] OuldBouamama, B., Biswas, G., Loureiro, R., &Merzouki, R. (2014). Graphical methods for diagnosis of dynamic systems: Review. *Annual Reviews in Control*, 38(2), 199–219.

[12] Broenink, J. F. (1999). Introduction to physical systems modelling with Bond Graphs. In SiEwhitebook on simulation methodologies. University of Twente, Enschede, Netherlands, 1999. Comment. Available. online. at: http://www.ce.utwente.nl/bnk/papers/BondGraphs-V2.pdf.

[13] Karnopp, D. C., Margolis, D. L., & Rosenberg, R. C. (2006). System Dynamics: Modeling andSimulation of Mechatronic Systems. New York: John Wiley & Sons, Inc.

[14] Pulido, B., &Alonso. González, C. (2004). Possible conflicts: A compilation technique forconsistency. based diagnosis. *IEEE Transactions on Systems, Man, and Cybernetics, Part B*, 34(5), 2192–2206.

[15] Bregon, A., Biswas, G., Pulido, B., Alonso. González, C., &Khorasgani, H. (2014). A commonframework for compilation techniques applied to diagnosis of linear dynamic systems. *IEEE Transactions on Systems, Man, and Cybernetics, Part A*, 44(7), 863–876.

[16] Bregon, A., Alonso. Gonzalez, C., Biswas, G., Pulido, B., & Moya, N. (2012). Fault diagnosis in hybrid systems using possible conflicts. In Proceedings of the IFAC SAFEPROCESS'12, Mexico D. F., Mexico.

[17] Roychoudhury, I., Daigle, M. J., Biswas, G., &Koutsoukos, X. (2010). Efficient simulation of hybrid systems: A hybrid bond graph approach. *SIMULATION: Transactions of the Society for＝Modeling and Simulation International*, 87, 467–498.

[18] Narasimhan, S., & Biswas, G. (2007, May). Model. based diagnosis of hybrid systems. *IEEE＝Transactions on Systems, Man, and Cybernetics, Part A*, 37(3), 348–361.

[19] Samantaray, A. K., &OuldBouamama, B. (2008). Model. based process supervision: A bond graph approach. London: Springer.

[20] Moya, N. (2013). Fault Diagnosis of Hybrid Systems with Dynamic Bayesian Networks and

Hybrid Possible Conflicts. PhD thesis, ETSI. Informatica. Universidad de Valladolid.

[21] Pulido, B., Alonso. González, C., Bregon, A., & Hernández, A. (2015). Characterizing and computing HBG-PCs for hybrid systems fault diagnosis. In Conference of the Spanish Association for Artificial Intelligence (pp. 116–127). Berlin: Springer.

[22] Bregon, A., Biswas, G., & Pulido, B. (2012). A decomposition method for nonlinear parameter estimation in TRANSCEND. IEEE Transactions on Systems, Man, and Cybernetics, Part A, 42 (3), 751–763.

[23] Bregon, A., Alonso, C., & Pulido, B. (2015). Improving fault isolation and identification for hybrid systems with hybrid possible conflicts. In Proceedings of the XXVI International Workshop on Principles of Diagnosis, DX'15, Paris, France (pp. 59–66).

[24] Prakash, O., &Samantaray, A. K. (2017). Model. based diagnosis and prognosis of hybrid dynamical systems with dynamically updated parameters. In Bond Graphs for Modelling, Control and Fault Diagnosis of Engineering Systems (pp. 195–232), Switzerland: Springer.

[25] Prakash, O., Samantaray, A. K., Bhattacharyya, R. (2017). Model. based diagnosis of multiplefaults in hybrid dynamical systems with dynamically updated parameters. IEEE Transactionson Systems, Man, and Cybernetics: Systems, PP, 1–20.

[26] Sampath, M., Sengupta, R., Lafortune, S., Sinnamohideen, K., &Teneketzis, D. (1995). Diagnosability of discrete. event systems. IEEE Transactions on Automatic Control, 40 (9), 1555–1575.

[27] Bregon, A., Alonso. González, C. J., & Pulido, B. (2014). Integration of simulation and state observers for online fault detection of nonlinear continuous systems. IEEE Transactions on Systems Man and Cybernetics: Systems, 44 (12), 1553–1568.

[28] Daigle, M., Bregon, A., &Roychoudhury, I. (2015). A structural model decomposition framework for hybrid systems diagnosis. In Proceedings of the 26th International Workshop on Principles of Diagnosis, DX'15, Sept 2015, Paris, France.

[29] Bregon, A., Daigle, M., &Roychoudhury, I. (2016). Qualitative fault isolation of hybridsystems: A structural model decomposition. based approach. In *Third European Conference of the PHM Society*, July 2016.

[30] Feng, W., Qin, R., Zhang, W., & Zhao, Q. (2016). A possible conflicts based distributeddiagnosis method for hybrid system. In 2016 *Prognostics and System Health ManagementConference (PHM. Chengdu)*, Oct 2016 (pp. 1–6).

[31] Bregon, A., Daigle, M., Roychoudhury, I., Biswas, G., Koutsoukos, X., & Pulido, B. (2014). Anevent. based distributed diagnosis framework using structural model decomposition. *Artificial Intelligence*, 210, 1–35.

[32] Sayed. Mouchaweh, M., &Lughofer, E. (2015). Decentralized fault diagnosis approach without a global model for fault diagnosis of discrete event systems. *International Journal of Control*, 88 (11), 2228–2241.

[33] Blanke, M., Kinnaert, M., Lunze, J., Staroswiecki, M., &Schröder, J. (2006). *Diagnosis and fault. tolerant control* (Vol. 691). Berlin: Springer.

[34] Travé. Massuyes, L., Escobet, T., & Olive, X. (2006). Diagnosability analysis based on component. supported analytical redundancy relations. *IEEE Transactions on Systems, Man, and Cybernetics, Part A*, 36 (6), 1146-1160.

[35] Sayed. Mouchaweh, M. (2014). *Discrete event systems: Diagnosis and diagnosability*. Berlin: Springer Science & Business Media.

# 第 7 章

# 基于混合动态系统模型的汽车发动机故障诊断

## 7.1 简 介

基于模型的故障诊断通常涉及 3 个阶段：建模、残差生成和残差评估。传统上，由于易于开发和实施，基于模型的汽车发动机诊断方案使用均值模型（MVM）[1-4]，其中仅考虑每个发动机循环的发动机变量平均值。然而，由于流体的向前和向后运动、活塞循环的不同冲程、燃油喷射、点火、燃烧等原因，汽车发动机最好被建模为具有各种离散模式下非线性连续动态的混杂系统。将这种系统称为混合非线性系统（HNS）。系统动态或"模式"根据输入和/或连续状态本身而变化。当系统处于一个离散模式时，系统的状态遵循一个连续的动力学，由描述特定模式中状态变化的一组微分方程表示。为了提高故障检测的可隔离性和可识别性，每种离散模式下的连续动态模型捕捉了发动机变量（包括故障下的变量）的周期内详细信息，比所谓的平均值模型（在一个周期内平均信号）更生动。尽管使用这种内循环模型（WCM）极大地提高了检测灵敏度和可隔离性，但也增加了计算成本，特别是对于机载应用。因此，基于混合模型的故障诊断方案尚未在业界中被接受用于机载实施。

诊断的下一个阶段，即残差生成，涉及状态估计和观测的使用。对于混合非线性系统（HNS），发动机状态估计具有很大的挑战性。线性系统状态估计方法的扩展在实际中经常被使用。一些例子是非线性观测器和卡尔曼滤波器的非线性扩展。最常用的技巧是扩展卡尔曼滤波器（EKF）、无迹卡尔曼滤波器（UKF）及其变形。对于 HNS，离散模式和连续状态的最佳估计意味着，待估计模式的数量随时间呈指数增长。为了降低复杂性，在一些技术中，保留具有最大概率的 $N$ 个模式，放弃其余模式，并且将概率重新归一化为统一。广义伪贝叶斯（GPB）方法和交互多模型（IMM）方法[5]属于这一类。发动机的诊断方案通常采用一组非线性状态估计量或观测器，这些非线性状态估计量或观测器需要一组发动机动态连续变量模型、每个离散模式的一个集合元素，对于所考虑的各种故障，每一组都对应于标称系统或故障系统。请注意，估计量的数量随着故障数量和模型模式数量的增加而增加。

粒子滤波器（PF）[6]属于求解非线性非高斯情形下最优估计问题的一类数值方法，属于时序蒙特卡罗算法的一般范畴。Rao blackwell 粒子滤波器（RBPF）[7]是一种特殊的滤波器，它通过将状态向量划分为两个子向量来减少方差估计，从而使一个子向量通过采样进行更新，而另一个子向量通过使用诸如 KF、EKF 或 UKF 等次优估计量进行分析性更新，该估计量利用了分布的先验知识。

非线性观测器被广泛用于发动机系统中一个或多个子系统的状态估计。例如，在文献［8］中提出了涡轮增压硅发动机汽缸空气质量流量的非线性观测器。文献［9］采用直接冗余和非线性诊断观测器对某发动机进气系统进行了诊断。在文献［10］中，使用非线性变化模式观测器，从发动机速度测量估算汽缸压力和燃烧热释放，以用于 SI 发动机诊断目的。基于李雅普诺夫分析和线性矩阵不等式方法的离散非线性观测器，在文献［11，12］中研制了一种循环估计柴油机汽缸内空气质量分数的方法，可用于燃烧控制。在文献［13］中使用降阶观测器来估算涡轮增压汽油发动机中的排气歧管压力和涡轮增压器速度。在文献［14］中，将自适应扩展状态观测器用于汽油机空燃比控制。在文献［15，16］中，在发动机参数估计中使用了滑模（变化）估计。在文献［17，18］中，基于发动机系统从进气到排气的混合自动机模型对发动机变量进行了周期内估计，并证明了其在故障诊断中的有效性。但是，请注意，这些研究都没有一个估计完整 SI 引擎状态的解决方案，而只是子系统状态的解决方案。

至于残差评估，假设检验[1,2,4]、固定[3]和自适应阈值[19]，广义似然比检验（GLRT）[20]，Dempster.Shafer 理论（DST）[21]等技术，贝叶斯网络[22]和人

# 第7章 基于混合动态系统模型的汽车发动机故障诊断

工神经网络[23-24]已经与一种或多种建模和估算技术结合使用。然而，通常这些评估技术仅表现出故障检测的两类分类问题，而不是故障隔离的多类问题。

在本章中，提出了一个完整的汽油机故障诊断方案，该方案只需要一个小型 EKF 估计量的实例，然后是残差预测阶段，以及故障检测和隔离阶段。其特点是：

（1）使用 WCM 而不是 MVM 进行建模。这提高了故障灵敏度。

（2）开发从进气到排气的整个发动机系统的混合状态空间模型，包括 EGR（废气再循环），与文献中大多数研究中涉及的各个发动机部件模型形成对比。

（3）使用单个 EKF 估计器进行故障检测，该估计器使用与正常系统相对应的 HNS，对过程和测量噪声协方差矩阵进行近似自适应估计，而不是使用一组估计器，其精度与计算上更复杂的非线性估计器（如 PF）相当。这大大降低了实时实现的复杂性。

（4）一种在各种故障假设下进行 EKF 残差预测的故障隔离方案。残差预测过程重用了为 EKF 导出的雅可比矩阵，从而节省了计算空间。然后是基于广义似然比检验的隔离。

图 7.1 显示了故障诊断方案。

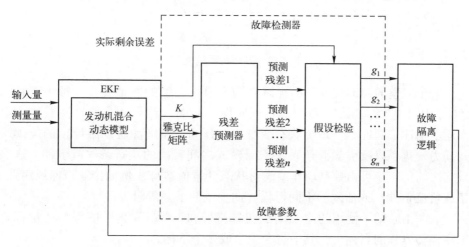

图 7.1 基于残差预测的混合模型故障诊断方案

本章的其余部分安排如下：在 7.2 节中，开发了 HNS 模型。7.3 节介绍了自适应 EKF。在 7.4 节中，描述了残差基于预测的故障检测、隔离和识别策略。7.5 节给出了建模、估计和故障诊断方案的仿真结果。最后，得出结论,并在 7.6 节中给出未来的研究方向。

## 7.2　SI 发动机的 HNS（混合非线性系统）建模

自然吸气式 SI 汽油发动机具有图 7.2 所示的基本子系统和组成部分。在这里建立的方程是,从适当提及的参考文献中可用的标准模型中得出的,其特点仅限于状态空间公式。

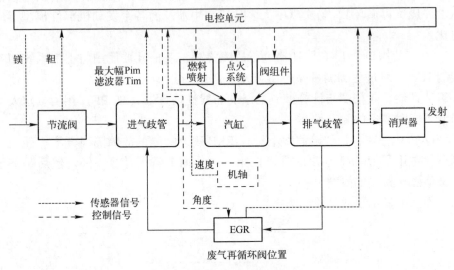

图 7.2　发动机系统框图

一个完整的四冲程发动机循环对应于 0°~720° 的曲轴旋转,每个旋转约 180°,用于进气、压缩、膨胀和排气冲程。WCM（组合和多路转换器）方程本质上描述了两件事:系统状态变量（如压力、温度和质量流量）的连续时间动力变化,以及引起混杂系统不同模式之间转换的跳跃条件或事件。这些模式之间的转换可由控制动作或瞬时状态变量值本身（例如,亚声速或声速、正或负流条件）或活塞的不同行程（向上或向下）等触发。

表 7.1 总结了使用的主发动机变量符号和下标。左列中的每个变量都显示在模型方程的右列中,其中包含一个或多个下标。

让发动机中的所有气体都遵守理想气体定律,即

$$PV = mRT \tag{7.1}$$

上述表达式中的 $R$ 是气体比常数,质量 $m$ 以千克为单位。注意,所有变量都是时间 $t$ 的函数,尽管为了便于标记而省略了。

# 第7章 基于混合动态系统模型的汽车发动机故障诊断

表 7.1 变量和下标符号

| 变量 | | 下标 | |
|---|---|---|---|
| $P$ | 压力 | in | 可控制体积/流量元素输入 |
| $V$ | 体积 | out | 可控制体积/流量元素输出 |
| $m$ | 质量 | th | 节流阀 |
| $R$ | 气体比常数 | im | 进气集管 |
| $T$ | 温度 | cyl | 汽缸 |
| $m'$ | 质量流率 | em | 排气集管 |
| $C_p$ | 定压比热 | egr | 废气再循环 |
| $C_y$ | 定容比热 | muf | 消声器 |
| $\gamma$ | 比热比 | i2c | 进气管到汽缸 |
| $\omega$ | 发动机转速 | c2e | 汽缸到排气歧管 |
| $\theta$ | 曲柄角 | $\alpha$ | 空气 |
| $H$ | 焓 | b | 燃烧气体 |
| $Q$ | 内能 | f | 燃料 |
| $U$ | 热能 | cool | 冷却（温度） |
| $W$ | 工 | amb | 安 |

忽略流动中动能和势能的变化，涉及状态变量的瞬态质量和能量平衡方程可以用质量 $m$、焓 $H$、热能 $U$、添加到系统 $Q$ 的内能以及系统 $W$ 上完成的轴功来表示[25]：

$$\dot{m} = \sum_i \dot{m}_{i,\text{in}} - \sum_i \dot{m}_{i,\text{out}}$$
$$\dot{U} = \dot{H}_{\text{in}} - \dot{H}_{\text{out}} + \dot{Q} + \dot{W} \tag{7.2}$$

其中，下标 in 和 out 分别表示控制（通常称为贮液器）体积的变量移入和移出，指数 $i$ 代表不同的气体种类。

阀门的流量方程可写为[26]

$$\dot{m} = C_d A \frac{P_{\text{in}}}{\sqrt{R_{\text{in}} T_{\text{in}}}} \psi\left(\frac{P_{\text{in}}}{P_{\text{out}}}\right) \tag{7.3}$$

其中

$$\Psi\left(\frac{P_{\text{in}}}{P_{\text{out}}}\right) = \begin{cases} \sqrt{\gamma_{\text{in}} \left[\dfrac{2}{\gamma_{\text{in}}+1}\right]^{\frac{\gamma_{\text{in}}+1}{\gamma_{\text{in}}-1}}}, & P_{\text{out}} < P_{\text{cr}} \\ \left(\dfrac{P_{\text{out}}}{P_{\text{in}}}\right)^{\frac{1}{\gamma_{\text{in}}}} \sqrt{\dfrac{2\gamma_{\text{in}}}{\gamma_{\text{in}}-1}\left[1-\left(\dfrac{P_{\text{out}}}{P_{\text{in}}}\right)^{\frac{\gamma_{\text{in}}-1}{\gamma_{\text{in}}}}\right]}, & P_{\text{out}} \geqslant P_{\text{cr}} \end{cases}$$

$$P_{cr} = 2/(\gamma_{in}+1)^{\frac{\gamma_{in}}{\gamma_{in}-1}} P_{in}$$

注意，在上述表达式中，下标 in 和 out 被用于假设正向流动，$P_{in}$ 为上游压力，$P_{out}$ 为下游压力。它们将被互换用于反向流动，并在方程上附加一个负号。此外，$\gamma_{in}$ 是上游气体种类的比热比。

在每个储蓄层，比气常数和比热可以表示为

$$R = \frac{\sum m_i R_i}{m}, \quad C_p = \frac{\sum m_i C_{p,i}}{m}, \quad C_v = \frac{\sum m_i C_{v,i}}{m}, \quad \gamma = \frac{C_p}{C_v} \tag{7.4}$$

式中：$i = a, b, f$（分别代表空气、燃烧气体和燃料），以及

$$m = m_a + m_b + m_f \tag{7.5}$$

内能的时间导数可以用质量、比热和储蓄层温度表示为

$$\dot{U} = mC_v\dot{T} + (m\dot{C}_v + \dot{m}C_v)T = mC_v\dot{T} + \left(\sum_i \dot{m}_i C_{v,i}\right)T \tag{7.6}$$

在式（7.2）中用式（7.6）代替，每个储蓄层的温度时间导数可以得到

$$\dot{T} = \frac{1}{mC_v}\Big(\sum_i \dot{m}_{i,in} C_{pi,in} T_{in} - \sum_i \dot{m}_{i,out} C_{pi,out} T_{out} + \dot{Q} + \dot{W} - \sum_i \dot{m}_i C_{v,i} T\Big) \tag{7.7}$$

用式（7.7）括号中的前两个条件来表示进出贮液器的净流量。$i$ 代表进入和离开贮液器的各种空气、燃烧气体和燃料。

### 7.2.1 模型方程

选择一个最小状态向量：

$$x = [m_{im,j}, T_{im}, m_{cyl,i}, m_{em,i}, T_{em}]^T \tag{7.8}$$

其中，$i = a, b, f$，分别对应于空气、燃烧气体和燃料。$m_{cyl,i}$ 和 $T_{cyl,i}$ 表示单个汽缸的质量和温度元素的向量。通过选择状态，可以用标准形式 $\dot{x} = f(x, u, t)$ 表示非线性发动机动力学方程，其中 $u$ 是输入向量。

模型输入为：节气门位置、燃油控制信号、废气再循环控制信号、转速和曲轴角度。本章的模型假定为输入的发动机转速和曲柄角位置信号通常不能作为直接测量，因此需要从曲轴位置传感器信号中提取。

式（7.2）中的质量和能量平衡现在可以应用于每个储液罐、进气歧管、汽缸和排气歧管，以获得状态变量。质量（空气、燃烧气体和燃料）变量由质量平衡获得，温度变量由式（7.7）中的能量平衡获得。

进气歧管（IM）处的质量平衡由以下公式给出：

$$\dot{m}_{im} = \dot{m}_{th} + \dot{m}_{egr} + \dot{m}_{i2c} \tag{7.9}$$

## 第7章 基于混合动态系统模型的汽车发动机故障诊断

式中：$\dot{m}_{th}$ 和 $\dot{m}_{egr}$ 分别代表节气门和 EGR 处的质量流量；$\dot{m}_{i2c}$ 是从 IM 进入汽缸的气体流量。这些可以通过使用式（7.3）在每一时刻获得。用式（7.1）代替式（7.3）中的压力 $P_{in}$ 和 $P_{out}$，以及式（7.4）中比热比 $\gamma_{in}$，可以看出式（7.10）中的所有项都完全是用式（7.9）中的状态表示的。空气、燃烧气体和燃料的单个质量流量 $m_i$ 可通过上述关系式得出，方法是将每个流量乘以前一时间瞬间的各个部分。

用式（7.7）中的项代替，焓平衡给出

$$\dot{T}_{im} = \frac{1}{m_{im}C_{vm}} \begin{Bmatrix} \dot{m}_{th}(\sigma_{\dot{m}_{th}} C_{P_a} T_a + (1-\sigma_{\dot{m}_{th}})C_{P_{im}} T_{im}) + \dot{m}_{egr} \\ (\sigma_{\dot{m}_{egr}} C_{P_{em}} T_{em} + (1-\sigma_{\dot{m}_{egr}})C_{P_{im}} T_{im}) - \\ \sum_{i=1}^{N} (\dot{m}_{i2c,i}(\sigma_{\dot{m}_{i2c,i}} C_{P_{im}} T_{im} + (1-\sigma_{\dot{m}_{i2c,i}})C_{P_{cyl,i}} T_{pyl,i})) \\ - h_{c,im} A_{c,im}(T_{im} - T_{cool,im}) - \left(\sum \dot{m}_{im,i} C_{V_{im},i}\right) T_{im} \end{Bmatrix} \quad (7.10)$$

其中 $\sigma_{\dot{m}} = \left(\dfrac{1+\mathrm{sgn}[\dot{m}]}{2}\right)$，$\mathrm{sgn}(\cdot)$ 表示符号函数，$N$ 是汽缸数。由于对流而损失的热量也包含在上面的方程式中，其中 $h_{c,im}$ 是传热系数，$A_{c,im}$ 是传热的有效面积，$T_{cool,im}$ 是 IM 的冷却温度。排气歧管的类似表达式如下：

$$m_{em} = \dot{m}_{c2e} + \dot{m}_{egr} + \dot{m}_{muf} \quad (7.11)$$

式中：$\dot{m}_{c2e}$ 是汽缸到排气歧管的流量；$\dot{m}_{muf}$ 是消声器的流量。

$$\dot{T}_{em} = \frac{1}{m_{em}C_{v_{em}}} \begin{Bmatrix} \sum_{i=1}^{N}(\dot{m}_{c2e,i}(\sigma_{\dot{m}_{c2e,i}} C_{P_{cyl,i}} T_{cyl,i} + (1-\sigma_{\dot{m}_{c2e,i}})C_{p_{em}} T_{em})) \\ - \dot{m}_{muf}(\sigma_{\dot{m}_{muf}} C_{P_{em}} T_{em} + (1-\sigma_{\dot{m}_{muf}})C_{P_a} T_a) \\ - \dot{m}_{egr}(\sigma_{\dot{m}_{egr}} C_{P_{em}} T_{em} + (1-\sigma_{\dot{m}_{egr}})C_{P_{im}} T_{im}) \\ h_{c,em} A_{c,em}(T_{em} - T_{cool,em}) - \sum \dot{m}_{em,i} C_{v_{em},i}) T_{em} \end{Bmatrix} \quad (7.12)$$

单个汽缸的质量平衡方程可写为

$$\dot{m}_{cyl} = \dot{m}_{i2c} + \dot{m}_{c2e} + \dot{m}_f \quad (7.13)$$

其中 $\dot{m}_f$ 是燃油输入流量。在燃烧过程中，总质量流量为零，但空气和燃料会转化为燃烧气体，从而改变单个组分的比率。第 $i$ 个汽缸的这些比率可计算为

$$\dot{m}_{cyl,a}^{(i)} = \dot{m}_{i2c}^{(i)}\left(\sigma_{\dot{m}_{i2c}^{(i)}} \frac{m_{im,a}}{m_{im}} + (1-\sigma_{\dot{m}_{i2c}^{(i)}}) \frac{m_{cyl,a}^{(i)}}{m_{cyl}^{(i)}}\right) - $$

$$\dot{m}_{c2e}^{(i)}\left(\sigma_{\dot{m}_{c2e}^{(i)}} \frac{m_{cyl,a}^{(i)}}{m_{cyl}^{(i)}} + (1-\sigma_{\dot{m}_{c2e}^{(i)}}) \frac{m_{em,a}}{m_{em}}\right) - \frac{m_{fb}^{(i)} \lambda_{a/\omega}}{\Delta \theta}$$

$$\dot{m}_{\text{cyl},f}^{(i)} = \dot{m}_{\text{i2c}}^{(i)} \left( \sigma_{\dot{m}_{\text{i2c}}^{(i)}} \frac{m_{\text{im},f}}{m_{\text{im}}} + (1 - \sigma_{\dot{m}_{\text{i2c}}^{(i)}}) \frac{m_{\text{cyl},f}^{(i)}}{m_{\text{cyl}}^{(i)}} \right) -$$

$$\dot{m}_{\text{c2e}}^{(i)} \left( \sigma_{\dot{m}_{\text{c2e}}^{(i)}} \frac{m_{\text{cyl},f}^{(i)}}{m_{\text{cyl}}^{(i)}} + (1 - \sigma_{\dot{m}_{\text{c2e}}^{(i)}}) \frac{m_{\text{em},f}}{m_{\text{em}}} \right) - \frac{m_{\text{fb}}^{(i)} \omega}{\Delta \theta} + \dot{m}_{\text{f}}^{(i)} \quad (7.14)$$

$$\dot{m}_{\text{cyl},b}^{(i)} = \dot{m}_{\text{cyl}}^{(i)} - \dot{m}_{\text{cyl},a}^{(i)} - \dot{m}_{\text{cyl},f}^{(i)}$$

式中：$m_{\text{fb}}^{(i)}$ 为燃烧前汽缸 $i$ 中累积的燃油质量；$\omega$ 为发动机角速度；$\lambda_{\text{af}}$ 为化学计量的空燃比；$\Delta\theta$ 为燃烧持续角。进入汽缸的燃油流量，$\dot{m}_{\text{f}}^{(i)}$，可以从来自电子控制单元的喷油器脉冲宽度信号中计算出来。$\frac{m_{\text{fa}}^{(i)} \lambda_{\text{af}\omega}}{\Delta\theta}$ 和 $\frac{m_{\text{fb}}^{(i)} \omega}{\Delta\theta}$ 在上述表达式中，仅在燃烧持续时间内出现。

除了 IM 和 EM 的焓平衡外，$i$ 缸的焓平衡还应包括燃烧过程中增加的热量（$\dot{Q}_{\text{comb}}$）的比率，该比率由韦博函数[27]近似得出，并由对流和辐射损失（$\dot{Q}_{\text{heatloss}}$）[28]给出：

$$\dot{Q}_{\text{comb}}^{(i)} = \eta_{\text{c}}^{(i)} \dot{m}_{\text{fb}}^{(i)} Q_{\text{lhv}} \omega \frac{\mathrm{d}x_{\text{b}}^{(i)}}{\mathrm{d}\theta}$$

$$= \frac{\eta_{\text{c}}^{(i)} m_{\text{fb}}^{(i)} Q_{\text{lhv}} \omega n a}{\Delta\theta} \left( \frac{\theta - \theta_{\text{soc}}^{(i)}}{\Delta\theta} \right)^{n-1} \exp\left[ -a \left( \left( \frac{\theta - \theta_{\text{soc}}^{(i)}}{\Delta\theta} \right)^n \right) \right] \quad (7.15)$$

$$\dot{Q}_{\text{heatloss}}^{(i)} = h_{\text{c}}^{(i)} A_{\text{c}}^{(i)} (T_{\text{cyl}}^{(i)} - T_{\text{cool}}^{(i)}) + \varepsilon \sigma ((T_{\text{cyl}}^{(i)})^4 - (T_{\text{cool}}^{(i)})^4)$$

式中：$\eta_{\text{c}}$ 为燃烧效率；$Q_{\text{lhv}}$ 为燃料的低位发热值；$a$，$n$ 为韦博参数；$x_{\text{b}}$ 为燃烧质量分数；$\theta_{\text{soc}}$ 为燃烧角的开始；$h_{\text{c}}$ 为对流换热系数；$A_{\text{c}}$ 为对流换热的有效面积；$\varepsilon$ 为汽缸体材料的发射率；$\sigma$ 为玻耳兹曼常数。

在汽缸处，焓平衡还应包括活塞功，其对于第 $i$ 个汽缸来说，是由 $P_{\text{cyl}}^{(i)} \dot{V}_{\text{cyl}}^{(i)}$ 给出。因此，对于第 $i$ 个汽缸，汽缸温度导数的表达式为

$$\dot{T}_{\text{cyl}}^{(i)} = \frac{1}{m_{\text{cyl}}^{(i)} C v_{\text{cyl}}^{(i)}} \left( \begin{array}{l} \dot{Q}_{\text{comb}}^{(i)} - \dot{Q}_{\text{heatloss}}^{(i)} + \dot{H}_{\text{in}}^{(i)} - \dot{H}_{\text{out}}^{(i)} \\ - T_{\text{cyl}}^{(i)} \times \left( \sum \dot{m}_{\text{cyl},j}^{(i)} C v_{\text{cyl},j}^{(i)} \right) - P_{\text{cyl}}^{(i)} \dot{V}_{\text{cyl}}^{(i)} \end{array} \right) \quad (7.16)$$

式中：指数 $j$ 用于个别气体种类。如前所述，上述 RHS 的所有术语应以输入和状态表示。为了表示汽缸容积 $\dot{V}_{\text{cyl}}^{(i)}$ 的时间导数，考虑了汽缸容积[25]的表达式，即

$$V_{\text{cyl}} = \frac{V_d}{r_c - 1} + \frac{V_d}{2} \left( \frac{l}{r} + 1 - \cos\theta + \sqrt{\frac{l^2}{r^2} - \sin^2\theta} \right) \quad (7.17)$$

式中：$V_d$ 为排量；$r_c$ 为压缩比；$l$ 为连杆长度；$r$ 为曲柄半径。区分上述表达式

时间，得到

$$\dot{V}_{cyl} = \frac{dV_{cyl}}{d\theta}\frac{d\theta}{dt} = \frac{V_d}{2}\left(\sin\theta + \frac{\sin 2\theta}{2\sqrt{\frac{l^2}{r^2}-\sin^2\theta}}\right)\omega \quad (7.18)$$

其中，$\omega$ 是角速度。

式（7.10）~式（7.18）构成状态空间模型，将转速 $\omega$ 和曲柄角 $\theta$ 作为输入。然而，如果速度和曲柄角被视为确定的，负载扭矩被视为输入，则需要进行额外的扭矩建模。

如前所述，所开发的模型是一个混合模型，根据输入和状态条件，会发生许多切换转换。

## 7.2.2 模型参数及整定

模型开发中使用的参数可分为 3 类：通用参数、环境参数和发动机特定参数。一般参数包括假定为开发模型燃料的汽油特性，例如较低的热值，以及气体特性，例如空气比热、燃烧气体和燃料。可以假设所有使用该模型的汽油发动机上的这些参数都相同。环境参数，包括大气温度和压力，可能需要根据室外条件进行更改，或者基于先前的环境或传感器测量。发动机特定参数包括与发动机几何结构、喷油时间、气门升程、气门计时和其他发动机特定参数（如旁通阀区域）相关的所有参数。

特定于发动机的参数可以由用户根据特定车型和类型选取，也可以从一系列发动机可用的参数集列表中选择。如果某些发动机参数事先不知道，则可以通过实验找到这些参数，也可以在模型初始化阶段（假设发动机没有故障）通过在线估计了解这些参数。参数值的微小偏差是可以接受的，前提是它们不表现为故障，因为使用模型的估计可以纠正这些偏差。

## 7.2.3 故障建模

为了实现故障检测、隔离和识别，需要进行额外的故障建模，从而增加模型中参数的有效数量。故障参数应能发现发动机系统中可能发生的各种故障。表 7.2 显示了在当前的建模方案中如何发现一些发动机故障。

表 7.2 发动机系统中各种故障的故障建模

| 类　型 | 故　障 | 模　型 |
| --- | --- | --- |
| 过程和执行器故障 | 进气歧管泄漏 | 节流阀中的其他未知区域 |
| | 排气歧管泄漏 | 消声器中的其他未知区域 |
| | 缺火，喷油器故障 | 单个汽缸燃油喷射率的乘法系数 |

续表

| 类 型 | 故 障 | 模 型 |
|---|---|---|
| 过程和执行器故障 | 进气阀故障 | 进气门面积的乘法/加法系数 |
| | 排气阀故障 | 排气阀面积的乘法/加法系数 |
| 传感器故障 | 质量空气流量（MAF）传感器偏差 | 测量方程中的加法项 |
| | MAF 传感器校准故障 | 测量方程中的乘法项 |
| | 歧管压力和温度（TMAP）传感器偏差 | 测量方程中的加法项 |
| | TMAP 传感器校准故障 | 测量方程中的乘法项 |
| | 排气压力传感器偏差 | 测量方程中的加法项 |
| | 排气压力传感器校准故障 | 测量方程中的乘法项 |

进气歧管和排气歧管泄漏可以通过相应流动部分中的附加区域来建模。汽缸中的阀门故障也可以以相同的方式建模。请注意，阀门故障也可能表现为无法启动。对于歧管燃料喷射的情况，打火失效和燃料喷射器故障可以单独建模，因为前者仅影响特定汽缸而后者影响所有汽缸。

## 7.3 发动机状态估算

注意到引擎模型是时不变的，将要实现的所有估计器的状态和测量方程一般形式可以表示为

$$\begin{cases} \dot{x} = f(x,u,w) \\ y_k = h(x_k,u_k,v_k) \\ w(t) \sim (0,Q) \\ v_k \sim (0,R_k) \end{cases} \quad (7.19)$$

式中：$x$ 为状态向量；$y$ 为测量向量；$u$ 为输入；$w$ 为过程噪声；$v$ 为测量噪声；$Q$ 为过程噪声协方差；$R$ 为测量噪声协方差；$k$ 为采样索引；$f(\cdot)$ 和 $h(\cdot)$ 分别表示状态转换和测量功能。为简单起见，进一步假设噪声 $w$ 和 $v$ 是相加的，并且它们的元素彼此独立。对于每个传感器，其采样率可能不同，并且模型的积分时间步长可能与传感器的采样率不同。

并非所有来自发动机系统的测量都符合测量模型中的测量值，因为发动机模型假定某些测量值为输入值。因此，从曲柄位置传感器提取的速度和曲柄角信号被认为是模型的输入。节气门位置测量值（从中计算节气门面积）也是一个输入。对于仿真，假设估计器可用的测量值为：空气质量流量

## 第7章 基于混合动态系统模型的汽车发动机故障诊断

(MAF)、进气歧管温度($T_{im}$)、进气歧管压力($P_{im}$)、排气歧管温度($T_{em}$)和排气歧管压力($P_{em}$)。

应当注意,发动机系统在一个切换周期内经历的各种切换模式中,在某些模式状态下可能存在测量变量中一些状态元素的可观测性部分损失。例如,在发动机的燃烧阶段,由于两个发动机阀都关闭,一些发动机变量与传感器隔离,因此在该阶段无法观察到。对这种非线性切换系统的可观察性分析是复杂的,本书不再多加尝试。

尽管存在上述警示,但由于系统在每个循环期间访问可观察模式的事实,在此期间,估计器校正了在不可观察模式期间累积的误差。这是通过模拟来证明的。采用的非线性估计量有 EKF、UKF 和 RBPF。后两种方法仅用于比较 EKF 结果。为了简洁起见,下面只给出了 EKF 的方程。

### 7.3.1 扩展卡尔曼滤波器

扩展卡尔曼滤波器(EKF)是基于非线性系统的(标称)状态轨迹线性化。下面给出了根据文献[29,30]改编的连续离散形式的 EKF 算法。

(1)初始化:将状态 $x$ 和状态错误协方差 $P$ 初始化为

$$\begin{cases} \hat{x}_0^+ = E[x_0] \\ P_0^+ = E[(x_0 - \hat{x}_0^+)(x_0 - \hat{x}_0^+)^T] \end{cases} \tag{7.20}$$

(2)预测:对于 $k=1,2\cdots$,噪声模型从 $(k-1)^+$ 到 $k^-$,从 $x_{k-1}^+$ 和 $P_{k-1}^+$ 获取 $x_k^-$ 和 $P_k^-$。

$$\begin{cases} \dot{x} = f(x, u, 0) \\ \dot{P} = JP + PJ^T + Q \end{cases} \tag{7.21}$$

其中:$J$ 为 $f$ w.r.t 的雅可比;$x$ 为状态向量;$Q$ 为过程噪声协方差。使用龙格-库塔(Runge-Kutta)四阶方法对每个时间步骤所需的状态方程进行积分。利用矩阵求幂法求出状态误差协方差矩阵。

(3)更新:在每个 $k$ 处,使用测量值 $y_k$,将状态和状态协方差估计更新为

$$\begin{cases} v_k = y_k - h(x_k^-, u_k, 0) \\ S_k = H_k P_k^- H_k^T + R_k \\ K_k = P_k^- H_k^T S_k^{-1} \\ x_k^+ = x_k^- + K_k v_k \\ P_k^+ = P_k^- - K_k S_k K_k^T \end{cases} \tag{7.22}$$

### 7.3.2 具有自适应 $Q$ 或 $R$ 的估计量

EKF 和 UKF 需要了解过程和测量噪声协方差矩阵，$Q$ 和 $R$ 分别需要调整以获得良好的结果。通常可以根据传感器特性确定 $R$ 的良好选择。由于 $Q$ 代表未知过程扰动和未建模动态的影响，因此确定 $Q$ 更为困难。

在长度为 $M$ 的一个范围，可以获得测量向量的平均值和协方差的无偏估计值如下：

$$\begin{cases} \bar{y} = \dfrac{1}{M} \sum_{i=k-M+1}^{k} y_i \\ R_k = \dfrac{1}{M-1} \sum_{i=k-M+1}^{k} (y_i - \bar{y})((y_i - \bar{y})^{\mathrm{T}} \end{cases} \quad (7.23)$$

请注意，在上述表达式中，假设平均值和方差的范围长度相同。但是，对于大发动机转速，必须用小范围长度评估局部平均值，以便将提取的噪声值与发动机变量中的真实转换区分开来。但是，这可能会留下很少的样本用于方差计算。如果假设噪声是静止的，可以使用更大的范围来进行方差计算。此外，为了减少在线计算要求，可以将移动平均滤波器改变为指数加权的滤波器。然后：

$$\begin{cases} \bar{y}_k = \alpha y_k + (1-\alpha)\bar{y}_{k-1} \\ R_k = \beta(y_k - \bar{y}_k)(y_k - \bar{y}_k)^{\mathrm{T}} + (1-\beta)R_{k-1} \quad (0<\alpha,\beta\leq 1) \end{cases} \quad (7.24)$$

系数 $\alpha$ 和 $\beta$ 现在可以独立调整，而不是范围长度 $M$。系数 $\alpha$ 和 $\beta$（接近 0）的小值对应于一个大范围，反之亦然。通过选择较大的值（即 0.1），可以确保只有噪声分量（假定其频率分量高于实际测量值）才有助于计算 $R_k$。这也确保了由于输入变化，而引起测量中的真正转换不会被误认为是噪声。另一方面，选择系数 $\beta$ 要比 $\alpha$ 小得多，假设噪声在较大的范围内是静止的，其协方差不会显著变化。

为了估计过程噪声协方差矩阵 $Q$，此处修改了文献［31］中使用的技术，该技术使用创新序列 $\Delta v_k$ 的估计协方差 $C_{vk}$ 和卡尔曼增益 $K_k$，采用指数加权平均：

$$\begin{cases} C_{vk} = \beta(\Delta v_k - \Delta \bar{v}_k)(\Delta v_k - \Delta \bar{v}_k)^{\mathrm{T}} + (1-\beta)C_{v_{k-1}} \\ Q_k = K_k C_{v_k} K_k^{\mathrm{T}} \\ \Delta \bar{v}_k = \alpha \Delta v_k + (1-\alpha)\Delta \bar{v}_{k-1} \quad (0<\alpha,\beta\leq 1) \end{cases} \quad (7.25)$$

$\alpha$ 和 $\beta$ 的值通常不同于 $R$ 估计情况，因为过程干扰具有不同于测量噪声的特性。由于过程干扰的频率通常比测量噪声低，因此这里使用的值 $\alpha$ 比 $R$ 估计情况中使用的值小。为了加快估计量的收敛速度，选择 $\beta$ 大于 $R$ 估计情况。

## 7.4 残差预测与联合估算

在研究了发动机状态估计的标称估计量之后，故障诊断的下一步是在不同的故障假设下产生残差量。这通常使用一组估计量来完成，每个估计量都使用与故障对应的过程模型。相比之下，在本节中，使用一个正常过程模型，研究了一种基于标称状态估计和 EKF 的雅可比表达式的残差预测方案，以下简称"正常 EKF"。然后使用从正常 EKF 获得的实际残差，和从 EKF 估计器获得的预测残差，对给定类型的故障进行残差评估。

基于残差预测的故障诊断方案（图 7.1）包括以下步骤：

（1）利用 EKF 对输入和测量的标称状态进行估计：从标称 EKF 得到瞬时卡尔曼增益、实际残差和状态转换的雅可比矩阵以及用于状态估计的测量转换函数。

（2）残差预测阶段：利用卡尔曼增益和雅可比矩阵，残差预测阶段根据每个故障假设下的标称估计量预测残差。从这一阶段得到了对应于每个假设故障单位大小的残差向量。

（3）假设测试阶段：该阶段使用预测和实际残差为每个故障生成故障检测功能。检测函数由残差的广义似然比检验（GLRT）生成。应将每个检测功能与各自的阈值进行比较，这些阈值是根据本章中的仿真手动确定的。

（4）故障隔离阶段：在此阶段，根据假设测试阶段的检测功能，并根据是否超过各自阈值的指示，在假设最多可能发生单个故障的前提下，使用判断逻辑和过程了解对故障进行隔离。

（5）故障参数识别阶段：一旦通过前面的步骤检测和隔离故障，可以通过标称 EKF 本身中的联合估计[32]或双重估计，或其他一些单独的估计，如粒子滤波器，找出与特定故障相关的参数。

第一步已在上一节中讨论过。最后一步涉及文献［32］中众所周知的技术。接下来解释其余步骤。

### 7.4.1 残差预测

残差预测阶段是在单一故障假设下，从标称估计量（EKF）预测出可能存在的残差。每个故障都由相应的参数监测。例如，可以通过节气门中的其他区域来监测进气管泄漏。通过将该区域定义为一个参数，可以预测存在 IM（感应电动机）泄漏的故障残差。对于消声器区域的电磁泄漏也可以采用类似的方法。如果 $w^i$ 是与故障 $i$ 相关的参数，$\Delta w^i$ 是 $w^i$ 中的一个小变化，表示故障，那么根据7.3节中的EKF方程，可以预测故障 $i$ 的符号反向残差为

$$\Delta v_k^i = \left( \frac{\partial h}{\partial x_k^-} \frac{\mathrm{d} x_k^-}{\mathrm{d} w^i} + \frac{\partial h}{\partial w^i} \right) \Delta w^i \tag{7.26}$$

注意，$\frac{\partial h}{\partial x_k^-} = H_k$，已从标称EKF例程中获得。使用线性化过程模型，上述表达式中的 $\frac{\mathrm{d} x_k^-}{\mathrm{d} w^i}$ 可以表示为

$$\frac{\mathrm{d} x_{k+1}^-}{\mathrm{d} w^i} = \left( I + \frac{\partial h}{\partial x_k} \Delta T \right) \frac{\mathrm{d} x_k}{\mathrm{d} w^i} + \frac{\partial f}{\partial w^i} \Delta T$$

$$\frac{\mathrm{d} x_k}{\mathrm{d} w^i} = \frac{\mathrm{d} x_k^-}{\mathrm{d} w^i} - K \left( \frac{\partial h}{\partial x_k^-} \frac{\mathrm{d} x_k^-}{\mathrm{d} w^i} + \frac{\partial h}{\partial w^i} \right) \tag{7.27}$$

式中：$K$ 为卡尔曼增益；$\Delta T$ 为采样间隔。注意，$\frac{\partial f}{\partial x_k} = J$，它已经在EKF例程中可用。忽略了故障对卡尔曼增益 $K$ 的影响。上述残差预测对过程故障和传感器故障都是有效的，但对后一类故障可以得到更简单的表达式。传感器故障可通过测量方程中的加性或乘性项进行建模，过程图 w.r.t 对故障参数的偏导数为零。式（7.27）可简化为

$$\Delta v_k^i = \left( \frac{\partial h}{\partial w^i} \right) \Delta w_i \tag{7.28}$$

接下来将描述故障检测过程。

### 7.4.2 基于预测残差的广义似然比检验（GLRT）的故障检测

在标称性情况下，除了建模和离散化误差外，EKF的创新残差还包含来自测量的噪声。利用单一故障假设，在第 $k$ 时刻来自EKF残差检测故障的问题，可以作为测试 $n$ 个二元假设：

$$\begin{cases} H_0 : \Delta v_k = e_k \\ H_i : \Delta v_k = \Delta v_k^i + e_k, \quad i = 1, 2, \cdots, n \end{cases} \tag{7.29}$$

式中：$e_k$ 是监测测量噪声和模型误差的误差向量。当估计器收敛时，还可以假设 $e_k$ 将受到测量噪声的支配。通常，对于非线性系统，$e_k$ 的元素不一定具有相同的方差并且也可以是相关的。如果从模型中知道 $\Delta v_k^i$，对于长度为 $M$ 的范围内的样本，假设为高斯 $e_k$，则对这些假设的奈曼·皮尔逊（NP）检验是似然比：

$$\frac{p(\Delta v_k/H_i)}{p(\Delta v_k/H_0)} = \frac{\dfrac{1}{\sqrt{(2\pi)^m(C_{e_k})}}\exp\left(-\dfrac{1}{2}\sum_{k-M+1}^{k}(\Delta v_k-\Delta v_k^i)^{\mathrm{T}}C_{e_k}^{-1}(\Delta v_k-\Delta v_k^i)\right)}{\dfrac{1}{\sqrt{(2\pi)^m(C_{e_k})}}\exp\left(\sum_{k-M+1}^{k}\Delta v_k^{\mathrm{T}}C_{e_k}^{-1}\Delta v_k\right)} > \delta_i$$

(7.30)

式中：$C_{e_k}$ 为 $e_k$ 的协方差；$\delta_i$ 为故障 $i$ 的测试阈值；$m$ 为残差矢量的维数。以对数为例，转换为测试统计量[33]：

$$T(\Delta v_k;\Delta v_k^i) = \sum_{k-M+1}^{k}\Delta v_k^{\mathrm{T}}C_{e_k}^{-1}\Delta v_k^i > \delta_i \qquad (7.31)$$

请注意，此处的阈值与式（7.30）不同，尽管使用了相同的表示法。当参数 $C_{e_k}$ 和 $\Delta v_k^i$ 未知且使用它们的估计值时，此测试是次优的，称为广义似然比测试（GLRT）[33]。故障的大小不会改变测试阈值，但会改变检测概率。阈值可以根据需要检测的最小故障幅度来确定。然而，由于模型错误，即使在标称性情况下超过这样的阈值，这也可能引入错误警报。注意，在该测试中，阈值的绝对值不能小于 1。综上所述，用误差协方差修正后的残差代替实际残差信号与预测残差的内积。乘以 $C_{e_k}^{-1}$ 本质上是一个标准化过程，相当于自适应阈值。

从残差预测过程来看，$\Delta v_k^i$ 只有一个常数。因此，必须找出每个故障检测到的最小故障参数大小的测试阈值。如果 $\Delta v_k^i$ 有多个元素，则可以通过标准化残差来获得介于 0 和 1 之间的阈值：

$$T(\Delta v_k;\Delta v_k^i) = \frac{1}{M}\sum_{k-M+1}^{k}\frac{(\Delta v_k^i)^{\mathrm{T}}C_{e_k}^{-1}\Delta v_k}{\left\|\sqrt{C_{e_k}^{-1}\Delta v_k^i}\right\|\left\|\sqrt{C_{e_k}^{-1}\Delta v_k}\right\|} > \delta_i \qquad (7.32)$$

协方差 $C_{e_k}$ 的在线估计方法与 EKF 中的 $R$ 矩阵估计方法相同。在不同的故障情况下，通过仿真确定阈值。当超过多个故障阈值时，需要一个隔离过程，这将在下面描述。

### 7.4.3 故障隔离

二进制变量 $F_i$ 表示第 $i$ 个故障，$G_j$ 表示相关的二进制（逻辑）检测函数。通过与第 $i$ 个故障的故障检测阈值进行比较，从连续变量 $g_i$（第 $i$ 个故障的故障检测功能）获得二进制变量 $G_j$。如果 $g_i$ 超过其阈值，则 $G_j$ 为 1，否则为 0。现在可以通过以下假设进行故障隔离。

（1）无故障检测功能 $G_j$ 在正常操作期间有效（高），即

$$(\forall i \neg F_i) \Rightarrow (\forall j \neg G_j) \qquad (7.33)$$

(2)错过检测是可能的;然而,当存在第 $i$ 个故障时,如果第 $j$ 个检测函数 $G_j(j\neq 1)$ 有效,则 $G_i$ 也是有效的,即

$$\forall i(F \wedge (G_j|j\neq i) \Rightarrow G_i) \tag{7.34}$$

以满足上述条件的方式从仿真中选择故障检测阈值。当多个 $G_j$ 处于动态时,只要有可能,就可以使用这些条件来解决干扰。可以使用故障发生矩阵(FIM)来执行。此过程在结果部分中进行了说明。

当上述条件不能隔离故障时,可采用某些特殊方法。首先,由于单一故障假设,对于与汽缸故障相关的检测功能,如果某个特定故障只触发了所有汽缸故障功能中的一个,则故障很可能是与特定汽缸有关。这消除了其他汽缸和非汽缸部件故障的可能性。例如,假设某个未知故障触发了汽缸 1 的喷油器 1 故障功能,也触发了电磁泄漏功能,但其他汽缸的喷油器故障功能没有触发。这意味着故障很可能是喷油器 1 故障,而不是电磁泄漏故障。此外,从单一故障假设来看,如果所有汽缸故障检测功能都是由于某些未知故障而触发的,并且触发了非汽缸故障功能,则故障最有可能是非汽缸故障。

提出的故障诊断方案不需要多个估计量。它重新使用了 EKF 估计的雅可比矩阵。因此,与通常用于诊断的一组估计器相比,整体计算量大幅度降低。除了 EKF 表达式之外,故障诊断所需的条件和操作是状态转换函数和测量转换函数 w.r.t 的偏导数、故障参数,以及矩阵与向量的乘法。这些操作的复杂性在状态数量和故障数量上都是多项式的。当系统顺序或所考虑的故障数量很大时,建议分别对每个子系统建模,以便在各个子系统中考虑的故障的顺序和数量相对较小。然后,可以将所建议方案作为分散的全局诊断结构的一部分,用于局部诊断,如文献 [34] 中提出的方案。

## 7.5 结 论

展现出估算结果和故障诊断方案。

### 7.5.1 估算结果

为了验证建模和估算,将估算结果与 4 缸发动机的 AMESim 模型生成的值(被视为"真"值)进行比较。所有例程的模拟持续时间均为 4s。为了比较发动机的非线性估计量,使用归一化均方误差(MSE)作为度量。

$Q$ 和 $R$ 矩阵自适应计算的估计结果如图 7.3 所示。结果表明,采用自适应 $Q$ 矩阵的 UKF 性能略低于常数矩阵,因此仅采用 $R$ 矩阵。使用滤波器参数 $\alpha=1$、$\beta=2$ 和 $K=3$ 进行 UKF 估计。状态维数为 24,因此 UKF 权数为 49。由

于在 PF 中使用 EKF 进行边缘化，因此 RBPF 不需要与 UKF 中的权重一样多的元素。研究发现，增加几个元素对估计性能没有太大的影响，因此在实现中只使用了 4 个元素来节省计算时间。$Q$ 和 $R$ 的适应性极大地增强了 EKF 和 RBPF 性能，绘制的常数和自适应 $Q/R$ 情况的归一化 MSE，如图 7.4 所示。表 7.3 中列出了它们的总和。

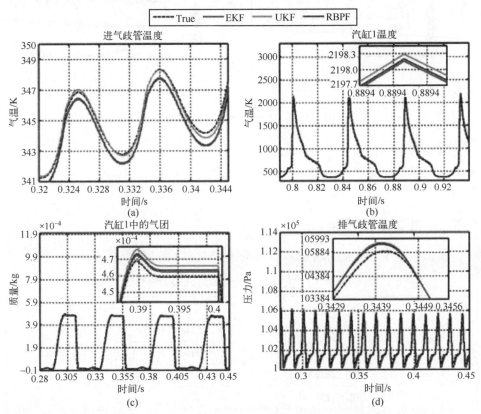

图 7.3 自适应 $Q$ 和 $R$ 矩阵下不同估计量的发动机状态估计结果（见彩插）
(a) 进气歧管（IM）温度；(b) 汽缸 1 温度；
(c) 汽缸 1 中的空气质量；(d) 排气歧管（EM）压力。

表 7.3 常数和自适应 $Q$ 和 $R$ 下估计量的比较

| 类型 | 常数 $Q$ 和 $R$ 示例 | | 自适应 $Q$ 和 $R$ 示例 | |
| --- | --- | --- | --- | --- |
| 估计量 | 仿真时间/s | 归一化 MSE | 仿真时间/s | 归一化 MSE |
| EKF | 42 | 0.1058 | 43 | 0.0757 |
| UKF | 1167 | 0.0735 | 1182 | 0.0798 |
| RBPF | 244 | 0.0752 | 325 | 0.0750 |

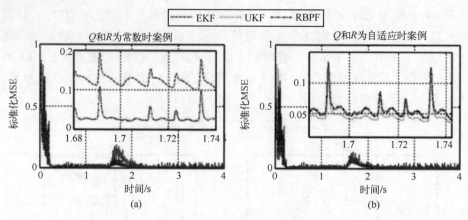

图7.4 (a) 常数和 (b) 自适应 $Q/R$ 矩阵下估计量的归一化均方误差 (见彩插)

模拟时间也显示出来。与 EKF 相比,分析评估雅可比矩阵的 EKF 在 $Q$ 和 $R$ 的自适应下表现得非常好,同时计算量最低,因此它可能是在线实现的更好选择。

### 7.5.2 故障诊断结果

模拟模型中加入的各种故障及其量级如表 7.4 所列。

表 7.4 模拟案例的故障幅度和检测阈值

| 故障编号 | 故 障 | 故 障 量 级 | GLRT 归一化内积 |
| --- | --- | --- | --- |
| F1 | IM 泄漏 | 50mm$^2$ | 0.6 |
| F2 | EM 泄漏 | 50mm$^2$ | 0.06 |
| F3 | 喷嘴 1 故障 | 0.5(喷嘴器脉冲宽度减半) | 0.15 |
| F4 | 喷嘴 2 故障 | 0.5 | 0.15 |
| F5 | $P_{im}$ 传感器偏置 | 1000Pa | 0.5 |
| F6 | $T_{im}$ 传感器偏置 | 10K | 0.5 |
| F7 | $P_{em}$ 传感器偏置 | 1000Pa | 0.5 |
| F8 | IV 没有关闭(凸嘴 1) | 0.04mm(上升) | 0.5 |
| F9 | IV 没有关闭(凸嘴 2) | 0.04mm(上升) | 0.5 |
| F10 | EV 没有关闭(凸嘴 1) | 0.04mm(上升) | 0.5 |
| F11 | EV 没有关闭(凸嘴 2) | 0.04mm(上升) | 0.5 |

故障发生率矩阵(FIM)显示了检测功能对不同故障的响应,见表 7.5。

# 第 7 章 基于混合动态系统模型的汽车发动机故障诊断

表 7.5 基于 GLRT 的故障检测的故障关联矩阵

| 编号 | F0 | F1 | F2 | F3 | F4 | F5 | F6 | F7 | F8 | F9 | F10 | F11 | 故障隔离 |
|---|---|---|---|---|---|---|---|---|---|---|---|---|---|
| G1 |  | √ |  |  |  |  |  |  |  |  | √ | √ | {F1} |
| G2 |  | √ | √ |  | √ |  | √ | √ | √ |  | √ |  | {F2} |
| G3 |  |  |  | √ |  |  |  |  | √ |  | √ |  | {F3} |
| G4 |  |  |  |  | √ |  |  |  |  |  | √ |  | {F4} |
| G5 |  | √ |  |  | √ |  |  |  |  |  | √ |  | {F5} |
| G6 |  |  |  |  |  |  | √ |  |  |  |  |  | {F6} |
| G7 |  |  |  |  |  |  |  | √ |  |  |  |  | {F7} |
| G8 |  | √ |  |  |  | √ |  | √ |  |  | √ |  | {F8} |
| G9 |  | √ |  |  |  | √ |  |  |  | √ |  |  | {F9} |
| G10 |  |  |  |  |  |  |  |  |  |  | √ |  | {F10} |
| G11 |  |  |  |  |  |  |  |  |  |  |  | √ | {F11} |

故障检测过程用其中一个故障解释，即进气歧管泄漏。在 AMESim 模型中，在 3s 时引入了 50mm$^2$ 的泄漏故障。标称估计器使用来自 AMESim 模拟的数据运行。由于进气歧管的压力通常略低于大气压力，以便在进气冲程中让空气进入，因此泄漏会导致额外的气体流量流入歧管。这会导致 IM 压力增加。此外，泄漏导致 EGR 流量与大气空气流量的比率相对低于无泄漏的情况，因为现在存在通过泄漏的额外空气流量。由于大气温度低于 EGR 空气温度，所以在泄漏期间 IM 温度降低。因此，IM 压力和温度是两个主要受泄漏影响的变量。由于残差是实际值和预期值（无故障）之间差异的结果，因此预计，在 IM 泄漏故障下，实际和预测压力残差将高于零，而温度相同将低于零。

图 7.5 绘制了故障插入前后内积情况的预测残差和实际残差向量，图 7.6 绘制了它们的值。这里只绘制了 IM 温度和压力残差（2~3s 期间的平均值（对于标称情况）和 5~6s 期间的平均值（对于故障情况））。可以清楚地看到，在 IM 泄漏故障发生后，IM 泄漏的预测残差与实际残差之间的斜移已经大大减小，而 EM 泄漏的预测残差与实际残差之间的斜移仍然很大。从图 7.6 可以看出，故障发生后，剩余模式非常相似，但其大小不同，因为残差预测是针对故障的单位大小进行的。从温度残差看，标称估计量需要一段时间才能收敛。只有在误差协方差矩阵的轨迹低于阈值后，故障检测过程才会启动。也可以看出，只有在节气门开度较低时，泄漏的影响才会突出。在节气门开度较高时，与节气门流量相比，泄漏流量非常小，因此无法检测到。对于标称估计，也观察到一个小偏差。除非适当选择检测阈值，否则这些偏差可能会伪装成故障。

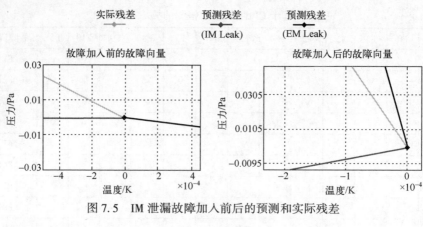

图 7.5 IM 泄漏故障加入前后的预测和实际残差

# 第 7 章 基于混合动态系统模型的汽车发动机故障诊断

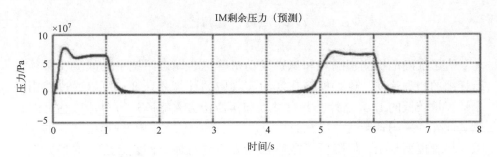

图 7.6 进气歧管泄漏故障的预测和实际残差。检测过程关闭,直到估计量收敛

图 7.7 显示了 IM 泄漏故障下的一些故障检测功能及其阈值。从故障率发生矩阵(表 7.5)可以看出 G1,G2,G5,G8 和 G9 已被激活。因此故障可能来自集合 {F1,F2,F5,F8,F9}。从故障率发生矩阵可以看出,故障 F2 仅触发 G2。因此故障不是 F2。此外,对于 F5,没有触发 G1,表明故障不是 F5。其余的 {F8,F9} 代表汽缸 1 和 2 的 IV 故障。由于两者都是触发的,因此推断故障是一种常见故障,而不是任何汽缸特有的故障。因此,{F8,F9} 被消除了。只剩下 F1,因此故障是被隔离的。对于其他故障,遵循类似程序。

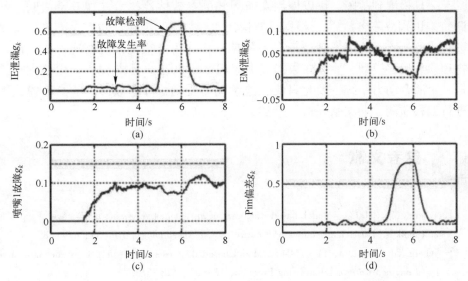

图 7.7 故障检测功能 $g_k$,用于 (a) IM 泄漏;(b) EM 泄漏;(c) 喷油器 1 故障;(d) Pim 偏差,仅插入 IM 泄漏故障,对残差使用 GLRT(归一化)。

## 7.6 结　　论

为了准确地检测、隔离和识别发动机等混合动态系统中的故障，必须进行详细的物理建模。这种模型在实时实现中的计算复杂度，可以通过使用一个计算量较低的 EKF 估计，并对过程和噪声协方差矩阵进行自适应估计来补偿。此外，采用基于残差预测的故障诊断方案，利用 EKF 过程中产生的中间项，尽管模型复杂，但降低了故障诊断方案的总体时间复杂度。这种方案可以用于其他混合动态系统，前提是它们没有状态重置。除仿真外，还对无排气再循环发动机的故障诊断方案进行了验证。为简洁起见省略了实验结果。

故障检测的灵敏度和确定性由检测阈值决定。在本章中，手动选择阈值以确定要检测的最小故障大小。理想情况下，必须通过最小化与错误分类相关的一些风险函数来选择故障检测阈值。然而，当存在许多故障时，分析和计算这种风险函数的最小化是烦琐的。一种更实用的阈值选择方法是对许多不同的阈值进行蒙特卡罗模拟，并绘制不同故障幅度和噪声条件下的接收器工作特性（ROC）图[35]，并选择提供最大正确肯定率和最小错误肯定率的阈值。

一旦检测到故障，可以使用众所周知的参数估计技术（如双重或联合估计）来识别故障参数[32]。根据最新估计的参数值，现在诊断程序准备好检测进一步的故障。为了处理故障参数的偏移模式可能很复杂的情况，要么使用物理参数偏移模型，要么在数据流上应用一些机器学习技术[36]。由于发动机是一个混合动力系统，因此只能在连续动力受到故障参数影响的离散模式下进行偏移监测，如文献［37］所述。

## 参考文献

[1] Nyberg, M. (2002). Model. based diagnosis of an automotive engine using several types of fault models. IEEE Transactions on Control Systems Technology, 10 (5), 679-689.

[2] Nyberg, M., &Stutte, T. (2004). Model based diagnosis of the air path of an automotive diesel engine. Control Engineering Practice, 12 (5), 513-525.

[3] Kim, Y. W., Rizzoni, G., &Utkin, V. (1998). Automotive engine diagnosis and control via nonlinear estimation. IEEE Control Systems, 18 (5), 84-99.

[4] Andersson, P., & Eriksson, L. (2002). Detection of exhaust manifold leaks on a turbo-charged SI. engine with wastegate (no. 2002.01.0844). SAE Technical Paper.

## 第7章 基于混合动态系统模型的汽车发动机故障诊断

[5] Bar. Shalom, Y., Li, X. R., &Kirubarajan, T. (2004). Estimation with applications to tracking and navigation: Theory algorithms and software. New York: Wiley.

[6] Doucet, A., de Freitas, N., & Gordon, N. (2001). An introduction to sequential Monte Carlo methods. In A. Doucet, N. de Freitas, & N. Gordon (Eds.), Sequential Monte Carlo methods in practice, Statistics for engineering and information science. New York, NY: Springer.

[7] Doucet, A., De Freitas, N., Murphy, K., & Russell, S. (2000, June). Rao. Blackwellised particle filtering for dynamic Bayesian networks. In Proceedings of the sixteenth conference on uncertainty in artificial intelligence (pp. 176-183). San Francisco: Morgan Kaufmann Publishers Inc.

[8] Andersson, P., & Eriksson, L. (2001). Air. to. cylinder observer on a turbocharged SI. engine with wastegate (no. 2001.01.0262). SAE Technical Paper.

[9] Nyberg, M., & Nielsen, L. (1997). Model based diagnosis for the air intake system of the SI. engine (no. 970209). SAE Technical Paper.

[10] Shiao, Y., &Moskwa, J. J. (1995). Cylinder pressure and combustion heat release estimation for SI engine diagnostics using nonlinear sliding observers. IEEE Transactions on Control Systems Technology, 3 (1), 70-78.

[11] Yan, F., & Wang, J. (2012). Design and robustness analysis of discrete observers for diesel engine in. cylinder oxygen mass fraction cycle. by. cycle estimation. IEEE Transactions on Control Systems Technology, 20 (1), 72-83.

[12] Chen, P., & Wang, J. (2013). Observer. based estimation of air. fractions for a diesel engine coupled with aftertreatment systems. IEEE Transactions on Control Systems Technology, 21 (6), 2239-2250.

[13] Buckland, J. H., Freudenberg, J., Grizzle, J. W., & Jankovic, M. (2009, June). Practical observers for unmeasured states in turbocharged gasoline engines. In American control conference. ACC'09 (pp. 2714-2719). IEEE.

[14] Xue, W., Bai, W., Yang, S., Song, K., Huang, Y., &Xie, H. (2015). ADRC with adaptive extended state observer and its application to air-fuel ratio control in gasoline engines. IEEE Transactions on Industrial Electronics, 62 (9), 5847-5857.

[15] Butt, Q. R., & Bhatti, A. I. (2008). Estimation of gasoline. engine parameters using higher order sliding mode. IEEE Transactions on Industrial Electronics, 55 (11), 3891-3898.

[16] Iqbal, M., Bhatti, A. I., Ayubi, S. I., & Khan, Q. (2011). Robust parameter estimation of nonlinear systems using sliding. mode differentiator observer. IEEE Transactions on Industrial Electronics, 58 (2), 680-689.

[17] Sengupta, S., Mukhopadhyay, S., Deb, A., Pattada, K., & De, S. (2011). Hybrid automata modeling of SI gasoline engines towards state estimation for fault diagnosis. SAE International Journal of Engines, 5 (3), 759-781.

[18] Nadeer, E. P., Patra, A., & Mukhopadhyay, S. (2015). Model based online fault diagnosis of automotive engines using joint state and parameter estimation. In 2015 annual conference of the prognostics and health management society, Coronado, CA, USA.

[19] Schilling, A., Amstutz, A., &Guzzella, L. (2008). Model. based detection and isolation of faults due to ageing in the air and fuel paths of common. rail direct injection diesel engines equipped with a λ and a nitrogen oxides sensor. Proceedings of the Institution of Mechanical Engineers, Part D: Journal of Automobile Engineering, 222 (1), 101-117.

[20] Riggins, R. N., &Rizzoni, G. (1990, May). The distinction between a special class of multiplicative events and additive events: Theory and application to automotive failure diagnosis. In American control conference (pp. 2906-2911). IEEE.

[21] Vasu, J. Z., Deb, A. K., & Mukhopadhyay, S. (2015). MVEM. based fault diagnosis of automotive engines using Dempster-Shafer theory and multiple hypotheses testing. IEEE Transactions on Systems, Man, and Cybernetics: Systems, 45 (7), 977-989.

[22] Pernestål, A. (2009). Probabilistic fault diagnosis with automotive applications. Doctoral dissertation, Linköping University Electronic Press.

[23] Pattipati, K., Kodali, A., Luo, J., Choi, K., Singh, S., Sankavaram, C., &Qiao, L. (2008). An integrated diagnostic process for automotive systems. In Computational intelligence in automotive applications (pp. 191-218). Berlin: Springer.

[24] Sangha, M. S., Yu, D. L., &Gomm, J. B. (2006). On. board monitoring and diagnosis for spark ignition engine air path via adaptive neural networks. Proceedings of the Institution of Mechanical Engineers, Part D: Journal of Automobile Engineering, 220 (11), 1641-1655.

[25] Felder, R. M., & Rousseau, R. W. (2008). Elementary principles of chemical processes. New York: Wiley.

[26] Guzzella, L., &Onder, C. H. (2010). Introduction to modeling and control of internal combustion engine systems. Berlin: Springer.

[27] Heywood, J. B. (1988). Internal combustion engine fundamentals (Vol. 930). New York: Mcgraw. Hill.

[28] Annand, W. J. D. (1963). Heat transfer in the cylinders of reciprocating internal combustion engines. Proceedings of the Institution of Mechanical Engineers, 177 (1), 973-996.

[29] Simon, D. (2006). Optimal state estimation: Kalman, H infinity, and nonlinear approaches. Hoboken, NJ: Wiley.

[30] Särkkä, S. (2006). Recursive Bayesian inference on stochastic differential equations. Espoo, Finland: Helsinki University of Technology.

[31] Mohamed, A. H., & Schwarz, K. P. (1999). Adaptive Kalman filtering for INS/GPS. Journal of Geodesy, 73 (4), 193-203.

[32] Haykin, S. S. (Ed.). (2001). Kalman filtering and neural networks (p. 304). New York: Wiley.

[33] Kay, S. M. (1998). Fundamentals of statistical signal processing: Detection theory (Vol. 2). Upper Saddle River, NJ: Prentice Hall.

[34] Sayed. Mouchaweh, M., &Lughofer, E. (2015). Decentralized fault diagnosis approach without a global model for fault diagnosis of discrete event systems. International Journal of Control, 88 (11), 2228-2241.

[35] Van Trees, H. L. (2001). Detection, estimation, and modulation theory, part I: Detection, estimation, and linear modulation theory. New York: Wiley.

[36] Sayed. Mouchaweh, M. (2016). Learning from data streams in dynamic environments, Springer briefs in electrical and computer engineering. Cham: Springer.

[37] Toubakh, H., &Sayed. Mouchaweh, M. (2016). Hybrid dynamic classifier for drift. like fault diagnosis in a class of hybrid dynamic systems: Application to wind turbine converters. Neurocomputing, 171, 1496-1516.

# 第 8 章
# 采用结构模型分解的混合系统诊断

## 8.1 引 言

自动故障诊断是完整系统独立运转中的重要一环,为了使工程系统在现实世界中包括在极端环境中均可发挥作用,系统自动的故障诊断及通过修复措施排除和减轻故障现象的能力至关重要。自然界中许多工程系统本质上是混合系统,即它们同时表现出连续性和离散性。连续和离散动力学的结合使得系统的鲁棒性和自身有效故障诊断变得更加具有挑战性。

在混合系统中系统行为由一系列离散模式定义,每一种模式中由一组不同的连续动态控制系统行为。离散动态学定义了系统如何从一种模式转换到另一种模式。例如考虑一个有 10 个开关元件的电路,如果每个开关可以处于两种状态之一(接通状态或断开状态),那么这样的系统具有 $2^{10}$ 种可能的系统级模式。因此,一般来说,诊断算法必须考虑这种系统的所有可能模式。

此外,故障可能表现为系统参数的直接变化,称为参数故障,或者表现为系统模式的变化,称为离散故障。因此在故障分离过程中,诊断系统必须对不同类型的故障和可能的模式转换进行推理。故障的影响也是模式相关的,并且观测延迟(例如由于故障检测算法中的信号滤波延迟或者通信延迟)可能导致观察到的结果与系统的当前模式不一致,但是与某个先前模式一致。

所有这些复杂因素都会使推理过程变得非常复杂[1]。

多年来研究者对混合系统的故障诊断问题一直很感兴趣，文献中对混合系统的诊断提出了许多不同的解决方法。近十年来，混合系统的建模与诊断一直是系统动力学与控制工程（FDI）和人工智能诊断（DX）团队研究的重要课题。FDI团队已经开发了几种混合系统诊断方法，其中文献［2，3］中使用了参数化的风险评估方法，然而这种方法不适用于具有高非线性或大量模式的系统。在DX团队中，一些方法使用混合自动机对全部模式以及它们之间的转换进行建模。在这些方法中诊断被视为一个混合系统状态估计问题，并通过概率[4,5]或集合理论方法[6]来处理。另一种解决方案是使用自动机来跟踪系统模式，然后使用不同的技术来诊断连续行为（例如，对于每个模式使用一组阵列[7]，或者对全部的模式使用参数化阵列[8]）。然而，使用这些技术进行状态估计的主要困难之一是需要对所有可能的系统级模式和模式转换的集合进行预枚举，这对复杂系统来说是困难的。另一种故障诊断方法如文献［1，9，10］中所示，定性地提取残差中的瞬变并将它们与预测的故障瞬变进行比较，然而系统不同模式下故障瞬变的预测在计算上代价也非常昂贵。

为了应对上述挑战，本书提出了组合建模和结构模型分解技术，以组合方式构建和表示混合系统模型，解决了模式预枚举问题。在组合建模中离散模式在局部级别（例如，在组件级别）定义，这使得系统级别的模式被已定义的局部组件级别模式隐式定义。由于这样的方式使得建模者在组件级别只需关注离散行为，所以可以避免所有系统级模式的预枚举[11,12]。此外以组合方式构建模型有利于可重复性和稳定性，并且可以在组件被组合以创建全局混合系统模型之前对其进行独立验证。

结构模型分解[13]提供了另一种方法来降低混合系统诊断问题的复杂性[14-16]。在连续系统诊断中结构模型分解是一种流行的方法，因为它允许将全局模型分解成局部子模型，每个子模型仅依赖于一个系统故障的子集[13]，这使得诊断问题变得简单很多。在混合系统中，结构模型分解也可以显著降低问题的复杂性。除了最小化故障集之外，每个子模型只有有限数量的模式，因此不需要对指数数量级的系统级模式进行推理，只需要对明显更小的一组子模型模式进行推理。此外，结构模型分解产生可独立计算的子模型，这更有助于分布式实现。

文献［17］提出了一种利用结构模型分解进行定性故障分离的解决方案。然而在这种方法中没有考虑观测延迟，它仅适用于使用混合键合图（HBGs）建模的系统。文献［18］开发了一种更有效的基于模型的诊断方法，该方法将结构模型分解与混合诊断工程（HyDE）相结合并使用一种组合建模方法[11]，该方法展示了使用结构模型分解的方法是如何降低与混合系统故障诊断问题相关的计算复杂性。本章中介绍的方法与文献［19，20］中的方法相关，但在两个主要方面有所不同。首先前一项工作是基于使用HBGs建模，而这里使用的建模框架更通用（HBGs是一种特殊情况）。其次之前的工作是基于全局系统模型，而在本章中该方法基于通过结构模型分解计算的局部子模型。

  本章提出了一个基于模型的混合系统定性故障诊断框架，该框架可以诊断参数故障和离散故障并且可以处理观测延迟。底层系统模型使用组合建模方法构建，应用结构模型分解将模型分解成独立的子模型，从而分解诊断问题并显著降低其计算复杂度。将美国国家航空航天局艾姆斯研究中心开发的配电系统"高级诊断和预测试验台（ADAPT）[21]"作为一个案例进行研究，用以证明即使系统存在在不同模式间的瞬变或在故障分离过程中存在观测延迟，该方法依旧能够正确分离混合系统中的故障。

  本章组织如下：8.2节介绍了混合系统建模的方法；8.3节介绍了混合系统的诊断问题；8.4节介绍了定性故障分离方法；8.5节描述了ADAPT案例研究并给出了应用本书的混合故障诊断算法的实验结果。最后，8.6节对本章进行归纳总结。

## 8.2 混合系统建模

  大多数实际系统都同时具有离散和连续的动态特性，这种特性被称为混合动态特性，因此这种系统称为混合系统。本书中的系统被认为处于不同的运动模式下，而在其中每个模式中都有一系列特定的连续动态特性来控制该模式中的系统行为，离散动态特性则是由模式间转换的行为组成。

  图 8.1中所示的电路示例将在整个章节中用于说明本书方法。该电路包括一个电压源 $V$、两个电容器 $C_1$ 和 $C_2$、两个电感器 $L_1$ 和 $L_2$、两个电阻器 $R_1$ 和 $R_2$ 以及两个开关 $SW_1$ 和 $SW_2$，它们通过一系列串联和并联连接。传感器测量不同位置的电流或电压（$i_3$、$v_8$ 和 $i_{11}$，如图 8.1所示）。每个开关可以是两种模式之一：接通和断开。因此该电路可以表示为具有4种系统级模式的混合系统。

  还可以用许多不同的建模方式来描述上述的系统，例如混合自动机[22]和混合键合图[23]。而从建模的角度来看采取组合建模方法更方便，因为在这种方法中只进行局部的组件级模式的定义，而系统级模式是隐式定义的。在下文中将描述组合建模框架，继而讨论因果关系分配，而后讨论结构模型分解方法。

# 第 8 章 采用结构模型分解的混合系统诊断

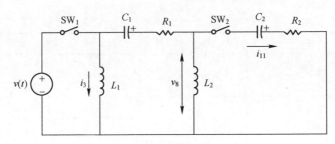

图 8.1 电路示例

## 8.2.1 组合建模

在组合建模方法中系统被视为一组相关的组件，每个组件由一组离散的模式来定义，而在每个模式中都有一组不同的用来描述每个组件动态特性的约束。

混合系统模型的基本组成是变量和这些变量之间的约束，约束定义如下：

**定义 1（约束）**：约束 $c$ 是一个元组 $(\varepsilon_c, V_c)$，其中 $\varepsilon_c$ 是一个包含变量 $V_c$ 的方程。

组件由一组变量上的一组约束来定义，约束被分成不同的集合，每个集合对应一个组件模式：

**定义 2（组件）**：一个包含 $n$ 个离散模式的组件 $\kappa$ 是一个元组 $\kappa = (V_\kappa, \mathscr{C}_\kappa)$，其中 $V_\kappa$ 是一组变量，$\mathscr{C}_\kappa = \{C_\kappa^1, C_\kappa^2, \cdots, C_\kappa^n\}$ 是一组约束集，$C_\kappa^m$ 是定义模式 $m$ 的连续动态特性的约束集。

示例 1：电路的组件如表 8.1① 定义，包括 $V$、$C_1$、$C_2$、$L_1$、$L_2$、$R_1$、$R_2$、$SW_1$、$SW_2$ 以及串联和并联的组件。

示例 2：考虑组件 $SW_2$（$\kappa_{10}$），它有两种模式：断开（在表 8.1 中表示为模式 1）和接通（表示为模式 2）。在断开模式下它有 3 个约束条件，即每个电流（$i_9$、$i_{10}$、$i_{11}$）应为 0。在接通模式下它也应有 3 个约束条件，即 3 个电流应彼此相等并且电压总和可确定（在接通模式下，它的作用类似串联）。

表 8.1 电路组件表

| 组 件 | 模 式 | 约 束 |
|---|---|---|
| $\kappa_1 : V$ | 1 | $v_1 = u_v$ |
| $\kappa_2 : SW_1$ | 1 | $i_1 = 0$ |
|  |  | $i_2 = 0$ |

---

① 这里我们用点符号表示导数。

续表

| 组 件 | 模 式 | 约 束 |
|---|---|---|
| $\kappa_2 : SW_1$ | 2 | $i_1 = i_2$ |
| | | $v_1 = v_2$ |
| $\kappa_3 : 并联_1$ | 1 | $v_2 = v_3$ |
| | | $v_2 = v_4$ |
| | | $i_2 = i_3 + i_4$ |
| $\kappa_4 : L_1$ | 1 | $\dot{f}_3 = v_3$ |
| | | $i_3 = f_3 / L_1$ |
| | | $f_3 = \int_{t_0}^{t} \dot{f}_3$ |
| $\kappa_5 : 串联_1$ | 1 | $i_4 = i_5$ |
| | | $i_4 = i_6$ |
| | | $i_4 = i_7$ |
| | | $v_4 = v_5 + v_6 + v_7$ |
| $\kappa_6 : R_1$ | 1 | $v_5 = i_5 * R_1$ |
| $\kappa_7 : C_1$ | 1 | $\dot{q}_6 = i_6$ |
| | | $v_6 = q_6 / C_1$ |
| | | $q_6 = \int_{t_0}^{t} \dot{q}_6$ |
| $\kappa_8 : 并联_2$ | 1 | $v_7 = v_8$ |
| | | $v_7 = v_9$ |
| | | $i_7 = i_8 + i_9$ |
| $\kappa_9 : L_2$ | 1 | $\dot{f}_8 = v_8$ |
| | | $i_8 = f_8 / L_2$ |
| | | $f_8 = \int_{t_0}^{t} \dot{f}_8$ |
| $\kappa_{10} : SW_2$ | 1 | $i_9 = 0$ |
| | | $i_{10} = 0$ |
| | | $i_{11} = 0$ |
| | 2 | $i_9 = i_{10}$ |
| | | $i_9 = i_{11}$ |
| | | $v_9 = v_{10} + v_{11}$ |
| $\kappa_{11} : R_2$ | 1 | $v_{10} = i_{10} * R_2$ |

续表

| 组　　件 | 模　　式 | 约　　束 |
|---|---|---|
| $\kappa_{12}:C_2$ | 1 | $\dot{q}_{11}=i_{11}$ |
|  |  | $v_{11}=q_{11}/C_2$ |
|  |  | $q_{11}=\int_{t_0}^{t}\dot{q}_{11}$ |
| $\kappa_{13}$:电流传感器$_{11}$ | 1 | $i_{11}^{*}=i_{11}$ |
| $\kappa_{14}$:电压传感器$_{8}$ | 1 | $v_{8}^{*}=v_{8}$ |
| $\kappa_{15}$:电流传感器$_{3}$ | 1 | $i_{3}^{*}=i_{3}$ |

一个系统模型被定义为一系列组件的集合：

**定义 3（模型）**：模型 $\mathcal{M}=\{\kappa_1,\kappa_2,\cdots,\kappa_k\}$ 是一个具有 $k$ 个组件的有限集合，其中 $k$ 为整数。

**示例 3**：本书中的电路模型由表 8.1 中列举的所有组件组成，即 $\mathcal{M}=\{\kappa_1,\kappa_2,\cdots,\kappa_{15}\}$。对于每个组件，变量和约束是为每个组件的模式定义的。

模型 $\mathcal{M}$ 的变量集 $V_{\mathcal{M}}$ 是所有组件变量集的并集，即对于 $d$ 个组件有 $V_{\mathcal{M}}=V_{\kappa_1}\cup V_{\kappa_2}\cup\cdots\cup V_{\kappa_d}$。模型的互联结构是通过组件之间的共享变量捕获的，即对于组件 $\kappa_i$，$\kappa_j$，若有 $V_{\kappa_i}\cap V_{\kappa_j}\neq\emptyset$，则二者是互连的。

**示例 4**：在电路模型中，组件 $\kappa_5$（串联$_1$）通过 $i_4$ 连接到 $\kappa_3$（并联$_1$），通过 $i_5$ 和 $v_5$ 连接到 $\kappa_6$（$R_1$），通过 $i_6$ 和 $v_6$ 连接到 $\kappa_7$（$C_1$），通过 $i_7$ 和 $v_7$ 连接到 $\kappa_8$（并联$_2$）。

模型约束 $C_{\mathcal{M}}$ 是所有模式下的组件约束的并集，即 $C_{\mathcal{M}}=\mathcal{C}_{\kappa_1}\cup\mathcal{C}_{\kappa_2}\cup\cdots\cup\mathcal{C}_{\kappa_d}$。约束与组件是一一对应的，即一个约束 $c\in C_{\mathcal{M}}$ 对应着唯一的一个 $\mathcal{C}_\kappa$，其中 $\kappa\in\mathcal{M}$。

使用模式向量的概念来表示模型的特定模式，模式向量 ***m*** 为模型的每个组件的当前模式，因此模式 ***m*** 的约束被表示为 $C_{\mathcal{M}}^{m}$。

**示例 5**：考虑一个有 5 个组件的模型，假设 ***m***=[1,1,3,2,1]，则代表组件 $\kappa_1$、$\kappa_2$ 和 $\kappa_5$ 满足模式 1 的约束条件，组件 $\kappa_3$ 满足模式 3 的约束条件，组件 $\kappa_4$ 使用满足模式 2 的约束条件。

简而言之，模式向量仅用于具备多个模式的组件的模式表示。因此对于电路来说，它仅用于组件 $\kappa_2$ 和 $\kappa_{10}$，从而产生 4 个可能的模式向量，即[1,1]，[1,2]，[2,1]和[2,2]。

可以使用有限状态机或类似类型的控制方式规范来定义每个组件的转换行为。为了便于本章的理解，这种组件的转换行为被视为一个黑盒，在黑盒中给出的是模式改变这一事件，文献［22，23］中也给读者提供了很多转换行为的建模方法。尽管本书中并未明确区分出状态复位的情况，但这种情况也可以被视为一个转换行为的输出。

### 8.2.2 故障建模

故障是系统实际行为与可接受的标称行为之间发生非预期、持续偏差的原因。在连续动态中，故障通常被表示为参数变化 $\Theta_\mathcal{M} \subset V_\mathcal{M}$ 并被称为参数故障。

**定义 4（参数故障）**：参数故障 $f$ 是系统模型 $\mathcal{M}$ 的一个特定参数 $\theta \in \Theta_\mathcal{M}$ 与其标称值的持续常数偏差。

对于每个参数，无论是参数值的增加和减少都视为是一个参数故障。对于参数 $\theta$，其值增加的故障表示为 $\theta^+$，其值减少的故障表示为 $\theta^-$。

示例 6：在图 8.1 所示电路示例中，$\Theta_\mathcal{M} = \{C_1, C_2, L_1, L_2, R_1, R_2\}$，那么参数故障的集合可以表示为 $\{C_1^+, C_1^-, C_2^+, C_2^-, L_1^+, L_1^-, L_2^+, L_2^-, R_1^+, R_1^-, R_2^+, R_2^-\}$。

在离散动态中，故障则表现为组件模式的变化。

**定义 5（离散故障）**：离散故障 $f$ 是指某一特定组件 $\kappa \in \mathcal{M}$ 的模式从其标称值起的持续变化。

示例 7：在电路中有两个可转换的开关组件 $SW_1$ 和 $SW_2$，这样就存在 4 个可能的离散故障 $\{SW_1^{off}, SW_1^{on}, SW_2^{off}, SW_2^{on}\}$，这里角标 off 表示相应的开关组件实际应为 on 状态但却为 off 状态的故障，而角标 on 则表示相应的开关组件应为 off 状态但实际却为 on 状态的故障。

### 8.2.3 因果关系

模型的定义不考虑计算的因果关系，例如其组成约束的计算方向的规范。而当模拟模型和研究故障的传播影响时，则必须考虑因果关系。

对于模型组某个特定组件中的一个特定模式的约束 $c$，因果分配是指为约束 $c$ 提供一个可能的计算方向或因果关系，通过在方程 $\varepsilon_c$ 中指定变量 $V_c$ 中的哪一个 $v$ 是因变量来表示因果关系。

**定义 6（因果分配）**：对约束 $c = (\varepsilon_c, V_c)$ 的因果分配 $\alpha_c$ 是一个元组 $\alpha_c = (c, v_c^{out})$，其中 $v_c^{out} \in V_c$ 为方程 $\varepsilon_c$ 中指定的因变量。使用 $V_c^{in}$ 来表示约束中的自变量，其中 $V_c^{in} = V_c - \{v_c^{out}\}$。

为了分配因果关系，必须首先定义模型中哪些变量是外生的，例如输入变量 $U_\mathcal{M} \subseteq V_\mathcal{M}$，这类变量在任何涉及它们的约束的因果赋值中必须始终是自变量，即如果变量 $v$ 在集合 $U_\mathcal{M}$ 中，那么对于任何约束 $c$，若满足 $v \in V_c$，则对于其上的任何因果赋值，均有 $v \in V_c^{in}$。

模型中与故障相关的参数与 $\Theta_\mathcal{M}$($\Theta_\mathcal{M} \subseteq V_\mathcal{M}$)中的变量相关，它们是一种特殊的输入变量，即 $\Theta_\mathcal{M} \subseteq U_\mathcal{M}$。

此外参考系统的测量输出值对应的特定输出变量 $Y_\mathcal{M} \subseteq V_\mathcal{M}$ 也很有必要。

**示例 8**：在电路中，$\Theta_\mathcal{M} = \{C_1, C_2, R_1, R_2, L_1, L_2\}$，$U_\mathcal{M} = \{u_V\} \cup \Theta_\mathcal{M}$，$Y_\mathcal{M} = \{i_3^*, v_8^*, i_{11}^*\}$。

一般来说，约束条件 $c$ 的可能因果赋值集与 $V_c$ 一样大，因为 $V_c$ 中的每个变量都可以充当 $v_c^{out}$。然而在某些情况下，一些因果分配可能是无法实现的，例如对于 $V_c$ 中包含任何输入变量或者不可逆的非线性约束的情况。此外假设存在基本的因果关系，那么状态变量必须总是通过积分来计算，因此衍生的因果关系是不被允许的。用符号化表示这个含义，即若 $\mathbb{A}_c$ 为约束条件 $c$ 的可能的因果赋值的集合，则对于 $u \in U_\mathcal{M}$，如果某些约束条件 $c$ 中满足 $u \in V_c$，则 $(\epsilon_c, u)$ 永远不会出现在 $\mathbb{A}_c$ 中。

对于模式 $m$ 中的模型 $\mathcal{M}$，$\mathscr{A}_\mathcal{M}^m$ 表示全体可能的因果关系分配的集合，也即对于每一个 $c \in C_\mathcal{M}^m$ 均存在一个 $\alpha_c \in \mathscr{A}_\mathcal{M}^m$ 与其一一对应。然而实际上只有一部分 $\mathscr{A}_\mathcal{M}^m$ 是有效的，这可以通过一致性的概念来解释：

**定义 7（一致的因果分配）**：对于模式 $m$ 中的模型 $\mathcal{M}$，如果满足下述条件，则称 $\mathscr{A}_\mathcal{M}^m$ 是一致的：

对于每一个 $c \in C_\mathcal{M}^m$，均有 $\alpha_c \in \mathbb{A}_c$，即因果分配必须是有效的；

对于所有的 $v \in V_\mathcal{M} - U_\mathcal{M}$，$\mathscr{A}_\mathcal{M}^m$ 包含且只包含一个元组 $\alpha = (c, v)$，即任何一个既不是输入也不是参数的变量能被且只能被一个（因果关系）约束来计算得出。

---

**算法 1：因果分配算法**

1： $\mathscr{A} \leftarrow \emptyset$

2： $V \leftarrow U_\mathcal{M} \cup \Theta_\mathcal{M}$

3： $Q \leftarrow U_\mathcal{M} \cup \Theta_\mathcal{M} \cup Y_\mathcal{M}$

4： **for all** $c \in C_\mathcal{M}^m$ **do**

5： **if** $|\mathbb{A}_c| = 1$ **then**

6： $(c, v) \leftarrow \mathbb{A}_c(1)$

7： $Q \leftarrow Q \cup v$

8： **while** $|Q| > 0$ **do**

9： $v \leftarrow \text{pop}(Q)$

10： **for all** $c \in C_\mathcal{M}^m(v)$ **do**

11： **if** $c \notin \{c : (c, v) \in \mathscr{A}\}$ **then**

12: $\alpha^* \leftarrow \emptyset$
13: **for all** $\alpha \in \mathbb{A}_c$ **do**
14:    **if** $V_c - \{v_{\alpha^*}\} \cup V \neq \emptyset$ **then**
15:       $\alpha^* \leftarrow \alpha$
16:    **else if** $\alpha_v \in Y$ **then**
17:       $\alpha^* \leftarrow \alpha$
18:    **else if** $v_{\alpha^*} = v$ **and** $|C_{\mathcal{M}}^{\mathrm{m}}(v)| - |\{c': (c', v') \in \mathscr{A} \wedge v \in v_c\}| = 1$ **then**
19:       $\alpha^* \leftarrow \alpha$
20: **if** $\alpha^* \neq \emptyset$ **then**
21:    $\mathscr{A} \leftarrow \mathscr{A} \cup \{\alpha^*\}$
22:    $Q \leftarrow Q \cup (V_c - V)$
23:    $V \leftarrow V \cup \{v_{\alpha^*}\}$

算法 1 描述了给定模式下模型的因果分配过程，因果分配通过在整个模型中传递迭代因果约束来工作。该过程从输入开始，输入必须始终是约束中的自变量；到输出结束，输出必须是至少一个约束中的因变量。从这些变量中，应该能在整个模型中传递并在给定模式下为模型计算有效的因果分配。本书中给定基本的因果关系且模型不具有代数循环①，在这种情况下有且只有一个有效的因果分配。

具体来说该算法的工作方式如下，它利用变量队列 $Q$ 和一组当前因果关系中正在被计算的变量 $V$ 来传递因果关系约束：最初 $V$ 被赋值为 $U$，因为这些变量不会被任何约束计算；$Q$ 被赋值为 $U$ 和 $Y$，因为约束的因果关系满足 $U$ 为自变量且 $Y$ 为因变量；将约束中涉及且仅涉及一个可能因果关系分配的变量也赋值给 $Q$，因为其也可以限定其他的因果分配；可能的因果分配存放于 $\mathscr{A}$。

算法遍历变量队列，对于一个给定的变量，获得它所涉及的所有约束条件。对于每一个约束若其还没有一个 $\mathscr{A}$ 中的因果分配，则查看所有可能的因果分配并确定是否为其强制分配一个特定的因果关系 $\alpha^*$。如果确定分配，则为其赋予一个因果关系并通过将相关变量添加到队列中来进行传递。在以下 3 种情况之一中会强制分配一个因果关系 $\alpha = (c, v)$：①$v$ 在 $Y$ 中；②约束中除 $v$ 之外的其他变量都已经在 $V$ 中；③$v$ 还没有在 $V$ 中，并且除了一个约束之外涉

---

① 若模型存在代数循环，则算法会在所有约束被分配因果关系前终止。为处理代数循环问题进行的算法扩展类似于键合图，尚无因果关系的约束被任意分配一个因果关系，而后由这个分配带来的结果向后传递直至强制分配结束。在所有约束被分配了因果关系前，这个过程将会一直重复进行。

及 $v$ 的所有约束都具有赋予的因果关系,在这种情况下尚无约束在限制 $v$,剩下的这一个约束就必须计算 $v$。算法必须遍历所有约束且不回溯,因此模型中的时间复杂度是线性的。

示例 9:考虑模式 $m=[1\ 2]$。这里表 8.1 的第 4 行给出了 $\mathscr{A}^{[1\ 2]}$ 的值,由因果分配中的 $v_c^{out}$ 表示。在这种模式下第一个开关断开,因此 $i_1$ 和 $i_2$ 作为输入。对于给定基本的因果关系假设,模型存在表中所示的唯一的因果关系分配。

示例 10:考虑模式 $m=[2\ 1]$。这里,$\mathscr{A}^{[2\ 1]}$ 在表 8.1 的第 8 列给出。在这种模式下第二个开关断开,因此 $i_9$、$i_{10}$ 和 $i_{11}$ 充当输入。对于给定的基本因果关系假设,模型存在表中所示的唯一的因果关系分配。值得注意的是一些因果关系与 $m=[1\ 2]$ 中的相同,另一些则不同。

当系统模式改变时,可以使用算法 1 重新计算因果关系,基于先前模式的分配,也可以执行更有效、增量的因果关系分配[14],但是这超出了本章的范围。

### 8.2.4 结构模型分解

对于给定系统模型,结构模型分解产生了局部子模型。对于待分解的混合系统,系统的模式必须是确定的。当模式改变时,分解后产生的子模型也可能随之改变,即如果它们包括已经改变自身模式的组件的约束。本节描述子模型是如何生成的,它们在诊断中的应用将在 8.4 节中详述。

算法 2[13] 给出了从因果模型生成子模型的过程,以下讨论均针对模式固定的情况,因此在本节的剩余部分,表示模式的上标将被省略。给定一个因果模型 $\mathscr{M}$ 和一个要计算的输出变量 $y$,下面的生成子模型算法导出一个因果子模型 $\mathscr{M}_i$,该模型只使用来自 $U^*=U\cup(Y-\{y\})$ 中的变量作为局部输入来计算出 $y$。下面给出算法的伪代码描述。

算法 2:子模型生成算法

1: $V_i \leftarrow V^*$

2: $C_i \leftarrow \emptyset$

3: $\mathscr{A}_i \leftarrow \emptyset$

4: $variables \leftarrow V^*$

5: **while** $variables \neq \emptyset$ **do**

6: $v \leftarrow pop(variables)$

7: $c \leftarrow GetBestConstraint(v, V_i, U^*, \mathscr{A})$

8: $C_i \leftarrow C_i \cup \{c\}$

9: $\mathscr{A}_i \leftarrow \mathscr{A}_i \cup \{(c,v)\}$
10: **for all** $v' \in V_C$ **do**
11: **if** $v' \notin V_i$ **and** $v' \notin \Theta$ **and** $v' \notin U^*$ **then**
12: $variables \leftarrow variables \cup \{v'\}$
13: $V_i \leftarrow V_i \cup \{v'\}$
14: $\mathscr{M}_i \leftarrow (V_i, C_i, \mathscr{A}_i)$

在算法 2 中变量队列表示已经被添加到子模型但尚未被解析的变量的集合,即它们还未被子模型计算。该队列被初始化为 $\{y\}$,而后算法迭代至该队列为空停止,即子模型仅使用 $U^*$ 中的变量来计算 $y$。对于每个必须解析的变量 $v$,使用伪算法 3 (获得最优约束算法) 通过最小算法来查找用于解析变量 $v$ 的约束。

算法 3:获得最优约束算法

1: $C \leftarrow \emptyset$
2: $c_v \leftarrow$ **find** $c$ **where** $(c,v) \in \mathscr{A}$
3: **if** $V_{c_v} \subseteq V_i \cup U^*$ **then**
4: $C \leftarrow C \cup \{c_v\}$
5: **for all** $y \in Y \cap U^*$ **do**
6: $c_y \leftarrow$ **find** $c$ **where** $(c,y) \in \mathscr{A}$
7: **if** $v \in V_{c_y}$ **and** $V_{c_y} \subseteq V_i \cup U^* \cup \Theta$ **then**
8: $C \leftarrow C \cup \{c_y\}$
9: **for all** $y \in Y \cap U^*$ **do**
10: $c_y \leftarrow$ **find** $c$ **where** $(c,y) \in \mathscr{A}$
11: $V' \leftarrow V_{c_y} - \{y\}$
12: **for all** $v' \in V'$ **do**
13: $c_{v'} \leftarrow$ **find** $c$ **where** $(c,v') \in \mathscr{A}$
14: **if** $v \in V_{c_{v'}}$ **and** $V_{c_y} \subseteq \{v\} \cup U^* \cup \Theta$ **then**
15: $C \leftarrow C \cup \{c_{v'}\}$
16: **if** $C = \emptyset$ **then**
17: $c \leftarrow c_v$
18: **else if** $c_v \in C$ **then**
19: $c \leftarrow c_v$
20: **else**

21: $C' \leftarrow C$
22: **for all** $c_1, c_2 \in C$ where $c_1 \neq c_2$ **do**
23: $y_1 \leftarrow$ **find** $y$ where $(c_1, y_1) \in \mathscr{A}$
24: $y_2 \leftarrow$ **find** $y$ where $(c_2, y_2) \in \mathscr{A}$
25: **if** $(y_1 \triangleleft y_2) \in P$ **then**
26: $C' \leftarrow C' - \{c_1\}$
27: $c \leftarrow \text{first}(C')$

算法 3 中给出的获得最优约束算法（文献 [13] 更新后）的目的是找到一个可解析全部变量的约束，即在不进一步向后传递的基础上解析 $v$（即约束中涉及的所有其他变量都在 $V_i \cup \Theta \cup U^*$ 中）。如果所有需要的变量已经在子模型中（在 $V_i$ 中）或是可获得的局部输入（在 $U^*$ 中），那么这个约束可能就是当前因果关系中计算 $v$ 的约束；若因果关系中的约束被修改使得 $y^*$ 作为输入，此时这个约束可能是计算测量输出 $y^* \in U^*$ 的约束，也就是说在这种情况下，新因果关系中的约束将计算 $v$ 而不是 $y^*$；或者这个约束是利用某个 $v'$ 以代数关系的方式计算某个 $y^*$ 的约束。若算法找不到一个这样的约束，那么就选择当前因果分配中计算 $v$ 的约束，而后进行进一步的向后传递。若存在多个可解析 $v$ 的最小化约束，则利用预先设定的偏好选择列表 $P$ 完成进一步操作。

对于给定模式下的给定因果模型，为了达到结构模型分解的目的，获取该连续系统模型的等价模型，而后通过之前讲过的子模型生成算法得到最小子模型[13]。该算法遍历整个因果模型找到一个子模型，该子模型在给定一组局部输入的情况下可以计算一组局部输出。它从局部输入开始，通过因果约束向后传递找出子模型中必须包含的约束和变量。为了方便局部输入的作用，有时可倒置因果关系。最坏的情况下算法最终会得到全局模型，此时会遍历整个因果结构。文献 [13] 中提供了相关附加信息和伪代码。

子模型的局部输入是从已知具体值的变量中选择的。这包括 $U_{\mathscr{M}}$ 中的变量，因为这些变量的值是假设已知的，同时也可能包括 $Y_{\mathscr{M}}$ 中的变量，因为这些变量的值可由传感器测量。一般来说子模型生成算法会找到一个子模型，它是全局模型的一个子集。在最坏的情况下，如果系统模型无法进行分解，它最终会返回一个减去其他输出的全局模型。然而在这种情况下，该子模型计算上仍然独立于其他子模型且可以并行运行。

示例 11：模型可以使用图形符号直观地表示，其中顶点表示变量，边表示具有因果分配的约束；即从 $v_i$ 到 $v_j$ 的有向边表示 $v_j$ 是可以通过 $v_i$ 计算得到的。对于一个局部输出为 $i_3^*$、可用局部输入为 $\{v_8^*, i_{11}^*\} \cup U_{\mathscr{M}}$ 的子模型，两种模式的子模型图如图 8.2 所示。例如若 $SW_1$ 接通而 $SW_2$ 断开，$i_3^*$ 可以完全由 $u_V$ 确定（见图 8.2（b））；若 $SW_1$ 断开而 $SW_2$ 接通，则必须通过 $v_8^*$ 的值进行计算（见图 8.2（a））。

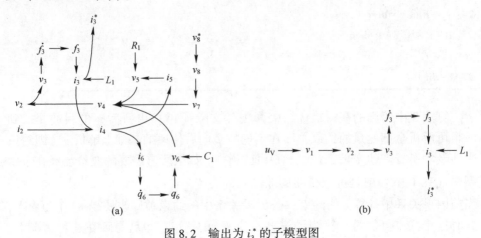

图 8.2　输出为 $i_3^*$ 的子模型图

（a）$SW_1$ 断开、$SW_2$ 接通的子模型图；（b）$SW_1$ 接通、$SW_2$ 断开的子模型图。

结构模型分解的主要优点是故障只出现在某一些子模型中，在利用子模型来标称系统行为的基于模型的方法中，一个故障只会影响一部分子模型，从而使推理变得更加简单。

## 8.3　问题描述

诊断问题是将对系统动作观察的结果映射到对这个观察结果的解释上的一个映射，具体来说就是哪些故障的发生可能产生这样的观察结果。一般来说故障是系统的单一变化。在这里，做出单故障假设。

**假设 1**：系统中仅出现单一故障。

也就是说，假设系统中只有一个变化并且这个变化可以解释给定的观测结果。这是由于故障通常不太可能发生，所以当故障又相互独立时，多重故障同时发生的概率就极低。因此，单故障假设在实际环境中很常见。

如 8.2 节所述，故障可以是参数故障（表示为系统参数值的增加或减少）或离散故障（表示为组件模式的改变）。此外假设故障是持续的，即一旦故障发生，它就会持续下去。

**假设 2**：故障是持续的。

一般来说为了达到故障诊断的目的，认为一个观测是一个在某一特定时间观测到的事件。

**定义 8（观测）**：观测是元组 $(e,t)$，其中 $e$ 是观测到的事件，$t$ 是观测的时间。

考虑两类事件，即模式改变和故障特征，定义特定于组件的模式改变事件。

**定义 9（模式改变事件）**：事件 $(\kappa, m)$ 中，$\kappa$ 为组件，$m$ 为组件 $\kappa$ 改变后的模式。

为方便本章讨论，假设这些是已知的/可观的，即它们被认为是系统的输入。

**假设 3（模式改变可观）**：所有的模式改变事件均可观测到。

依照定性故障分离方法，剩余事件采用定性符号的形式来表示故障引起的瞬变，称为故障特征①。这些符号是根据系统残差（即观测到的输出和模型预测的输出之间的差异）计算的。

**定义 10（残差）**：由传感器测量的输出 $y$ 的残差 $r$ 可以通过 $r=y-y^*$ 计算，其中 $y^*$ 是模型的预测输出值。

在单故障假设下，一个系统的诊断就是一个与给定观测序列一致的故障。

**定义 11（诊断）**：对于一个具有故障集 $F$ 和观测序列 $O$ 的系统，对 $O$ 的诊断 $d_O$ 是一个与 $O$ 一致的故障 $f \in F$。对 $O$ 的所有诊断的集合表示为 $D_O$。

诊断问题可以用如下方式定义。

**问题 1**：对于一个故障集为 $F$ 的系统，给定一组有限元的观测序列 $O$，寻找诊断集合 $D_O$，其中 $D_O \subseteq F$。

## 8.3.1 架构

为了解决问题 1，使用了图 8.3 所示的诊断架构。系统输入为 $u(k)$，系统产生测量输出 $y(k)$，然后这些信号被分解为局部子模型的局部输入和输出。对于每个传感器，若一个子模型中对应的输出变量是该子模型的单个局部输出且其他输出变量可以与 $U_{\mathcal{M}}$ 一起作为局部输入，则认为该子模型是系统的一个子模型。因此对于一组 $n$ 个传感器将会有 $n$ 个子模型。模式改变 $m$ 也被输入系统和系统的子模型中。

如果模式发生变化，系统和子模型也会随之发生模式改变以反映新的系统模式。由于因果关系的变化，这需要重新生成子模型，这一工作可以通过因果关系再分配算法有效地完成。

---

① 故障特征的定义在 8.4 节中给出。

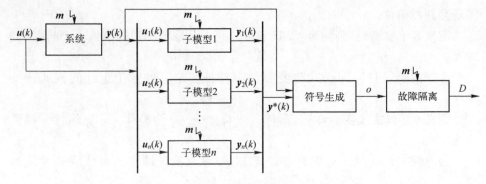

图 8.3　诊断架构

而后实际系统输出 $y(k)$ 以及子模型生成的输出 $y^*(k)$ 一起反馈进入符号生成模块，按照定性故障隔离方法，残差转换为残差幅度和斜率的定性 0（无变化）、−（减少）和＋（增加）变化。一旦残差在统计学上显著偏离零，就为该残差生成符号，并将其反馈输入故障隔离模块。

故障隔离模块对由这些定性符号和模式改变事件组成的观测序列进行推理以隔离故障。故障隔离模块的底层算法将在下一节介绍。

## 8.4　混合系统的定性故障隔离

如 8.3 节所述，诊断问题是将一系列故障特征和模式改变事件映射到与该序列一致的单个故障集。定性故障隔离方法的核心是故障特征的概念。在本节中首先描述故障特征，然后描述故障隔离过程，接着讨论其可扩展性。

### 8.4.1　故障特征

定性故障隔离方法的基础是故障特征的概念[10]。

**定义 12（故障特征）**：模式 $m$ 中，故障 $f$ 和残差 $r$ 的故障特征，用 $\sigma_{f,r,m}$ 表示；它是一组符号的集合，这些符号表征在模式 $m$ 中故障 $f$ 出现时由 $f$ 引起的残差 $r$ 变化。模式 $m$ 中，某一故障 $f$ 在残差 $R$ 上的所有故障特征集表示为 $\sum_{f,R,m}$。

在这项工作中故障特征是由两个符号组成的一系列元组：残差幅度的定性变化和残差斜率的定性变化。这些符号均可取值＋（增加）、−（减少）和 0（不变），这些符号的取值取自于故障发生时的瞬态[9]。通常将斜率符号值写在后面，例如特征＋−代表幅度的增加和斜率的减小。

故障特征提供了对系统在特定模式下发生故障时的观测结果的预测。对

# 第8章 采用结构模型分解的混合系统诊断

于参数故障，这是一个简单的概念，请读者参考以前的工作自行学习[24]。对于离散故障，尽管离散故障会造成模式的改变，但故障特征的定义不变。具体而言，如果系统处于模式 $m$ 并且出现离散故障 $f$（从而改变模式），则 $\sum_{f,R,m}$ 中的特征依旧是模式 $m$ 中观测结果的预测，而不是故障使系统改变模式后的新模式的观测结果的预测。因此如果知道系统处于模式 $m$ 并且故障特征可观，则对于每一个故障 $f \in F$，通常应在 $\sum_{f,R,m}$ 中查看并推理系统发生了什么故障。

示例12：表8.2给出了示例电路中针对局部子模型残差的两种模式下的故障特征。假设系统发生故障 $L_1^-$。在模式 $m = [2\ 1]$ 中，它只影响 $i_3^*$ 的残差，因为它是唯一的局部子模型（见表8.2）。在模式 $m = [1\ 2]$ 中，它除了会影响 $i_3^*$，故障 $R_1^+$ 也会，但它们可以通过故障产生的变化不同来区分。故障 $L_1^-$ 对应的故障特征是 a+−，而故障 $R_1^+$ 对应的故障特征是 a0−。

表8.2 电路系统中最小子系统的故障特征表

| 模式<br>故障 | $m = [1\ 2]$<br>$r_{i_{11}^*}$ | $r_{i_3^*}$ | $r_{v_8^*}$ | $m = [2\ 1]$<br>$r_{i_{11}^*}$ | $r_{i_3^*}$ | $r_{v_8^*}$ |
|---|---|---|---|---|---|---|
| $C_1^-$ | 0 0 | 0+ | 0 0 | 0 0 | 0 0 | −+ |
| $C_2^-$ | 0 0 | 0 0 | −0 | 0 0 | 0 0 | 0 0 |
| $L_1^-$ | 0 0 | +− | 0 0 | 0 0 | +0 | 0 0 |
| $L_2^-$ | −0 | 0 0 | 0 0 | 0 0 | 0 0 | −* |
| $R_1^+$ | 0 0 | 0− | 0 0 | 0 0 | 0 0 | +− |
| $R_2^+$ | 0 0 | 0 0 | +0 | 0 0 | 0 0 | 0 0 |

故障特征可以通过对系统模型[9,19]的分析或仿真获得，这里假设它们是作为输入给出的。

由于每个残差都只有一个子模型，因此单一模式下的故障隔离变得非常简单。给定模式 $m$ 中观测到的一系列故障特征序列 $\Sigma$，在模式 $m$ 中只需要确定哪些故障与 $\Sigma$ 中的故障特征相匹配即可。

示例13：电路示例中，给定模式 $m = [1\ 2]$ 和 $\Sigma = \{r_{v_8^*}^{+-}\}$，那么 $D = \{C_1^-, L_2^-\}$。其中符号 * 可以为+或−。

为便于本章讨论，假设故障特征均为正确观测的①。

**假设4**（正确观测）：若系统在模式 $m$ 下发生故障 $f$，则若系统在故障发

---

① 文献[25]中探索了连续系统中这一假设的广义形式。

生后未改变模式，则观测到的故障特征将属于 $\sum_{f,R,m}$。

### 8.4.2 混合系统诊断

对于混合系统，故障特征总是作为系统模式的函数给出。如果在故障发生点和故障诊断之间没有发生模式改变，那么问题就归结为连续系统的情况，否则可能会观测到来自不同模式的故障特征的某种组合，这取决于模式何时发生改变以及新的故障特征需要多久显现。

示例 14：考虑表 8.2 中的残差。假设该系统起始模式为 $m = [1\ 2]$ 并发生故障 $R_1^+$，此时可以观测到序列 $r_{i_3}^{0-}$。现在假设系统改变模式至 $m = [2\ 1]$，此时会观测到序列 $r_{v_8}^{+-}$。这组故障特征在任何单一模式中都找不到，因此推理必须扩展到模式变化的序列。

如示例所示，混合系统方法面临的第一个挑战是现有观测到的故障特征可能来自于不同的模式。因此故障分类必须跨越多个可能的模式，通过了解系统的模式，对于每个故障可以知道哪组故障特征与其观测值的预测相对应。

与使用单一全局模型的方法相比，结构模型分解的优点是这种不同模式的组合带来的影响是有限的且更容易处理。而在单一全局模型中，残差可能受到任一故障的影响，在那样的情况下，会存在许多潜在的组合且会增加的更多的模糊性。结构模型分解提供的故障和残差的解耦有助于降低这种复杂性。

如前一节所述，假设所有模式改变事件都是可观的。然而即使知道系统的当前模式，也要考虑另一个复杂的相关因素即观测延迟，它指的是对故障特征的延迟观测。困难在于系统可能处于一个模式，但是当观测到达时它可能已经改变为另一个不同的模式，因此使得观测到的模式可能不准确。

观测延迟可以用不同的方式表现出来，例如本书框架中的故障检测是通过检查残差是否超过阈值来完成的。由于噪声的存在，为了故障检测的鲁棒性，使用统计测试即计算一个小时窗口内残差的平均值，并检查该平均值是否超过阈值。实际上这意味着残差信号实际上可能已经在某一个模式时超过了设定的阈值，但是残差的平均值超过阈值的现象只能在系统改变至下一个模式时才能显现，因此对特征的观测被延迟。本书中假设观测延迟都是有限的且为有界的。

**假设 5（有界观测延迟）**：任何一个观测延迟均不大于 $\Delta$。

在本书的假设下混合系统单步骤故障隔离的算法如算法 4 所示。请注意，对于离散故障和参数故障，通过故障特征进行推理的方式是相同的，因此对于这两种情况所给出的算法是相同的。算法采用当下的诊断 $D_i$、先前的故障

特征序列 $\lambda_i$、新的故障特征 $\sigma_{i+1}$，和生成子模式残差 $r$ 的属于 $[t-\Delta,t]$ 的最近模式集合 $M_{r,\Delta}$ 作为输入。该算法与之前的连续系统的主要区别在于需要遍历每一个最近模式的特征。

---

算法 4：故障隔离算法

1：$D_{i+1} \leftarrow \varnothing$

2：**for all** $q \in M_{r,\Delta}$ **do**

3：**for all** $f \in D_i \cap F_{r,q}$ **do**

4：**if** $\sigma_{i+1} \in \sum_{f,r_{\sigma_{i+1}},m}$ **then**

5：$D_{i+1} \leftarrow \{f\}$

---

结构模型分解的另一个优点是最近模式的集合依赖于用于故障隔离的模型，因此是与特征相关的残差的函数。如果使用全局模型，残差生成器将包含所有系统模式。但是如果使用局部子模型，残差生成器将只包含该子模型的局部模式（总是少于系统模式的数量）。从而减少了搜索模式的数量，提高了搜索效率。

如果特征在任何模式下都一致，则必须将其添加到 $D_{i+1}$。这里对于给定的模式 $m$，只需要检查当前诊断中包含的故障子集且实际中这些故障子集可以影响该模式下的残差，这个故障子集表示为 $F_{r,m}$。如果故障的残差（$r_{\sigma_{i+1}}$）的预测特征包含在给定模式下该故障和残差的特征集中，则观测到的特征（$\sigma_{i+1}$）与故障一致。

对于新观测到的特征，算法 4 仅给出故障隔离过程的单个推理步骤。具体实现中，该算法会在跟踪当前诊断的一个通用渐进监控算法中使用，并基于观测到事件的时间来计算最近模式的集合。在最坏的情况下，对于所有给定模式改变，它需要遍历全部故障和残差的一致性，因此在最坏的情况下算法代价是 $O(|F||R||M_r|)$。通常来说，因为候选集随着每个新观测到的故障特征而逐步减少，所以算法代价会小得多。

### 8.4.3 可扩展性

故障隔离算法的复杂性取决于故障数量 $|F|$、残差数量 $|R|$ 和模式数量 $|M|$。对于全局模型情况，必须搜索 $M_{r,\Delta}$ 中的所有故障、残差和模式。因为 $r$ 是使用全局模型计算的，所以它是系统级模式的函数。对于 $n$ 阶系统有 $n-1$ 个状态转换的组件，因此有 $2^{n-1}$ 个系统级模式，显然这种情况下的诊断不会扩展。

对于局部子模型的情况，每个残差由最小子模型生成，因此它通过同时减少有效的 $|R|$ 和 $|M|$ 来改进全局模型方法。有效 $|R|$ 会被降低是因为通过结构模型分解，每个故障只影响一个残差的子集，因此对于每个残差只需要检查那一组故障子集的一致性即可。有效 $|M|$ 可以减少，因为通过结构模型分解，残差的更新只依赖于几个局部组件模式，而对于全局模型来说，每个残差依赖于系统级模式（随着状态转换组件的数量增长呈指数增长）。基于结构模型分解的这些特性，随着系统规模的增加，该方法的复杂性增长速度明显小于采用全局模型的增长速度。

## 8.5 案例研究

高级诊断和预测试验台（ADAPT）是一个电力分配系统，用来模拟航天器上此类系统的运行[21]。通过国际诊断竞赛（DXC），被确立为诊断基准系统[26-28]。该诊断方法应用于 ADAPT 的一系列特定系统中，称为 ADAPT-Lite。

图 8.4 给出了 ADAPT-Lite 的系统示意图。蓄电池（BAT2）通过几个断路器（CB236、CB262、CB266 和 CB280）向多个负载供电，并由继电器（EY244、EY260、EY281、EY272 和 EY275）控制。逆变器（INV2）将直流电转换为交流电。ADAPT-Lite 有一个直流负载（DC485）和两个交流负载（AC483 和 FAN416）。传感器测量电压（名称以"E"开头）、电流（"IT"）以及继电器和断路器的状态（分别是"ESH"和"ISH"）。有一个传感器报告负载的运行状态（风扇转速，ST516），另一个传感器报告蓄电池温度（TE228）。

表 8.3 给出了 ADAPT-Lite 中的组件故障模式，电阻故障、风扇转速故障和传感器故障被建模为参数故障，其余故障被建模为离散故障。

表 8.3 ADAPT-Lite 中的组件及其故障模式

| 组　　件 | 故　障　模　式 |
|---|---|
| AC483, DC485 | 电阻补偿 |
| E240, E242, E265, E281, TE228, IT240, IT267, IT281, ST516 | 抵消补偿 |
| ESH224A, ISH236 | 卡住 |
| EY244, EY260, EY272, EY275, EY284 | 卡住打开 |
| | 卡住关闭 |
| FAN416 | 低速 |
| | 超速 |

# 第 8 章 采用结构模型分解的混合系统诊断

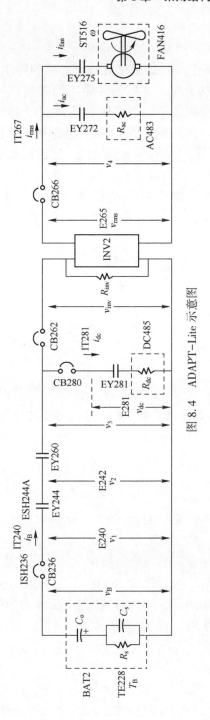

图 8.4 ADAPT-Lite 示意图

### 8.5.1 系统建模

遵循 8.2 节中的基于组件的建模方法，系统的每个组件被表示为一组模式和每个模式的约束的元组。这些组件是下列类型之一：蓄电池、继电器、逆变器、直流负载、交流负载、风扇和传感器。由于没有考虑断路器故障，因此建模时将其省略。下文依次对每个组件模型进行描述。

BAT2 由两个串联的 12V 铅酸电池组成，它们被集成在一个电池模型中。使用简化的电路等效模型来对其建模，其由一个大电容 $C_0$ 与一个 $C_s$ 和 $R_s$ 组成的电容电阻对串联组成，电压为从 $C_0$ 提供的电压中减去电容电阻对的电压（见图 8.4）。此时，蓄电池可以被描述为

$$\dot{v}_0 = \frac{1}{C_0}(-i_B) \tag{8.1}$$

$$v_0 = \int_{t_0}^{t} \dot{v}_0 \mathrm{d}t \tag{8.2}$$

$$\dot{v}_s = \frac{1}{C_s}(i_B R_s - v_s) \tag{8.3}$$

$$v_s = \int_{t_0}^{t} \dot{v}_s \mathrm{d}t \tag{8.4}$$

$$v_B = v_0 - v_s \tag{8.5}$$

式中：$i_B$ 为电池电流；$v_B$ 为电池电压；$v_0$ 为 $C_0$ 两端的电压；$v_s$ 为 $C_s$ 和 $R_s$ 两端的压降。假设电池温度恒定，即

$$\dot{T}_B = 0 \tag{8.6}$$

$$T_B = \int_{t_0}^{t} \dot{T}_B \mathrm{d}t \tag{8.7}$$

每个继电器有两种模式：接通和断开。断开时，约束为

$$i_l = 0 \tag{8.8}$$

$$v_r = 0 \tag{8.9}$$

$$p = 0 \tag{8.10}$$

式中：$i_l$ 为继电器左侧的电流；$v_r$ 为右侧的电压；$p$ 为当前继电器的位置状态。当继电器接通时，约束为

$$i_l = i_r \tag{8.11}$$

$$v_l = v_r \tag{8.12}$$

$$p = 1 \tag{8.13}$$

式中：$i_r$ 为右侧的电流；$v_l$ 为左侧的电压。当继电器接通时，继电器两侧的电压和电流必须相等。当继电器断开时，左侧的电流设置为零而右侧的电流由

右侧的组件决定。类似地,右边的电压设置为零而左边的电压由左边的组件决定。通过这种建模方式,无论系统处于哪种模式,电压总是由左边的组件决定,电流总是由右边的组件决定,在任何模式下都有一致的因果关系分配。

直流负载是一个简单的电阻公式:

$$v_{dc} = i_{dc} \cdot R_{dc} \tag{8.14}$$

式中:$v_{dc}$ 为负载两端的电压;$i_{dc}$ 为流经负载的电流;$R_{dc}$ 为负载电阻。同样交流负载也是一个简单的电阻公式:

$$v_{ac} = i_{ac} \cdot R_{ac} \tag{8.15}$$

这里对应的电压和电流都是交流电的有效值(等效均方根值)。

风扇的电流是加载电压的函数:

$$v_{fan} = i_{fan} \cdot R_{fan} \tag{8.16}$$

式中:$R_{fan}$ 为风扇阻抗的幅度;$v_{fan}$ 和 $i_{fan}$ 分别为有效电压和有效电流。风扇转速表示为其电流的函数公式:

$$\dot{\omega} = \frac{1}{J_{fan}}(i_{fan} \cdot g_{fan} - \omega) \tag{8.17}$$

$$\omega = \int_{t_0}^{t} \dot{\omega} dt \tag{8.18}$$

式中:$J_{fan}$ 为惯性参数;$g_{fan}$ 为增益参数。

逆变器将直流电转换为交流电。在正常工作时只要输入电压高于18V,则其输出有效电压 $v_{rms}$ 就被控制在一个非常接近120V的交流电压:

$$v_{rms} = 120 \cdot (v_{inv} > 18) \tag{8.19}$$

根据逆变器交流侧和直流侧的功率平衡,有 $v_{inv} \cdot i_{inv} = e \cdot v_{rms} \cdot i_{rms}$,其中 $e$ 为逆变器的效率,$i_{rms}$ 为逆变器有效电流,$v_{inv}$ 为直流侧的逆变器电压,$i_{inv}$ 为逆变器的输入直流电流。即使当 $i_{rms} = 0$ 时,逆变器仍会消耗少量电流,等效为一个与逆变器并联的直流电阻 $R_{inv}$。因此,推导出下述等式:

$$i_{inv} = \frac{v_{rms} \cdot i_{rms}}{e \cdot v_{inv}} + \frac{v_{inv}}{R_{inv}} \tag{8.20}$$

传感器使用偏项建模。即对于传感器 $s$,其约束为

$$y_s = s_s + b_s \tag{8.21}$$

式中:$s_s$ 为原始信号值;$b_s$ 为偏项;$y_s$ 为传感器输出。

由如图8.4所示的组件的串并联实现了模型实例化。电路中有5个继电器,每个继电器有两种模式,故而共有 $2^5 = 32$ 种系统模式。

3个负载(直流、交流和风扇)各有一个参数故障,通过各自的电阻参数表示。此外,11个传感器中,每一个都有一个偏差故障,表现为偏置参数的变化。离散故障与5个继电器相关联,每个继电器可以在没有系统命令的

情况下接通/断开，或者无法响应系统的接通/断开的命令。因此对于每个系统模式，可能会出现 19 个潜在故障。

### 8.5.2 结构模型分解

如 8.3 节所述每个传感器定义对应一个子模型。一般来说每个系统级模式可能有一个不同的子模型，但是对于不同的系统级模式来说，这些子模型中的许多可以是相同的，这是因为由于模型的分解，许多状态转换元件的行为动作与给定的子模型分离进而独立。

示例 15：考虑 E281 的子模型，它只有两种模式：一种是电压由 IT281 的测量值决定（EY281 接通），另一种是设置为零（EY281 断开），其模式仅取决于继电器 EY281 的状态。当断开时，子模型由以下约束组成：

$$v_{r,\text{EY260}} = 0$$
$$v_{l,\text{P1}} = v_{r,\text{EY260}}$$
$$v_{r,2,\text{P1}} = v_{l,\text{P1}}$$
$$v_{l,\text{CB280}} = v_{r,2,\text{P1}}$$
$$v_{r,\text{CB280}} = v_{l,\text{CB280}}$$
$$v_{l,\text{EY284}} = v_{r,\text{CB280}}$$
$$s_{\text{E281}} = v_{l,\text{EY284}}$$
$$y_{\text{E281}} = b_{\text{E281}} + s_{\text{E281}}$$

其中：下脚标 1,2 代表连接；P1 代表并联连接。唯一的局部输入是 $b_{\text{E281}}$，正常情况下假设为 0。当接通时，子模型由以下约束组成：

$$s_{\text{E242}} = -b_{\text{E242}} + y_{\text{E242}}$$
$$v_{r,\text{EY260}} = s_{\text{E242}}$$
$$v_{l,\text{P1}} = v_{r,\text{EY260}}$$
$$v_{r,2,\text{P1}} = v_{l,\text{P1}}$$
$$v_{l,\text{CB280}} = v_{r,2,\text{P1}}$$
$$v_{r,\text{CB280}} = v_{l,\text{CB280}}$$
$$v_{l,\text{EY284}} = v_{r,\text{CB280}}$$
$$s_{\text{E281}} = v_{l,\text{EY284}}$$
$$y_{\text{E281}} = b_{\text{E281}} + s_{\text{E281}}$$

局部输入 $b_{\text{E281}}$，假设为 0；$b_{\text{E242}}$，假设为 0；以及 $y_{\text{E242}}$，为 E242 的测量值。

在整个系统中，每个子模型都有 1~4 个模式，这大大简化了所需的诊断推理，因为每一个给定的模式变化只会影响最少数量的子模型。

### 8.5.3 诊断

给定系统的任何模式,可以通过定性故障传播算法从该模式中可能发生的任何故障中得出故障特征。表 8.4 显示了所有继电器处于接通状态时的模式特征。受篇幅限制这里仅显示参数故障正向增加的特征(对于负向,特征符号取反即可)。例如 E265 中的偏置故障会导致 E265 以及 IT240、IT267 和 ST516 的残差产生偏差,因为 E265 的值在这些传感器的子模型中被用作局部输入。相反 AC483 的电阻故障只会使 IT267 的残差产生变化,因为它只出现在 IT267 的子模型中。请注意符号 * 用于表示不确定的效果(即符号随着系统状态的变化而变化)。

表 8.4 继电器全部接通模式下,可能故障的故障特征

| 故障 | $r_{E240}$ | $r_{E242}$ | $r_{E265}$ | $r_{E281}$ | $r_{ISH244A}$ | $r_{ISH236}$ | $r_{IT240}$ | $r_{IT267}$ | $r_{IT281}$ | $r_{ST516}$ | $r_{TE228}$ |
|---|---|---|---|---|---|---|---|---|---|---|---|
| EY244$^{off}$ | 0 0 | − * | 0 0 | 0 0 | −0 | 0 0 | − * | 0 0 | 0 0 | 0 0 | 0 0 |
| EY260$^{off}$ | 0 0 | − * | − * | − * | 0 0 | 0 0 | − * | 0 0 | 0 0 | 0 0 | 0 0 |
| EY272$^{off}$ | 0 0 | 0 0 | 0 0 | 0 0 | 0 0 | 0 0 | 0 0 | − * | 0 0 | 0 0 | 0 0 |
| EY275$^{off}$ | 0 0 | 0 0 | 0 0 | 0 0 | 0 0 | 0 0 | 0 0 | 0 0 | 0 0 | 0− | 0 0 |
| EY281$^{off}$ | 0 0 | 0 0 | 0 0 | 0 0 | 0 0 | 0 0 | − * | 0 0 | − * | 0 0 | 0 0 |
| $R^+_{AC483}$ | 0 0 | 0 0 | 0 0 | 0 0 | 0 0 | 0 0 | 0 0 | −0 | 0 0 | 0 0 | 0 0 |
| $R^+_{DC485}$ | 0 0 | 0 0 | 0 0 | 0 0 | 0 0 | 0 0 | 0 0 | 0 0 | −0 | 0 0 | 0 0 |
| $R^+_{FAN416}$ | 0 0 | 0 0 | 0 0 | 0 0 | 0 0 | 0 0 | 0 0 | 0 0 | −0 | 0− | 0 0 |
| $b^+_{E240}$ | +0 | −0 | 0 0 | 0 0 | 0 0 | 0 0 | 0 0 | 0 0 | 0 0 | 0 0 | 0 0 |
| $b^+_{E242}$ | 0 0 | +0 | −0 | −0 | 0 0 | 0 0 | * 0 | 0 0 | 0 0 | 0 0 | 0 0 |
| $b^+_{E265}$ | 0 0 | 0 0 | +0 | 0 0 | 0 0 | 0 0 | * 0 | * 0 | 0 0 | 0 * | 0 0 |
| $b^+_{E281}$ | 0 0 | 0 0 | 0 0 | +0 | 0 0 | 0 0 | 0 0 | 0 0 | * 0 | 0 0 | 0 0 |
| $b^+_{ESH244A}$ | 0 0 | 0 0 | 0 0 | 0 0 | +0 | 0 0 | 0 0 | 0 0 | 0 0 | 0 0 | 0 0 |
| $b^+_{ISH236}$ | 0 0 | 0 0 | 0 0 | 0 0 | 0 0 | +0 | 0 0 | 0 0 | 0 0 | 0 0 | 0 0 |
| $b^+_{IT240}$ | 0 0 | 0 0 | 0 0 | 0 0 | 0 0 | 0 0 | +0 | 0 0 | 0 0 | 0 0 | 0 0 |
| $b^+_{IT267}$ | 0 0 | 0 0 | 0 0 | 0 0 | 0 0 | 0 0 | * 0 | +0 | 0 0 | 0 0 | 0 0 |
| $b^+_{IT281}$ | 0 0 | 0 0 | 0 0 | 0 0 | 0 0 | 0 0 | 0 0 | −0 | +0 | 0 0 | 0 0 |
| $b^+_{ST516}$ | 0 0 | 0 0 | 0 0 | 0 0 | 0 0 | 0 0 | 0 0 | 0 0 | 0 0 | +0 | 0 0 |
| $b^+_{TE228}$ | 0 0 | 0 0 | 0 0 | 0 0 | 0 0 | 0 0 | 0 0 | 0 0 | 0 0 | 0 0 | +0 |

这里需要注意的是故障隔离结果中可能存在一些模糊性,即系统不是完全可诊断的。例如 DC485 中的电阻阻值的偏差会导致 IT281 的残差发生单一变化。

而无论是 E281、EY281 的偏项信号消失还是传感器中偏置故障均会带来相同的现象。因此如果系统发生电阻故障导致 IT281 的变化被观测到，从这个现象出发会导致故障诊断结果为上述的所有可能故障。由于没有进一步的残差变化观测，故而无法进一步精确故障集。而若设置了一定的进一步残差变化观测的等待时间，将会使得可能的故障被唯一分离从而提高系统的可诊断性[24]。

一般来说，使用结构模型分解产生的局部子模型的残差进行诊断的结果可能并不等同于与使用全局模型残差的诊断结果，如文献［29］所示。因此在实践中应该比较系统的可诊断性以确定使用结构模型分解是否带来了诊断结果的损失。

### 8.5.4 结果

作为说明故障诊断过程的第一个示例，假设初始模式为 11100（这里模式由按字母顺序排列的继电器状态序列确定），即前 3 个继电器 EY244、EY260 和 EY275 接通，此时电压仅加载在交流负载上。故障发生在 120.0s，故障类型为继电器 EY244 无指令断开，在 121.0s，观测到 $y_{E242}$ 和 $y_{ESH242A}$ 的残差减小（见图 8.5）。首先考虑 $y_{E242}$ 的减小，此时可初步诊断为故障集 $\{b^+_{E240},$ $EY260^{off}, EY244^{off}, b^-_{E242}\}$。接下来考虑 $y_{ESH242A}$ 的减少，可以将诊断到的故障集精确到 $\{EY244^{off}\}$，这是真正的故障；只有 EY244 或 ESH244A 中的故障才能引起继电器状态位置传感器的变化，因此根据 E242 的先前信息，可以诊断出真正的故障。在这种情况下，故障诊断时间点附近未发生模式改变，因此推理得以简化。

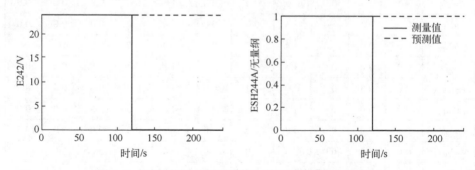

图 8.5　E242 的测量与预测值以及 EY244$^{off}$ 的 ESH244A

作为说明的第二个示例，假设初始模式 11001，即继电器 EY244、EY260 和 EY281 接通，此时电压仅加载在直流负载上。故障发生在 120.0s，故障类型为 E281 的正偏置故障，在 121.0s，检测到 $y_{E281}$ 的残差增加、$y_{IT281}$ 的残差减少（见图 8.6）。首先考虑 $y_{E281}$ 的增加，得到初步诊断故障集 $\{b^+_{E281},$

EY260$^{off}$}。接下来分析 $y_{IT281}$ 的减少,可以将诊断精确到 $\{b_{E281}^+\}$,这是真正的故障。而当连接风扇时,在 121.0s 也同时会产生一个模式改变,然而由于这个模式改变不会改变该故障诊断中需要的子模型的模式,因此它不会影响推理过程,也不会产生新的特征。

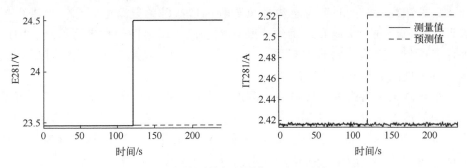

图 8.6　E281 的测量与预测值以及 $b_{E281}^+$ 的 IT281

为了验证方法的准确性,此处进行了一系列的仿真对比实验。初始系统模式、故障和模式改变序列都是随机生成的。对于每个实验,均验证是否在最终诊断集中涵盖了真正的故障且计算了诊断的精确度 $\dfrac{1}{|D|}$,其中 $D$ 是最终诊断集。

在全部的 129 次实验中,97.67% 的情况下准确诊断出故障,算法平均准确率为 69.49%。值得注意的是由于系统并非在所有模式下都完全可诊断,因此算法并不期望可以达到 100% 的准确率,因此在某些情况下由于仅基于定性故障特征故而会存在模糊。在这一小部分未诊断出准确故障的情况中,错误的原因是一些故障检测器对不同残差的误报所致。在这其中的大部分情况里,最初诊断到了真正的故障,然而随后却因为故障检测器给出的错误结果使得特征序列与真实故障的特征不一致从而使已诊断到的真实故障被排除。通过对算法的优化,诊断性能可能得到改善。

比较离散故障和参数故障,当真实故障是离散故障时,96.00% 的情况下会被诊断,平均准确率为 67.67%;当真实故障是参数故障时,98.08% 的情况下会被诊断,平均准确率为 69.93%。因此算法对两种不同故障类型的诊断性能大致相同。

## 8.6　结　　论

本章描述了一种用于混合系统诊断的定性故障隔离方法。它们的核心特点是组合建模的方法和结构模型分解的使用。结构模型分解通过将故障的局部影响最小化到残差的子集,减少了需考虑的模式改变的数量,减少模式改变对推理过程的影响,从而使其在降低混合系统故障诊断问题的复杂性方面发挥了重要作用。

该方法在一个同时考虑了参数故障和离散故障的复杂电力系统上进行了验证,故障得到了快速和正确的诊断。由于仅使用定性信息进行诊断,因此如作者所料,算法有时存在模糊。下一步工作可以继续进行定量故障诊断,从而唯一地隔离诊断出真正的故障。

虽然本书只考虑单个故障并且假设所有模式改变(除故障外)都是可观的,但是该方法可以扩展到处理存在不可观模式改变的多个故障诊断问题。文献 [1,5,19,30] 中介绍了这方面的初步工作。无法被标称行为观测到的即不可观的模式改变会使得残差不为 0,因此其表现为系统出现一个故障。通过分析这些模式改变下的故障特征,本书的框架可以扩展到简单处理这类问题从而诊断识别出这些模式改变。

## 参考文献

[1] Narasimhan, S., &Biswas, G. (2007). Model-based diagnosis of hybrid systems. *IEEE Transactions on Systems, Man, and Cybernetics, Part A: Systems and Humans*, 37 (3), 348-361.

[2] Cocquempot, V., El Mezyani, T., &Staroswiecki, M. (2004). Fault detection and isolation forhybrid systems using structured parity residuals. In *5th Asian Control Conference* (Vol. 2, pp. 1204-1212).

[3] Sundström, C., Frisk, E., & Nielsen, L. (2014). Selecting and utilizing sequential residualgenerators in FDI applied to hybrid vehicles. *IEEE Transactions on Systems, Man, andCybernetics: Systems*, 44 (2), 172-185.

[4] Koutsoukos, X., Kurien, J., & Zhao, F. (2003). Estimation of distributed hybrid systems usingparticlefilteringmethods. In *Hybrid Systems: Computation and Control (HSCC* 2003). *Lecturenotes on computer science* (pp. 298-313). Berlin: Springer.

[5] Hofbaur, M. W., & Williams, B. C. (2004). Hybrid estimation of complex systems. *IEEE Transactions on Systems, Man, and Cybernetics, Part B: Cybernetics*, 34 (5), 2178-2191.

[6] Benazera, E., &Travé-Massuyès, L. (2009). Set-theoretic estimation of hybrid systemconfigurations. *IEEE Transactions on Systems, Man, and Cybernetics, Part B: Cybernetics*, 39, 1277-1291.

[7] Bayoudh, M., Travé-Massuyès, L., & Olive, X. (2008). Coupling continuous and

discrete eventsystem techniques for hybrid system diagnosabilityanalysis. In *18th European Conference onArtificial Intelligence* (pp. 219-223).

[8] Bayoudh, M., Travé-Massuyès, L., & Olive, X. (2009). Diagnosis of a class of non linearhybrid systems by on-line instantiation of parameterized analytical redundancy relations. In *20th International Workshop on Principles ofDiagnosis* (pp. 283-289).

[9] Mosterman, P. J., &Biswas, G. (1999). Diagnosis of continuous valued systems in transientoperating regions. *IEEE Transactions on Systems, Man, and Cybernetics, Part A: Systems andHumans*, 29 (6), 554-565.

[10] Daigle, M. J., Koutsoukos, X., &Biswas, G. (2009). A qualitative event-based approachto continuous systems diagnosis. *IEEE Transactions on Control Systems Technology*, 17 (4), 780-793.

[11] Narasimhan, S., &Brownston, L. (2007). HyDE: A general framework for stochastic andhybrid model-based diagnosis. In *Proceedings of the 18th International Workshop on Principlesof Diagnosis* (pp. 186-193).

[12] Trave-Massuyes, L., & Pons, R. (1997). Causal ordering for multiple mode systems. In *Proceedings of the Eleventh International Workshop on Qualitative Reasoning* (pp. 203-214).

[13] Roychoudhury, I., Daigle, M., Bregon, A., &Pulido, B. (2013). A structural model decompositionframework for systems health management. In *Proceedings of the 2013 IEEE AerospaceConference*.

[14] Daigle, M., Bregon, A., &Roychoudhury, I. (2015). A structural model decompositionframework for hybrid systems diagnosis. In *Proceedings of the 26th International Workshopon Principles of Diagnosis*, Paris, France.

[15] Bregon, A., Daigle, M., &Roychoudhury, I. (2016). Qualitative fault isolation of hybridsystems: A structural model decomposition-based approach. In *Third European Conferenceof the PHM Society* 2016.

[16] Daigle, M., Bregon, A., &Roychoudhury, I. (2016). A qualitative fault isolation approach forparametric and discrete faults using structural model decomposition. In *Annual Conference ofthe Prognostics and HealthManagement Society* 2016 (pp. 413-425).

[17] Alonso, N. M., Bregon, A., Alonso-González, C. J., &Pulido, B. (2013). A common framework for fault diagnosis of parametric and discrete faults using possible conflicts. In *Advances in artificial intelligence* (pp. 239-249). Berlin: Springer.

[18] Bregon, A., Narasimhan, S., Roychoudhury, I., Daigle, M., &Pulido, B. (2013). An efficientmodel-based diagnosis engine for hybrid systems using structural model decomposition. In *Proceedings of the Annual Conference of thePrognostics and Health Management Society*, 2013.

[19] Daigle, M. (2008). *A Qualitative Event-Based Approach to Fault Diagnosis of Hybrid Systems*. PhD thesis, Vanderbilt University.

[20] Daigle, M., Koutsoukos, X., &Biswas, G. (2010). An event-based approach to integratedparametric and discrete fault diagnosis in hybrid systems. *Transactions of the Institute ofMeasurement and Control*, 32 (5), 487-510.

[21] Poll, S., Patterson-Hine, A., Camisa, J., Garcia, D., Hall, D., Lee, C., et al. (2007). Advanceddiagnostics and prognostics testbed. In *Proceedings of the 18th International Workshop onPrinciples of Diagnosis* (pp. 178-185).

[22] Henzinger, T. A. (2000). *The theory of hybrid automata*. Berlin: Springer.

[23] Mosterman, P. J., &Biswas, G. (2000). A comprehensive methodology for building hybridmodels of physical systems. *Artificial Intelligence*, 121 (1-2), 171-209.

[24] Daigle, M., Roychoudhury, I., &Bregon A. (2015). Qualitative event-based diagnosis appliedto a spacecraft electrical power distribution system. *Control Engineering Practice*, 38, 75-91.

[25] Daigle, M., Roychoudhury, I., &Bregon, A. (2014). Qualitative event-based fault isolationunder uncertain observations. In *Annual Conference of the Prognostics and Health ManagementSociety 2014* (pp. 347-355).

[26] Kurtoglu, T., Narasimhan, S., Poll, S., Garcia, D., Kuhn, L., de Kleer, J., et al. (2009). Firstinternational diagnosis competition - DXC'09. In *Proceedings of 20th International Workshopon Principles of Diagnosis* (pp. 383-396).

[27] Poll, S., de Kleer, J., Abreau, R., Daigle, M., Feldman, A., Garcia, D., et al. (2011). Thirdinternational diagnostics competition - DXC'11. In *Proceedings of the 22nd InternationalWorkshop on Principles of Diagnosis* (pp. 267-278).

[28] Sweet, A., Feldman, A., Narasimhan, S., Daigle, M., & Poll, S. (2013). Fourth internationaldiagnostic competition- DXC'13. In *Proceedings of the 24th International Workshop onPrinciples of Diagnosis* (pp. 224-229).

[29] Bregon, A., Biswas, G., Pulido, B., Alonso-González, C., &Khorasgani, H. (2014). A commonframework for compilation techniques applied to diagnosis of linear dynamic systems. *IEEE Transactions on Systems, Man, and Cybernetics: Systems*, 44 (7), 863-876.

[30] Daigle, M., Bregon, A., Koutsoukos, X., Biswas, G., &Pulido, B. (2016). A qualitativeevent-based approach to multiple fault diagnosis in continuous systems using structural modeldecomposition. *Engineering Applications of Artificial Intelligence*, 53, 190-206.

# 第 9 章
# 基于混杂粒子 Petri 网的混杂系统诊断——在星球探测车上的理论和应用

## 9.1 引　言

由于现实系统变得如此复杂，就使得人们不太可能从整体上去捕捉和解释它们的行为，特别是当系统处于故障状态下。系统健康管理（system health management，SHM）或系统预测健康管理（prognostics and health management，PHM）的目标是开发能够支持维护和修复系统任务的工具，以减少执行一些无效任务或修复任务而产生的费用，同时通过工具还可以完成重新计划与建构系统以进一步优化系统的任务[37]。所以需要一种能够在任何时候监测系统状态的技术，用于诊断和预测系统的健康状态。诊断方法用于监测系统当前的状态，并用观察推理的方法甄别出导致故障发生的原因。监测方法主要用于预测系统的未来健康状态与引起当前故障状态发生的时间。Henzinger[18]定义混杂系统如下：

**定义 9.1（混杂系统）**　混杂系统是指既包含离散动态特性，又包含连续动态特性的系统。

传感器的数据与命令被认定为是系统连续特性或离散特性的观察者。混杂系统通常被描述为多模态系统，这个系统由一个潜在的离散事件系统（discrete-event system，DES）和多样的潜在连续动态系统组成，离散事件系统用来描述模式变化，连续动态系统用来描述各模式之间的联系[3]。

**定义 9.2（离散状态，连续状态）** 系统离散状态是指离散事件系统当前所处的离散状态。系统连续状态的演变取决于和当前系统模式相关联的连续动态特性。

在众多的工业系统中，如果系统的退化不能被观察到，那么故障很可能就会发生，退化的程度取决于系统当前健康状态所承担的应力水平，当然在很多情况下，也取决于当前的连续状态和系统中发生的事件的分析[16]。由于系统退化属性对于系统预测健康管理（PHM）的重要性，所以从系统的离散状态和连续状态中独立评估系统的退化。

**定义 9.3（退化状态）** 系统退化状态表示当前系统退化的值，该值用来描述系统的退化动态特性。

本书把多模式系统扩展描述为每个模式之间潜在的退化动态特性之间的关联。

**定义 9.4（模式、事件、状态）** 模式是指离散事件系统离散状态的连续动态特性和退化动态特性的组合，模式的变化与离散事件的发生是关联的。混杂系统的状态是指系统的离散特性、连续特性和退化特性的组合。

首先介绍混杂粒子 Petri 网（hybrid particle petri nets，HPPN）的结构。Gaudel 等[15]提出了用 HPPN 对一个不确定的混杂系统进行建模，并生成一个诊断器用于跟踪系统当前的健康状态，该方法利用系统的退化信息，在准确诊断和执行预测方面具有明显的优势。该方法在文献［16］中三容水箱仿真系统中得到测试。

本章详细介绍了文献［16］中提出的基于 HPPN 的健康监测方法，并且证明该方法有效提高了计算性能。该方法在新领域中重新得到应用，一些新概念也进一步被明确，比如离散事件的定义、模式分值的计算、监测过程参数的选择等。本章还公开了在 K11 行星漫游车原型上实现的健康监测方法的结果。K11 是 NASA 研究中心为了实现监测与预测目标而测试开发的[1,7,9,37]，提出了基于健康演化离散化的行星漫游车混杂模型，试验结果说明该方法对真实系统数据与约束的鲁棒性。

本章的结构如下：9.2 节介绍了混杂系统诊断方面的相关工作；9.3 节回顾并深化了基于混杂系统建模和在 HPPN 框架中生成诊断器的健康监测方法；9.6 节重点介绍了该方法在 K11 行星漫游车上的应用，提供了 K11 的混杂模型，并

第9章 基于混杂粒子 Petri 网的混杂系统诊断——在星球探测车上的理论和应用

给出了试验结果和性能指标；最后一节说明了研究结论和下一步的工作。

## 9.2 相关研究

混杂系统在建模、验证、控制和监测等领域是非常重要的课题。

一些模型最初纯粹是连续的，随着事件的集成而得到扩展[30]，类似离散事件模型被扩展到连续的方面，比如连续 Petri 网（continuous petri nets, CPN）[10]和混杂 Petri 网（hybrid petri nets, HPN）[12,44]，引入了一种新的带合理标识的库所（连续库所）。最后通过离散事件模型和连续模型的组合建立了一些其他混杂模型，如混杂自动机[3,19]和粒子 Petri 网[27]等，这些模型已经被广泛扩展应用到监测混杂系统。

Zhao 等[45]提出了基于时延 Petri 网与模式估计的方法。实践证明，Petri 网比并行自动机有明显的计算优势，按照顺序进行故障检测和评估，没有考虑离散事件的不确定性。Bayoudh 等[5]用混杂自动机进行系统建模，混杂系统被描述为多模式系统，每个模式关联一个连续动态特性，他们用连续模型的解析冗余关系和等价空间法，生成一个离散事件系统的诊断器，该诊断器用于识别和每个运行模式相关联的显著特征。Hortond 等[20]介绍了流体随机 Petri 网。流体随机 Petri 网的弧采用流体流限制令牌包，并创建了连续标识，但是连续动态特性受速度限制，并不适合表现任何混杂系统。Lesire 和 Tessier[27]在由 Petri 扩展而来被称为粒子 Petri 网（particle petri nets, PPN）中将离散事件模型（Petri 网）和连续模型（动态方程）结合在一起，他们提供了对粒子集中连续空间的合理标识的分配方法。离散位置的令牌和粒子被用来监测可能触发的监控机制，用粒子滤波器来处理与系统相关的不确定性和离散连续观测，最初的想法是任务监测而不是健康监测。

在扩展粒子 Petri 网 PPN 的基础上，提出了改进粒子 Petri 网（modified particle petri nets, MPPN）[46]，MPPN 的主要优点是它们建议使用与同时处理配置和粒子值的条件相关的转换。该应用程序主要面向任务监测而不是健康监测，没有考虑系统的不同健康状况。而且该模型与文献中定义的诊断对象不对应，模型中的歧义问题也没有得到解决。文献[34]介绍了诊断器方法。诊断器是一个基本的监测者，它可以处理系统中发生的可观察到的事件。

诊断程序基本上是一个监视器，它能够处理系统中发生的任何可能的可观察事件。它包括记录这些观测结果并提供一组可能的故障，这些故障的发生与观测结果一致。但是，这种方法仅限于 DES，不能管理不确定性。其他一些方法将诊断器扩展到由 Petri 网建模的 DES，但是这些方法都没有考虑到连续性方面，也没有考虑系统中的不确定性。在文献［36］中，提出了一种通过处理离散事件框架中的部分可观测性来定位间歇性故障的方法。该方法基于 Petri 网，模拟系统可观察行为的正常功能，基于诊断方法的定位机制指出了可能导致故障的一组事件。

一些研究特别关注系统的诊断，目的是将其用于预后目的，这些方法考虑监控系统的退化，这被称为高级诊断。

文献［41］中诊断方法使用扩展卡尔曼滤波器和交互式多模型（interactive multiple-model，IMM）算法来监控系统的行为及其退化，以获得更好的系统状态估计作为预测过程的起点。然而，这种方法仅限于连续系统。Chanthery 和 Ribot[6]建议通过将混杂系统的每种模式与退化动态特性联系起来，扩展文献［3］中提出的诊断方法。然而，动态特性仅限于估计预期故障发生概率的退化规律，该方法不考虑连续部分和离散部分的系统模型和观测结果的不确定性。

文献［43］中使用混合键合图（hybrid bond graph，HBG）动态执行故障隔离，该方法建议对每个模式使用故障特征矩阵，并引入一个延迟，允许每个故障在剩余时间上表现其症状（尤其是唯一可检测到的具有连续信号的故障），但是该方法没有明确给出等待的时间。在监测这些新故障的演变的同时，每个组件的劣化取决于当前的操作模式并且通过混杂差分演化算法来估计。

本书着重介绍了健康监测方法在受真实系统固有不确定性影响的 K11 型行星漫游车上的应用。

对于连续系统的状态评估的不确定性已经得到了广泛的研究。关于混杂系统 Koutsoukos 等在文献［24］中使用粒子过滤技术来评估被建模为混杂自动机的混杂系统的状态，该技术不考虑与离散事件相关的不确定性，也不考虑系统的退化。文献［32］提出了一种结合粒子过滤器的基于一致性的方法。考虑到噪声和不确定性，但只解决离散故障。Biswas 等[4]和 Wang 等[42]两者都提出了一种不确定混杂非线性系统的鲁棒状态评估与故障诊断方法。其中离散动力学具有未知的过渡函数，但是他们只考虑离散故障。Ru 和 Hadjicostis[33]使用部分观察到的 Petri 网，将其转换成一个等效的标记 Petri 网，并建立一个在线监视器来诊断故障并提供有关故障发生的置信度。然而这种方法是有限的，因为它只考虑诊断结果的不确定性，而不是模型或事件观察。Basil 等[2]建议通过引入广义标记（负标记）来减少状态空间的爆炸，以考虑到转换触发的不确定性。Jianxing 等使用了随机 Petri 网，文献［21］为集成模块化航空电子架构的每个组件建立正常模型。但是对于所有这些方法，模型中没有考虑到连续的方面。

## 第9章 基于混杂粒子 Petri 网的混杂系统诊断——在星球探测车上的理论和应用

在之前的工作中,健康监测和诊断被应用于 K11 行星漫游车。在文献[29]中,应用了两种诊断算法:定性事件诊断(qualitative event-based diagnosis, QED)[8]和混杂诊断引擎(hybrid diagnosis engine, HyDE)[31]。QED 根据代表传感器信号相对于模型预测值的定性偏差的符号进行推理与诊断。通过使用观测器来估计当前系统状态来处理传感器和过程噪声,但是不考虑诊断计算符号的不确定性,并且所有诊断假设被视为具有同等可能性。HyDE 是一种基于一致性的诊断引擎,它使用混杂随机模型与推理,推理是通过假设从系统的过渡和行为模型推断出的替代系统轨迹,并考虑先验故障概率和模式过渡概率。两种诊断算法都被用于模拟诊断寄生负载、电动机摩擦和电压传感器故障。在文献[37]中,QED 在现实场景中诊断出寄生负载故障和电压传感器故障。

## 9.3 混杂系统健康监测方法

本节详细介绍了文献[16]中提出的对混杂系统进行基于模型的健康监测的方法。当一个或多个预期故障发生时,有必要对系统动态变化进行建模。

**定义 9.5(健康模式)** 健康模式是混杂系统模式(具有连续动态和退化动态的离散状态),代表不同的健康状况。

**定义 9.6(标称模式)** 只要系统没有遇到任何故障,它就处于标称模式。

**定义 9.7(退化模式)** 跟踪的故障假定为永久性故障,即一旦发生故障,系统将从标称模式移动到退化模式或故障模式。

**定义 9.8(故障模式)** 在不进行维修的情况下,系统以故障模式结束,在此模式下,系统不再运行。

健康模式集是标称模式、退化模式和故障模式的超集。

健康监测方法概述如图 9.1 所示,并通过算法 1 进行描述。在 HPPN 框架中定义了 3 个不同的对象:混杂系统模型 $HPPN_\Phi$、基于 HPPN 的诊断模型 $HPPN_\Delta$,基于 HPPN 的预测模型 $HPPN_\Pi$。请注意本章未详细说明预测目的的预测对象生成。

第一个离线步骤是使用 HPPN 框架对混杂系统(第 1 行)进行建模,如 9.4 节所述。系统模型 $HPPN_\Phi$ 可以从系统的多模式描述或直接从专家知识中构建。第二个离线步骤(第 2 行)是根据 9.5.2 节中描述的系统模型 $HPPN_\Phi$ 生成基于 HPPN 的诊断模型 $HPPN_\Delta$。然后,在线诊断程序流程(第 3~6 行)使用系统连续观测值 $O_k$(输入和输出)更新诊断程序结果并计算诊断值 $\Delta_k$(参见 9.5 节)。

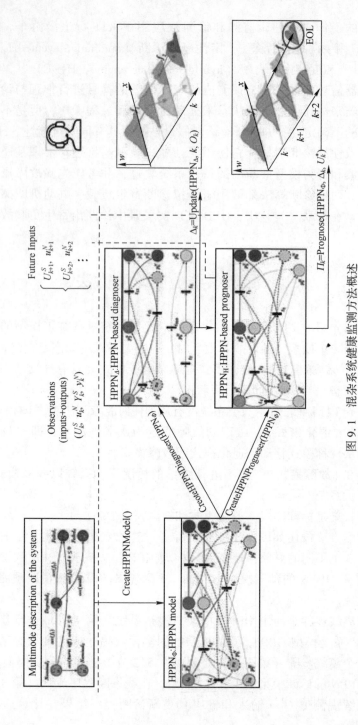

图 9.1 混杂系统健康监测方法概述

# 第 9 章 基于混杂粒子 Petri 网的混杂系统诊断——在星球探测车上的理论和应用

**算法 1：基于 HPPN 的监测方法**

1：$HPPN_\Phi \leftarrow CreateHPPNModel(\ )$
2：$HPPN_\Delta \leftarrow GenerateHPPNDiagnoser(HPPN_\Phi)$
3：for all $k$ do
4：$O_k \leftarrow (U_k^S, u_k^N, Y_k^S, y_k^N)$
5：$\Delta_k \leftarrow Update(HPPN_\Delta, k, O_k)$
6：end for

**例 9.1** 在整个 9.3 节，图 9.2 中描述的移动机器人示例用于说明定义和概念。

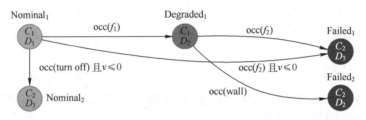

图 9.2 移动机器人描述

系统采用有向图描述，其中节点代表健康模式，弧代表模式变化。可以用观测值观察或估计的变量用粗体表示。

机器人的任务是在不遇到障碍物或故障的情况下移动，直到它到达特定的区域并被关闭。初始模式为 Nomonal$_1$，机器人没有退化并正在非敌对区移动。它的速度 $v$ 可以用连续动力学 $C_1$ 和连续观测来估计，并且是正值。预测出两个故障，利用退化动态值 $D_1$ 将机器人退化估计为故障发生概率，其中概率随时间增加而增加。

当开关命令（离散的和可观察的）turn off 发生时，机器人停止，其速度降至 0。机器人进入 Nomonal$_2$ 模式，其电动机关闭，其速度下降为 0（连续动态 $C_2$）。由于机器人处于关闭状态，故障发生概率随退化动态 $D_3$ 而停滞。

故障 $f_2$ 表示机器人电动机断开。它的出现导致系统进入故障模式 Failed$_1$。故障 $f_2$ 的发生意味着机器人停止，其速度下降到 0。机器人电动机一旦连接不上，机器人就具有相同的连续和退化动态特征（$C_2$ 和 $D_3$），就好像它被关闭了一样。

故障 $f_1$ 表示机器人进入一个敌对区域，由于环境条件的影响，该区域的退化速度更快。机器人仍以相同的速度运动（$C_1$），Degraded$_1$ 中的客观条件意味着 $f_2$ 发生的概率比 Nomonal$_1$ 显著增加，这种状态被定义为退化动态 $D_2$。

从模式 Degraded$_1$ 中，当 $f_2$ 发生时机器人仍然能够进入 Failed$_1$ 模式，但在这种情况下它与速度的任何条件都不匹配（查看 Degraded$_1$ 和 Failed$_1$ 之间的弧线），实际上在敌对区域中的速度估计被认为不如在非敌对区域中那么准确。

最后，敌对区域包含障碍物，机器人如果遇到一堵墙，它可以阻止机器人，但不会让电动机停止。在这种情况下，任务失败，机器人进入故障模式 Failed$_2$。此事件墙不可预测（不以概率估计），但可通过环境开关传感器观察到。即使任务受到影响，机器人不再移动（$C_2$），其电动机仍在运行，因此退化规律保持不变（$D_2$）。

## 9.4 混杂系统建模

本书建议使用文献 [15] 中介绍的混杂粒子 Petri 网（HPPN）框架对系统进行建模。

### 9.4.1 混杂粒子 Petri 网

HPPN 是 Petri 网的一个扩展。在解释每个符号之前，定义 9.9 给出了混杂粒子 Petri 网的完整结构。

**定义 9.9** HPPN 被定义为一个 11 元组 $\langle P, T, A, \mathscr{A}, E, X, D, \mathscr{C}, \mathscr{D}, \Omega, \mathbb{M}_0 \rangle$，它描述了离散演化（带有符号库所）、连续演化（带有数值库所）和退化演化（带有退化库所）以及它们之间的关系：

- $P$ 是一组库所，分为数值库所 $P^N$、符号库所 $P^S$、退化库所 $P^D$，$P = P^N \cup P^S \cup P^D$；
- $T$ 是一组变迁集；
- $A \subseteq P \times T \times P$ 是弧的集合；
- $\mathscr{A}$ 表示弧注释集；
- $E$ 是事件标签集；
- $X \subseteq \mathbb{R}^{n_N}$ 是连续状态向量的状态空间，其中 $n_N \in \mathbb{N}_+$ 表示连续状态变量的数量；
- $D \subseteq \mathbb{R}^{n_D}$ 是退化状态向量的状态空间，其中 $n_D \in \mathbb{N}_+$ 表示退化状态变量的数量；
- $\mathscr{C}$ 是一组与数值库所相关联的动态方程组；
- $\mathscr{D}$ 是一组与退化库所相关联的动态方程组；
- $\Omega$ 是与变迁相关联的条件集；
- $\mathbb{M}_0$ 是 Petri 网的初始标记。

图 9.3 描述了一个简单的 HPPN 示例。符号库所用细绿色圆圈表示，数

值库所用蓝色圆圈表示，退化库所用深灰色圆圈表示，变迁用黑线表示，连接变迁和符号库所的弧（数值库所和退化库所）用普通箭头表示（虚线和点画线箭头）。

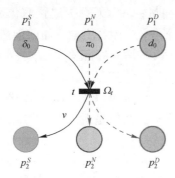

图 9.3  $k=0$ 时刻时简单 HPPN 示例（见彩插）

事件标签集合 $E$ 是可观察事件标签 $E_O$ 和不可观察事件标签 $E_{UO}$ 的并集，即 $E=E_O\cup E_{UO}$。例如，系统模型中的一个预期故障由一个不可观察的事件 $f\in E_{UO}\subset E$ 表示。事件 $e=(v,k)$，其中 $v\in E$ 是事件标签（或类型），$k\in \mathbb{R}$ 表示事件 $e$ 发生的时间，例如 $(z,4)$ 表示事件 $z$ 发生的时间为 4，对于事件 $(v,k)$，如果在所有时间 $k$ 内事件 $(v,k)$ 都无法观察，则 $v$ 就不属于系统中的离散可观察集。

HPPN 的库所用携带不同类型信息的令牌标记。

符号库所 $P^S$ 模拟系统的离散状态，并用符号标记进行标记，这个标记称为配置。时间 $k$ 处的配置集用 $M_k^S$ 表示，HPPN 中的每个配置都包含时间 $k$ 内系统中发生的事件的跟踪。配置 $\delta_k\in M_k^S$ 是时间 $k$ 的令牌，其值是直到时间 $k$ 为止系统发生的一组事件 $b_k$：$b_k=\{(v,\kappa)\|\kappa\leqslant k\}$。

数值库所 $P^N$ 代表系统的连续动力学和相关的不确定性。每个数值库所 $p^N\in P^N$ 与一组动态方程 $C_{p^N}\in \mathscr{C}$ 相关联，该方程对系统的连续动态及其相应的模型噪声和测量噪声进行建模。

$$C_{p^N}=\begin{cases}x_{k+1}=f(x_k,u_k)+v(x_k,u_k)\\y_k=h(x_k,u_k)+w(x_k,u_k)\end{cases} \quad (9.1)$$

式中：$x_k\in X$ 为连续动态向量；$u_k\in \mathbb{R}^{n_u}$ 为 $n_u$ 连续变量输入的向量；$f$ 为无噪声连续演化函数；$v$ 为噪声函数；$y_k\in \mathbb{R}^{n_y}$ 为 $n_y$ 连续输出变量的向量；$h$ 为无噪声输出函数；$w$ 为与观测相关的噪声函数。函数 $f$、$v$、$h$ 和 $w$ 取决于相关的库所 $P^N$。数值库所由被称为粒子的数字令牌标记。时间 $k$ 处的一组粒子用 $M_k^N$ 表示。更准确来说，粒子 $\pi_k\in M_k^N$ 是一个令牌，表示系统在 $k$ 时间内可能的连续状态 $x_k\in X$。

退化库所 $p^D$ 描述系统的退化动态和相关的不确定性。每个退化库所 $p^D \in P^D$ 与一组方程式 $D_{p^D} \in \mathscr{D}$ 相关，该方程模拟系统的退化动态：

$$D_{p^D} = \{d_{k+1} = g(d_k, b_k, x_k, u_k) + z(d_k, b_k, x_k, u_k)\} \tag{9.2}$$

式中：$d_k \in D$ 为退化状态向量；$g$ 为无噪声退化演化函数；$z$ 为噪声函数。函数 $g$ 和 $z$ 取决于相关的库所 $P^D$。必须注意，如前面所述，连续和退化库所之间的区别在于，系统退化状态是连续状态和在时间 $k$ 处发生的事件集 $b_k$ 的函数。

退化库所用退化令牌标记，时间 $k$ 处的退化令牌用 $M_k^D$ 表示，退化令牌 $d_k \in M_k^D$ 将配置 $\delta_k$ 链接到粒子 $\pi_k$，其值是系统在时间 $k$ 时可能的退化状态 $d_k \in D$。

HPPN 中的库所 $P$ 为

$$P = P^N \cup P^S \cup P^D = \{p_1^S, \cdots, p_s^S\} \cup \{p_1^N, \cdots, p_n^N\} \cup \{p_1^D, \cdots, p_d^D\} \tag{9.3}$$

式中：$s$、$n$ 和 $d$ 分别是符号、数值和退化库所的数量。例如在图9.3中，$P = \{p_1^S, p_2^S, p_1^N, p_2^N, p_1^D, p_2^D\}$。

用 $M_k$ 表示时间 $k$ 时 HPPN 的令牌集：

$$M_k = M_k^S \cup M_k^N \cup M_k^D \tag{9.4}$$

式中：$M_k^S$，$M_k^N$ 和 $M_k^D$ 分别表示时间 $k$ 时配置、粒子和退化令牌。以图9.3为例，$M_0 = \{\delta_0, \pi_0, d_0\}$。

HPPN 中的标记 $\mathbb{M}_k$ 表示在时间 $k$ 时在不同库所中的令牌分布。

$$\mathbb{M} = \mathbb{M}_k^S \cup \mathbb{M}_k^N \cup \mathbb{M}_k^D \tag{9.5}$$

式中：$\mathbb{M}_k^S \in (2^{M_k^S})^s$，$\mathbb{M}_k^N \in (2^{M_k^N})^n$ 和 $\mathbb{M}_k^D \in (2^{M_k^D})^h$ 分别表示时间 $k$ 时的符号标记、数值标记和退化标记。如图9.3描述的：

$$\mathbb{M}_0^S = [[\delta_0] \emptyset]$$
$$\mathbb{M}_0^N = [[\pi_0] \emptyset]$$
$$\mathbb{M}_0^D = [[d_0] \emptyset]$$

初始标记 $\mathbb{M}_0$ 表示系统的初始条件（初始的连续状态和退化状态，以及在时间0时发生的一组事件）。

**定义9.10（假设）** 关于系统的假设包含了关于时间 $k$ 的系统状态以及在时间 $k$ 之前系统上发生的事件的所有知识。在 $k$ 时刻，hypothesis $\{\delta_k, \pi_k^1, \cdots, \pi_k^{n_k}, \cdots, d_k^1, \cdots d_k^{n_k}\}$，由配置 $\delta_k$，一组粒子 $\{\pi_k^i \| i \in \{1, 2, \cdots, n_k\}\}$ 和一组退化令牌 $\{d_k^i \| i \in \{1, 2, \cdots, n_k\}\}$ 组成，其中每个退化令牌 $d_k^i$ 将粒子 $\pi_k^i$ 链接到配置 $\delta_k$。

比如，事件集为 $b_0$，并且连续状态 $x_0$ 和退化状态 $d_0$ 是精确已知的，初始令牌集 $M_0 = \{\delta_0, \pi_0, d_0\}$，其中 $d_0$ 链接到 $\delta_0$ 和 $\pi_0$，是唯一的假设。时间 $k$ 时的假设可能包含几个粒子和退化令牌，以表示关于连续和退化状态的不精确知识。例如 $\{\delta_k^1, \pi_k^1, \cdots, \pi_k^{n_k}, d_k^1, \cdots, d_k^{n_k}\}$，其中 $n_k \in \mathbb{N}_+$ 用来描述连续状态的粒子

# 第9章 基于混杂粒子 Petri 网的混杂系统诊断——在星球探测车上的理论和应用

数,其中第 $n_k$ 退化令牌将 $n_k$ 粒子链接到配置 $\delta_k^1$。粒子数 $n_k$ 和退化令牌代表 $k$ 时刻的假设精度。

**定义 9.11(粒子簇)** 用 $n_k$ 退化令牌链接到相同配置的一组 $n_k$ 粒子称为粒子簇。

在图 9.4 中,$d^1$ 和 $d^2$ 连接 $\pi^1$ 和 $\pi^2$ 到 $\delta^1$,$d^3$ 和 $d^4$ 连接 $\pi^3$ 和 $\pi^4$ 到 $\delta^2$,两个假设分别表示为 $\{\delta^1, \pi^1, \pi^2, d^1, d^2\}$ 和 $\{\delta^2, \pi^3, \pi^4, d^3, d^4\}$ 有两个粒子簇 $\{\pi^1, \pi^2\}$ 和 $\{\pi^3, \pi^4\}$。在时间 $k$ 时,粒子簇集合定义了 HPPN 的粒子集 $M_k^N$ 的划分。

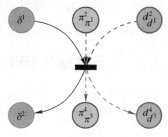

图 9.4 粒子簇描述(见彩插)

## 9.4.2 示例

移动机器人的 HPPN 模型如图 9.5 所示。符号库所、数值库所和退化库所分别用正常厚度、中等厚度和较大厚度的库所表示。连接变迁与符号库所(数值库所和退化库所)的弧用实线箭头(虚线和点画线箭头)表示。

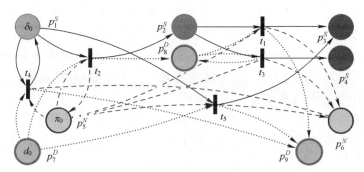

图 9.5 移动机器人的 HPPN 模型

混杂系统的健康模式(标称模式、退化模式和故障模式)由离散状态、连续动态和退化动态的组合表示。变迁模型是健康模式的变数,因此任何变迁在其输入库所和输出库所集中都有 3 个库所(每种类型一个)。两个变迁不能同时具有相同的输入库所集和输出库所集。

将机器人的 5 种健康模式分解为 4 个符号库所、两个数值库所和 3 个退化库所。从机器人描述中识别出 4 种离散的健康状态(图 9.2)。一个标称状态、一个退化状态和两个不同的故障状态分别用 $p_1^S$,$p_2^S$,$p_3^S$ 和 $p_4^S$ 表示,两个数值库所 $p_5^N$ 和 $p_6^N$ 分别表示连续动态 $C_1$ 和 $C_2$。3 个退化库所 $p_7^D$,$p_8^D$ 和 $p_9^D$ 分别表示退化动态 $D_1$,$D_2$ 和 $D_3$。5 个变迁表示健康状态的变化,例如,变迁 $t_4$ 表示 Nominal$_1$ 模式向 Nominal$_2$ 模式的变化,因此,$°t_4 = \{p_1^S, p_5^N, p_7^D\}$,$t_4° = \{p_1^S, p_6^N, p_9^D\}$。

Nominal$_1$ 为初始模式,所以令牌 $\delta_0$,$\pi_0$ 和 $d_0$ 分别在 $p_1^S$,$p_5^N$ 和 $p_7^D$ 里。当时

间 $k=0$ 时,什么事件都没发生,此时 $b_0=\{\}$,唯一可估计的状态是速度,$x_0=[v_0]^T$ 并且 $v_0>0$,因为速度最初是正的。初始时发生故障的概率 $\rho_0^{f_1}$ 和 $\rho_0^{f_2}$ 是非常低的。的确当 $d_0=[\rho_0^{f_1},\rho_0^{f_2}]^T$,其中 $\rho_0^{f_1}=0.01$,$\rho_0^{f_2}=0.05$。

### 9.4.3 用于诊断的 HPPN 标记演化规则

根据模型仿真、诊断或预测用途的不同,HPPN 中的触发规则可能有所不同。这里提出的变迁触发语义仅用于诊断目的。

考虑以下假设,变迁的输入库所集由任何类型的至少一个库所和每种类型的最多一个库所组成。变迁的输出库所集至少由包含在其输入库所集中的每种类型的多个库所组成。

用 $°t$(反之 $t°$)表示输入库所(输出库所)集。变迁的触发 $t \in T$ 取决于它的关联条件集 $\Omega_t \in \Omega$,条件集 $\Omega_t$ 中包含的条件与 $°t$ 中的输入库所数量相同。

$$\forall t \in T, \ |\Omega_t|=|°t| \tag{9.6}$$

例如,如果 $t$ 在 $°t$ 中有每种类型的库所,它的条件集为 $\Omega_t=\langle \omega_t^S, \omega_t^N, \omega_t^D \rangle$。条件 $\omega: M_k \to \mathbb{B}$,其中 $\mathbb{B}=\{\top,\bot\}$(逻辑值集合"TRUE"和"FALSE"),可以是对令牌值的测试,永远满足(⊤)或永远不满足(⊥)。

一个符号条件 $\omega_t^S$ 可以为 ⊤ 或 ⊥,或者它可以测试事件的发生 $v \in E$(故障、任务事件、与环境的交互等)。在这种情况下,条件 $\omega_t^S(\delta_k)=\mathrm{occ}(b_k,v)$ 测试配置 $\delta_k$ 的事件集 $b_k$ 中是否含有事件 $(v,k)$。

数值条件 $\omega_t^N$(退化条件 $\omega_t^D$)是 ⊤ 或 ⊥,或者是测试对系统连续状态(退化状态)的约束。在这种情况下,条件 $\omega_t^N(\pi_k)=c(x_k)$ 测试粒子 $\pi_k$ 的连续状态向量 $x_k$ 的值。

**例 9.2** 对于图 9.5 所示的移动机器人示例,条件 $\Omega(t_4)(\delta_k,\pi_k,d_k)=\mathrm{occ}(b_k,\mathrm{turn\ off}) \wedge (x_k^0 \leq 0)$ 测试标记为"turn off"的事件是否在时间 $k$ 发生,以及 $v_k$ 是否为 0。假设故障发生的概率大于预先设定的阈值 0.9。因此,与变迁 $t_2$ 相关的条件是 $\Omega(t_2)(\delta_k,\pi_k,d_k)=\mathrm{occ}(b_k,f_1) \vee (d_k^0>0.9)$。同样的道理,可以得出 $\Omega(t_1)(\delta_k,\pi_k,d_k)=\mathrm{occ}(b_k,f_2) \vee (d_k^1>0.9)$,$\Omega(t_3)(\delta_k,\pi_k,d_k)=\mathrm{occ}(b_k,f_2) \wedge (x_k^0 \leq 0) \vee (d_k^1>0.9)$ 和 $\Omega(t_5)(\delta_k,\pi_k,d_k)=\mathrm{occ}(b_k,\mathrm{wall})$。

图 9.6 描述了在 $k$ 时刻变迁 $t$ 的触发。如果令牌满足其类型的条件,则条件 $\Omega_t$ 在时间 $k$ 时接受它。用 $M_k(p)$ 表示 $k$ 时刻库所 $p \in P$ 里的令牌集。$\mathscr{S}_k^t$ 是变迁 $t$ 的输入库所中的令牌集,在时间 $k$ 时被变迁 $t$ 接受。

$$\begin{cases} \mathscr{S}_k^t=\{\delta_k \in M_k(p^S) \mid \omega_t^S(\delta_k)=\top\} \cup \\ \quad \{\pi_k \in M_k(p^N) \mid \omega_t^N(\pi_k)=\top\} \cup \\ \quad \{d_k \in M_k(p^D) \mid \omega_t^D(d_k)=\top\} \end{cases} \tag{9.7}$$

# 第9章 基于混杂粒子 Petri 网的混杂系统诊断——在星球探测车上的理论和应用

其中:$(p^S, p^N, p^D) \in (P^S \cap {}^\circ t) \times (P^N \cap {}^\circ t) \times (P^D \cap {}^\circ t)$,$\omega_t^S \in \Omega_t$,$\omega_t^N \in \Omega_t$,$\omega_t^D \in \Omega_t$。

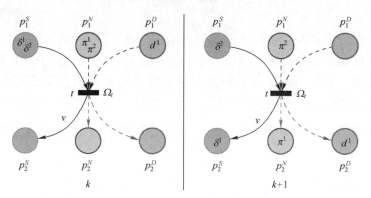

图 9.6 时刻变迁触发(见彩插)

**定义 9.12(可触发变迁)** 如果 $t \in T$ 在其输入位置 $\Omega_t$ 存在至少一个在 $k$ 时刻可触发的库所,则 $t \in T$ 在 $k$ 时刻是可触发变迁。

$$\forall_p \in {}^\circ t, \quad |\varphi_k^t(p)| > 0 \tag{9.8}$$

在图 9.6 中,我们假设在 $k$ 时刻,$w_t^s(\delta^1) = \top$,$\omega_t^N(\pi^1) = \top$,$w_t^D(d') = \top$,$\omega_t^S(\delta^2) = \bot$,$\omega_t^N(\pi^2) = \bot$,则变迁 $t$ 是可触发的。

**定义 9.13(变迁触发)** 变迁 $t \in T$ 在 $k$ 时刻的触发被定义为:$\forall P^\circ \in \{P^S, P^N, P^D\}$,$p \in P^\circ \cap {}^\circ t$,$p' \in P^\circ \cap {}^\circ t$。

$$\begin{cases} M_{k+1}(p) = M_k(p) \setminus \mathscr{S}_k^t(p) \\ M_{k+1}(p') = M_k(p') \cup \mathscr{S}_k^t(p) \end{cases} \tag{9.9}$$

其中 $\mathscr{S}_k^t(p)$ 是 $\mathscr{S}_k^t$ 中的令牌集,$\mathscr{S}_k^t$ 位于库所 $P$ 中。

在图 9.6 中,变迁 $t$ 触发后,3 个被接受令牌在输出库所 $t$ 中。在变迁触发期间,移动接受的令牌,保存它们的链接并保存或更新它们的值。这个属性是与普通的 Petri 网的主要区别,在这种网中,令牌被使用,在变迁的输出位置创建新的令牌。某些扩展的 Petri 网中存在令牌值的保存功能,如在彩色 Petri 网中,但是令牌之间的链接及其在变迁触发期间的保存是特定于 HPPN 的。

弧 $a \in A$ 连接变迁 $t$ 到数值库所 $P^S$,该库所用事件标签 $v \in E$ 注释,在这种情况下,在 $k$ 时刻变迁 $t$ 触发后,在库所 $P^S$ 里被转移的配置 $\delta$ 中的事件集 $b$,被事件 $(v,k)$ 更新,在转换触发期间,配置的值随着注释 $\mathscr{A} \subset A \times E$ 而演变。在图 9.6 中,假设 $d^1$ 在时间 $k$ 处连接 $\delta^1$ 和 $\pi^1$,变迁 $t$ 触发后,$\delta^1$ 的值为 $b_{k+1}^1 = b_k^1 \cup (v,k)$,$\pi^1$ 的值为 $x_{k+1}^1 = x_k^1$,$d^1$ 的值为 $d_{k+1}^1 = d_k^1$,此时,$d^1$ 仍然连接 $\delta^1$ 和 $\pi^1$。

## 9.5 混杂系统诊断

诊断的目的是跟踪系统当前的健康状态。而系统的健康状态主要由离散状态、连续状态和退化状态组成。本节提出通过混杂系统的 HPPN 模型构建一个诊断器。基于 HPPN 的诊断器监测系统的行为和不确定情况下的退化。它的在线过程将系统上离散和连续观测的集合作为输入。在任何时候诊断过程的输出是系统健康状态的评估，其采取基于 HPPN 的诊断器 $\Delta_k = \hat{M}_k$ 的标记的形式。

### 9.5.1 不确定性

使用 HPPN 需考虑几种不确定性。对于模型的符号部分，必须考虑基于知识的不确定性，因为模型不能完全反映实际情况，这不同于数值部分。由于传感器固有的不精确性，此处也考虑了观测的不确定性。主要考虑两类不确定性：处理离散模型和观测符号不确定性；处理连续模型和不精确数值的不确定性。在符号方面，系统的离散模型可能包括不可能或不完整事件序列的符号不确定性。对于离散观测，可能会发生一个没有被观测到的事件：这是一个缺失的观测。事实上，一个事件可能被观测到，但其实它并没有真正发生：这是一个错误的观测。

符号不确定性在基于 HPPN 的诊断程序中被分两个级别进行管理：

(1) 在诊断程序生成期间，变迁的每一个符号条件都被一个真实条件所取代。这意味着，这些伪触发使用了经过修改的符号条件。

(2) 在线诊断过程的预测步骤中，诊断器使用文献 [5] 中引入的伪触发变迁[27,46]来考虑与离散动态一致的每个事件的发生，伪触发创建了新的假设。

变迁伪触发重复令牌：变迁输入位置中的令牌不会转移，而是复制，但是它们的副本将在变迁的输出库所移动。

**定义 9.12（变迁伪触发）** 假设 $t \in T$ 为使能变迁。对于变迁 $t$ 的每种输入和输出库所，在 $k-1$ 时刻，属于变迁 $t \in T$ 中的伪触发被正式定义为，$\forall P^o \in \{P^S, P^N, P^D\}$，$p \in P^o \cap {}^o t$，$p' \in P^o \cap t^o$，

$$\begin{cases} M_K(p) = M_{k-1}(p) \\ M_K(p') = M_{k-1}(p') \cup \mathscr{S}_{k-1}^t(p) \end{cases} \quad (9.10)$$

式中：$\mathscr{S}_{k-1}^t(p)$ 表示库所 $p$ 中 $\mathscr{S}_{k-1}^t$ 的令牌集。

# 第 9 章  基于混杂粒子 Petri 网的混杂系统诊断——在星球探测车上的理论和应用

**例 9.3**  图 9.7 描述了变迁中的伪触发。在时间 $k$ 处，$d^1$ 应当与 $\delta^1$ 和 $\pi^1$ 相关联，变迁 $t$ 使能。伪触发 $t$ 后，令牌 $\delta^1$，$\pi^1$，$d^1$ 没有被转移，创建了令牌 $\delta^2$，$\pi^2$ 和 $d^2$ 并被转移到变迁 $t$ 的输出库所中。而且，$d^1$ 应当与 $\delta^1$ 和 $\pi^1$ 相关联，$d^2$ 与 $\delta^2$ 和 $\pi^2$ 关联。

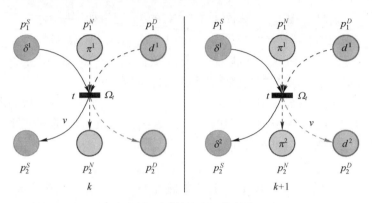

图 9.7  $k$ 时刻的变迁伪触发 $t$

数值不确定性不仅体现了实际系统与连续模型的内在偏差，还体现了数值不精确的事实，这是实际案例研究中不可避免的问题。例如，在图 9.8 中，可以看到电池电压的测量数据与其无噪声放电模型之间的差异。

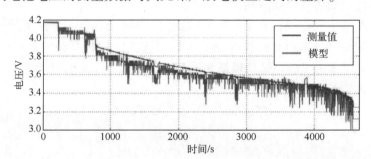

图 9.8  电池电压测量值与无噪声放电模型之间的比较

数值不确定性通常是通过一个估计量来处理的，该估计量的目的是根据模型噪声和测量噪声来估计连续状态，使用粒子滤波器通过 HPPN 的粒子集来估计连续状态。由于连续状态估计已经离散化为粒子，因此粒子滤波器的使用与估计的离散、连续和退化状态有关。

例如在这项工作中，由于配置和粒子之间的链接（由退化令牌提供），粒子过滤器可独立地应用于每个粒子集群。在诊断预测步骤中，粒子的值随与粒子所属的数值库所相关联的连续动力学的函数而演变。然后，在在线诊断过程的校正步骤中，对每个粒子簇进行独立的重采样。因此，由退化令牌提供的配置与粒子之间的关联，被用来防止粒子分布受到伪触发的干扰。

### 9.5.2 诊断器生成

系统模型 $\mathrm{HPPN}_\Phi$ 如 9.4 节中定义的是一个 11 元组 $\langle P_\Phi, T_\Phi, A_\Phi, \mathscr{A}_\Phi, E_\Phi, X_\Phi, D_\Phi, \mathscr{C}_\Phi, \mathscr{D}_\Phi, \Omega_\Phi, \mathrm{M}_{0\Phi}\rangle$，诊断器 $\mathrm{HPPN}_\Delta$ 的 11 元组如下所示：

$$\mathrm{HPPN}_\Delta = \langle P_\Delta, T_\Delta, A_\Delta, \mathscr{A}_\Delta, E_\Delta, X_\Delta, D_\Delta, \mathscr{C}_\Delta, \mathscr{D}_\Delta, \Omega_\Delta, \mathrm{M}_{0\Delta}\rangle \quad (9.11)$$

其由系统模型 $\mathrm{HPPN}_\Phi$ 通过以下 6 个步骤生成。

诊断器必须估计系统的离散、连续和退化状态。

第 1 步，复制系统模型 HPPN。实际上，离散、连续和退化状态库所，以及连续和退化动态与系统模型 HPPN 相同。因此，所有库所、事件标签、状态库所和诊断动态与 $\mathrm{HPPN}_\Phi$ 相同：

$$P_\Delta = P_\Phi, E_\Delta = E_\Phi, X_\Delta = X_\Phi, D_\Delta = D_\Phi, \mathscr{C}_\Delta = \mathscr{C}_\Phi, \mathscr{D}_\Delta = \mathscr{D}_\Phi \quad (9.12)$$

基于 HPPN 的诊断器 $\mathrm{HPPN}_\Phi$ 的初始标记 $\mathrm{M}_{0\Delta}$ 对应于系统模型的初始标记 $\mathrm{M}_{0\Phi}$，其包含了 0 时刻系统发生的模式、状态和事件的相关知识（通常没有），$\mathrm{M}_{0\Delta} = \mathrm{M}_{0\Phi}$。

第 2 步，将基于 HPPN 的诊断器分为两个层级。行为层管理系统的可观测部分和退化层管理系统的不可观测部分，因此行为层只包含符号和数值库所，而退化层则包含退化库所。

在诊断器生成期间，每个变迁 $t \in T_\Phi$ 生成一对变迁 $(t', t'')$，变迁 $t'$ 继承了弧，该弧使得符号库所和数值库所与 $t$ 相关联，同样包括符号条件和数值条件。变迁 $t''$ 继承了弧，该弧使得退化库所与 $t$ 相关联，同样包括退化条件。$t'$ 和 $t''$ 的定义如下：

$$^\circ t' = {^\circ t} \cap (P^S \cup P^N) \quad t'^\circ = t^\circ \cap (P^S \cup P^N) \quad (9.13)$$

和

$$^\circ t'' = {^\circ t} \cap P^D \quad t''^\circ = t^\circ \cap P^D \quad (9.14)$$

以及下面的条件 $\Omega_{t'}$ 和 $\Omega_{t''}$：

$$\Omega_{t'} = \langle \omega_t^S, \omega_t^N \rangle \quad \Omega_{t''} = \langle \omega_t^D \rangle \quad (9.15)$$

行为层和退化层的所有变迁集用 $T_\Delta$ 表示。

**例 9.4** 图 9.9 描述了 $\mathrm{HPPN}_\Delta$ 诊断器生成的第 2 步，被分为两个层，例如移动机器人，退化库所和与之相关联的变迁放在退化层里。

第 3 步，根据事件发生的不确定性管理，将所有符号条件设置为 TRUE（见 9.5.1 节）。

$$\forall t \in T_\Delta, \omega_t^S \in \Omega_t \Rightarrow \omega_t^S \leftarrow \mathrm{T} \quad (9.16)$$

# 第 9 章 基于混杂粒子 Petri 网的混杂系统诊断——在星球探测车上的理论和应用

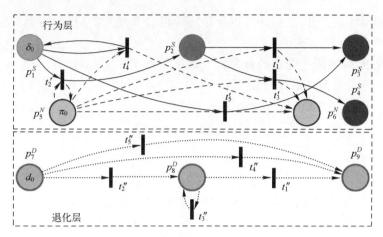

图 9.9 移动机器人的诊断器生成—第二步：分为两层

因此，基于 HPPN 的诊断器中的所有配置都满足符号条件，这意味着诊断器认为，在任何时候被评估的当前模式中，每个事件都有可能发生。圆弧注释保持不变：

$$\mathscr{A}_\Delta = \mathscr{A}_\Phi \tag{9.17}$$

**例 9.5** 在移动机器人在示例中，因为"或"的逻辑扩展，$\Omega(t_1) = \Omega(t_2) = \Omega(t_5)$，由于"与"的逻辑表达式，$t_3$ 和 $t_4$ 保持原有的数值条件。

第 4 步，为了使退化层的标识演变从退化状态中脱离，将退化条件转移：

$$\forall t \in T_\Delta, \omega_t^D \in \Omega_t \Rightarrow \Omega_t \leftarrow \Omega_t \setminus \{\omega_t^D\} \tag{9.18}$$

此步骤允许管理计算性能，并在诊断过程中关注观察结果。

**例 9.6** 在移动机器人的示例中，在第 4 步之后条件 $\Omega(t_3) = \top$。

第 5 步，通过按顺序合并具有相同输入和输出库所集的变迁来提高计算性能。这样就减少了可能的状态库所的数量。因此在行为层上，在在线诊断者的预测步骤中创建了共享相同粒子簇的假设。换言之，根据相同的连续动态，单个粒子群就替代了多个粒子群可对多个假设进行监控。

在退化层中，此步骤消除了与输入具有相同退化库所和与输出具有相同退化状态的并发变迁。

如果两个变迁表示连续动态中的相同变化（与输入和输出的数值库所相同，以及相同的数值条件），并且具有相同的符号输入库所，则两个变迁可以合并。

**定义 9.13（可合并变迁）** 两个变迁 $(t', t'') \in T^2$ 且只满足以下条件则可合并：

$$({}^\circ t' = {}^\circ t'') \land (t'^\circ \cap P^N = t''^\circ \cap P^N) \land (t'^\circ \cap P^D = t''^\circ \cap P^D) \land (\Omega_{t'} = \Omega_{t''}) \tag{9.19}$$

诊断器生成的步骤 5 中包括合并每对可合并变迁，只要使用以下定义就至少有两个可合并变迁。

**定义 9.14（两个变迁的合并）**

合并两个可合并的变迁定义如下：

(1) 创建一个新的变迁 $t$，如：

$$^\circ t \leftarrow {^\circ t'}, \quad t^\circ \leftarrow t'^\circ \cup t''^\circ, \quad \Omega_t \leftarrow \Omega_{t'} \tag{9.20}$$

(2) 更新 $T_\delta$：

$$T_\delta \leftarrow (T_\delta \{t',t''\}) \cup \{t\} \tag{9.21}$$

**例 9.7** 图 9.10 描述了移动机器人诊断器生成的合并步骤。为了简化阅读，图 9.9 的变迁已根据以下对应表重新命名。

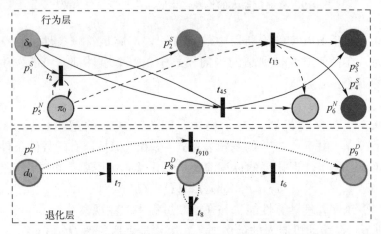

图 9.10 移动机器人诊断器生成—第 5 步：变迁合并

| 图9.9 | $t'_1$ | $t'_2$ | $t'_3$ | $t'_4$ | $t'_5$ | $t''_1$ | $t''_2$ | $t''_3$ | $t''_4$ | $t''_5$ |
|---|---|---|---|---|---|---|---|---|---|---|
| 图9.10 | $t_1$ | $t_2$ | $t_3$ | $t_4$ | $t_5$ | $t_6$ | $t_7$ | $t_8$ | $t_9$ | $t_{10}$ |

在行为层，变迁 $t_1$ 和 $t_3$（$t_4$ 和 $t_5$）合并为 $t_{13}$（$t_{45}$），因为它们具有相同的输入库所集 $\{P_2^S, P_5^N\}$（$\{P_1^S, P_5^N\}$）和相同的输出库所 $P_6^N$。在退化层，$t_9$ 和 $t_{10}$ 被合并为 $t_{910}$，因为它们是同时发生的。

第 6 步是删除引起退化层（纯 Petri 网）基本循环的变迁。

$$T_\Delta \leftarrow T_\Delta \setminus \{t \mid {^\circ t} \cap P^D = t^\circ \cap P^D\} \tag{9.22}$$

其目的是通过在相同退化库所上循环的变迁来避免退化令牌的替代，从而提高计算性能。此步骤对退化状态的跟踪质量并没有任何影响。

**例 9.8** 移动机器人的诊断器如图 9.11 所示,因为变迁 $t_8$ 与 $p_8^D$ 形成了一个基本循环,所以变迁 $t_8$ 转换被移除。

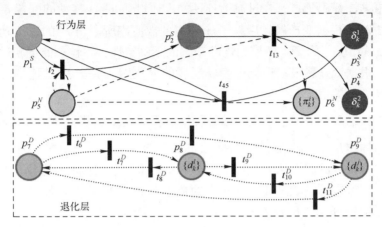

图 9.11 基于 HPPN 的移动机器人诊断器 $\mathrm{HPPN}_\Delta$

### 9.5.3 诊断程序

基于 HPPN 诊断器的初始标记 $M_0 = \{M_0^S, M_0^N, M_0^D\}$ 表示系统的初始模式。它由值为 $b_0$ 的一个配置、值为 $x_0$ 的 $n_0^N$ 个粒子和值为 $d_0$ 的 $n_0^N$ 个退化令牌组成,其中 $n_0^N$ 表示粒子的初始数量。只要在初始标记中只考虑一个假设,两个假设就不能共享相同的配置。但是,如果两种假设拥有相同的连续动态和不同的离散状态(例 9.7),此时两种假设就可分享相同的粒子集。从初始标记和初始命令开始,诊断器 $\hat{M}_k$ 的标识根据观察值 $O_k = O_k^S \cup O_k^N$ 在 $t$ 时刻发生演变,其中 $O^S$ 和 $O^N$ 分别对应表示符号部分和数值部分的观察结果。

$\hat{M}_k = \{\hat{M}_k^S, \hat{M}_k^N, \hat{M}_k^D\}$ 表示 $k$ 时刻的评估标识,其中 $\hat{M}_k = \hat{M}_{k|k}$ 表示 $k$ 时刻系统模式中的所有假设。

在基于 HPPN 的诊断器中,标识进化是基于预测和校正两个步骤,结合了变迁伪触发、粒子滤波和一种称为随机标度算法(stochastic scaling algorithm,SSA)的算法。

在粒子过滤中,粒子数定义了过滤器的精度。SSA 的目标是避免组合爆炸,并在算法的每个步骤限制令牌的数量,它动态地调整假设的精度。本章不介绍该算法,但读者可以参考文献 [13-14,28] 以获得有关粒子过滤的重新采样方法的更多信息。在线诊断程序的预测步骤旨在确定诊断程序 $\hat{M}_{k+1|k}$ 的

所有可能的下一个状态。它基于使能变迁的触发和令牌值的更新，所有的使能变迁按照9.4.3节描述的规则被触发。这意味着假设单个事件可以在时间$k$发生，根据注释$\mathscr{A}(a)$，在过渡变迁期间，通过弧$a \in A$移动的配置$\delta_k$的事件集$b_k$被更新。根据变迁触发后粒子$\pi$所属的数值库所$p^N \in P^N$的连续动态，更新粒子$\pi$的值$x$。为了考虑模型连续动态的不确定性，在粒子值更新过程中添加噪声。根据变迁触发后退化令牌$d$所属的退化库所$p^D \in P^D$的连续动态，更新退化令牌$d$的值。

根据新的观察值$O_{k+1}$，在线诊断程序过程的校正步骤将预测标识$\hat{M}_{k+1|k}$更新为评估标识$\hat{M}_{k+1|k+1}$。它基于对标记中包含的所有假设的分数的计算，以及根据它们所代表的假设的分数对令牌进行重新采样。假设的分数用$Pr^S$和$Pr^N$来计算，分别对应符号状态和连续状态的概率分布。$Pr^S$给出配置权重，配置权重计算为配置事件集和$O_{k+1}^- = \{O_\kappa | \kappa \leq k+1\}$之间距离的指数倒数，$O_{k+1}^- = \{O_\kappa | \kappa \leq k+1\}$为到$k+1$时刻为止的符号观察值。$Pr^N$给出归一化粒子权重，其根据粒子值与数值观察值$O_{k+1}^N$之间的距离计算得出。然后，使用一个假设的粒子权重和配置权重之和的加权函数计算该假设的得分：

$$\text{Score}(\delta_k^i, \{\pi_k^j\}, \{d_k^l\}) = \alpha \times Pr^S(\delta_k^i) + (1-a) \times \sum_{j=1}^{n_k^N} Pr^N(\pi_k^j) \quad (9.23)$$

其中$\alpha \in [0,1]$表示符号部分相对于数值部分的整体置信度的系数，$n_k^N = |\{\pi_k^j\}|$是假设中的粒子数。假设的分数总是在0和1之间。根据所属的所有可能模式中的最好分数与3个分别用$n_{\min}^N$，$n_{\text{suff}}^N$和$n_{\max}^N$表示的比例参数，决策过程将新的一些粒子$n_{k+1}^N$与每个粒子集相关联。然后将每组粒子与其相关联的粒子$n_{k+1}^N$重新采样，就像传统粒子过滤中的那样。参数$n_{\min}^N$与$n_{\text{suff}}^N$分别表示最小和充足的粒子数（同样表示退化令牌的数目），用以监测假设。它意味着选择任何$n_{k+1}^N$需满足条件$n_{\min}^N \leq n_{\text{suff}}^N \leq n_{\max}^N$，参数$n_{\max}^N$表示粒子数的最大数目，可用于监控所有假设（退化令牌），这意味着重新取样后的粒子总数始终小于或等于$n_{\max}^N$，在重新采样过程中，与复制粒子相关联的退化令牌将被复制，与已删除的退化令牌相关联的将被删除。最终，删除不再与任何退化令牌相关联的配置。修正机制强调，退化令牌除了评估退化状态外，还防止一个假设的粒子分布受到其他假设的粒子分布的干扰。在粒子滤波中，粒子数反映了滤波器的精度，同时也是一个计算性能因子。因此，相对于可用的计算能力，诊断程序过程的尺度参数会影响到要监控的假设数量和每种假设的精度（可以设置$n_{\max}^N$以满足性能约束）。

诊断$\Delta_k$是根据时间$k$时基于HPPN的诊断器$\text{HPPN}_\Delta$的标识推导出来的：

第9章 基于混杂粒子Petri网的混杂系统诊断——在星球探测车上的理论和应用

$$\Delta_k = \hat{M}_k = \{\hat{M}_k^S, \hat{M}_k^N, \hat{M}_k^D\} \tag{9.24}$$

它将所有诊断假设表示为对当前健康模式的信任分布以及如何实现该模式。换句话说，标识表示对连续状态、故障发生和退化状态的信任。基于HPPN的诊断程序结果包括传统诊断程序在故障发生方面的结果。基于HPPN的诊断程序处理更多的不确定性，并根据标识库所和值评估其模糊性。

## 9.6 案例研究

本节重点介绍了该方法在K11行星漫游车原型上的应用。K11是一个四轮结构的行星漫游车，设计用于在南极条件下测试功耗合理的漫游结构[25]。后来，美国宇航局艾姆斯研究中心重新设计了K11，用于支持预测的决策研究[1,7,37]，它被改造成一个试验台来模拟一些故障的发生和失效。在这项工作中，它被暴露于故障和执行任务中用以研究的功能性漫游车。

### 9.6.1 漫游车简介

K11漫游车由24个2.2A·h的锂离子单电池供电，漫游车的一个典型任务是在加入充电站之前，在一组路径点上访问和执行所需的科学功能。决策模块（DM）负责根据地形图、停车点位置、奖励以及漫游车状况确定访问停车点的顺序。月球车有4个轮子，按其位置命名：前左（FL）轮、前右（FR）轮、后左（BL）轮和后右（BR）轮，每个轮子由一个独立的250W石墨刷电动机驱动，由单轴数字运动控制器进行控制。车载计算机运行控制和数据采集软件。漫游是一种打滑转向的车辆，这意味着车轮无法转向，漫游车是通过控制左右两侧的车轮转速来实现转向的。电池管理系统提供电池充电和负载平衡功能，它还向车载计算机发送每个单独电池的电压和温度测量值。数据采集模块收集电流和电动机温度测量值，并将其发送至车载计算机。电动机控制器返回运动数据，如指令速度和实际速度。有关漫游车的更多详细信息请参见文献[1]。

表9.1列出了本研究中所有对漫游车的连续观测值和故障列表。用比例积分微分控制器和传感器组返回61个测量信号生成的4个信号来控制4个车轮。在试验台上实施了几种故障类型，这些故障类型与电源系统（电池）、机电系统（电动机、控制器）和传感器（漂移、偏差、比例或故障）有关。

表 9.1 K11 的连续命令、连续参数以及故障类型

| 命 令 类 | 解 释 | 单 位 |
|---|---|---|
| 车轮速度 | 同一侧的车轮命令速度是一样的 | rad/s |

| 参 数 类 | 解 释 | 单 位 |
|---|---|---|
| 车轮速度 | 每个轮子的速度 | rad/s |
| 总电流 | 能源车上的一个电流传感器 | A |
| 发动机电流 | 每个发动机 | A |
| 发动机温度 | 每个发动机 | ℃ |
| 电池温度 | 每个电池模块 | ℃ |
| 电池电压 | 每个电池模块 | V |

| 故障事件标签 | 故 障 描 述 | 影 响 |
|---|---|---|
| $f_1$ | 电池电量耗尽 | 导致任务失败 |
| $f_2$ | 寄生电负荷 | 增加电池消耗 |
| $f_3$、$f_4$、$f_5$、$f_6$ | 发动机摩擦力增加 | 增加电池消耗和发动机温度 |
| $f_7$、$f_8$、$f_9$、$f_{10}$ | 发动机超温 | 导致任务失败 |
| $f_{11}$、$f_{12}$、$f_{13}$、$f_{14}$ | 发动机温度传感器故障 | 无法感知发动机温度 |

K11 漫游车没有离散执行器或离散传感器，因此作为一个连续系统来对其进行研究，其中故障被定义为对连续状态的约束。本书提出将预期故障抽象为不可观察的事件，图 9.12 描述了漫游车健康发展的多模式系统，为了简化描述只展示了多模式系统的一部分，与故障发生相关的模式不包括在内，并只考虑前置左电动机。只要没有发生故障，漫游车就处于连续动态 $C_1$ 下的 Nominal$_1$ 模式，故障 $f_1$ 发生表示电池放电结束（End Of Discharge，EOD），即电池因电量消耗而无法为系统供电的时间。假设出现当蓄电池电压低于 3.25V 时这种情况，并且导致任务失败（连续动态 $C_1$ 中的 Failed$_1$ 模式）。故障 $f_2$ 表示由于电气子模块持续接合而产生的电池寄生负载，寄生负载会增加总电流，从而增加电池消耗（连续动态 $C_2$ 中的 Degraded$_1$ 模式），这会导致系统过早地达到 EOD。故障 $f_3$（$f_4$、$f_5$ 和 $f_6$）表示 FL（FR、BL 和 BR）电动机的摩擦增大，摩擦的增大则需要更大的电流来保证相同的速度（连续动态 $C_3$ 中的 Degraded$_2$ 模式），此外还导致更高的负载需求，导致电动机温度升高。而对于电动机最严重的情况就是温度过高，在这种情况下，热量最终会破坏绕组的绝缘，造成短路并引起电动机故障。FL（FR、BL 与 BR）电动机过热的故障用 $f_7$（$f_8$、$f_9$ 和 $f_{10}$）表示。这些故障中的任何一个的发生都会导致漫游

# 第 9 章 基于混杂粒子 Petri 网的混杂系统诊断——在星球探测车上的理论和应用

车故障（连续动态 $C_5$ 中的 Failed$_2$ 模式）。因此，这些故障的发生则意味着漫游车的生命终结（End Of Life，EOL）。假设当电动机温度超过 70℃时电动机过热，电动机温度由 4 个传感器测量，然而，已知这些传感器发生意外故障，则发送的温度值不一致，这种类型故障用 $f_{11}$、$f_{12}$、$f_{13}$ 和 $f_{14}$ 表示，如果没有观测值的校正步骤，认为温度模型就不够精确。因此，一旦发生故障 $f_{11}$（$f_{12}$、$f_{13}$ 和 $f_{14}$），故障 $f_7$（$f_8$、$f_9$ 和 $f_{10}$）的发生与 FL（FR、BL 和 BR）电动机温度都不匹配（见 Degraded$_3$ 和 Failed$_3$ 之间的弧）。在图 9.12 中，连续动态 $C_4$ 的 Degraded$_3$ 模式表示 FL 电动机温度传感器失效的模式。可以使用退化动态 $D_1$（与身份动态相对应）来监测漫游车的退化状态。

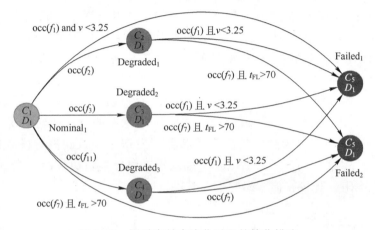

图 9.12 漫游车健康演化过程的简化描述

## 9.6.2 漫游车建模

考虑到所有电动机和连续故障组合，确定了 192 种模式和 240 种模式变化。基于 HPPN 的漫游车模型有 241 个库所（192 个符号库所、48 个数值库所、1 个退化库所）和 240 个变迁。基于 HPPN 的诊断程序具有相同数量的库所和变迁，因为诊断程序生成的合并步骤（步骤 5）没有减少变迁的数量（它特定于此案例研究）。实际上，合并步骤合并的是具有完全相同输入和输出库所集的变迁，这种变迁在实际应用程序中不存在，但在其他情况下可能非常有用。从变迁输入和输出中转移退化库所，降低了网络的复杂性。因为只有一个退化库所，所以诊断程序生成的步骤 6 将删除退化层面中的所有变迁。多模式系统的底层 DES 模型和基于 HPPN 的 K11 漫游车模型和诊断程序可在 https://homepages.laas.fr/echanthe/PetriNets2016. 获取。

标称连续动态用一组将电池模型与漫游车运动模型以及温度模型结合在

一起的微分方程来表示。它可以转换为用离散时间表示，并以 1/20s 的采样时间进行求解，而连续观测采样时间约为 1s。此处考虑到了漫游车的 30 个状态变量，包括漫游车的三维位置、相对角度位置、车轮控制误差、电动机温度和电动机绕组温度。24 个电池集中在一个单一的电池中，只考虑 1 个电池的 5 个状态变量（3 个电量值、1 个温度值和 1 个电压值），这样就不是 120 个值了。电池模型已经通过以前工作中的实验数据进行了验证[7,37]。然而，通过运动和温度统一电池模型会增加流动站模型的不确定性。

故障 $f_2$ 的发生和对系统行为的影响被建模为随时间变化的参数。在发生故障后的几秒钟内，寄生电池负载被捕获为额外电流，其值从 0A 到达 1.5~4.5A。首先，将两个参数添加到连续状态向量，以监视自故障发生以来的持续时间和附加电流值。然后，通过增加高斯噪声来模拟附加电流的不确定上升，平均偏差值和标准偏差值分别从 3 和 0.3 开始，并在故障发生后持续时间增加时减小到 0。

最后，温度模型是相当不确定的，所以当温度传感器没有故障时假设温度测量是可靠的。通过显著增加电动机温度传感器的噪声，对故障 $f_{11}$、$f_{12}$、$f_{13}$ 和 $f_{14}$ 进行建模，因为故障的温度传感器只发送不一致的没有模式的大值。如 $f_2$ 一样，故障 $f_3$、$f_4$、$f_5$ 和 $f_6$ 以及增加的电动机摩擦可以用时变参数（如附加电动机电阻）建模，但本研究不对其进行监测。

### 9.6.3　仿真结果

HPPN 框架在 Python 3.4 中实现。这些测试是在 4 Intel（R）Core（TM）i5-4590 CPU、3.30GHz、16GB RAM 环境下运行 GNU/Linux（Linux 3∶13∶074，X8664）。为了减少计算时间，令牌值更新步骤在 4 个物理内核上进行多线程处理，其余部分的运行只使用一个内核。

本书考虑了文献［37］中研究的两种情况。漫游车的任务是访问最多 12 个航路点并返回其起始位置。所有路径点都有不同的相关奖励，在正常情况下，漫游车决策模块 DM 系统沿着 5 个航路点路径行走，在同一位置开始和结束。在所有情况下，K11 漫游车在 0s 时启动，电池充满电，并且所有部件处于环境温度。但是，K11 漫游车目前有两个电动机温度传感器（FL 和 BL）出现故障，这些故障确实会影响监控，但不会影响物理系统，因此决策模块决定返回与正常情况下相同的路径。如果认为初始模式未知，诊断仪会在一个采样周期内诊断这些传感器故障，因此假设知道漫游车初始退化模式，并且在初始诊断仪标记中只有一个假设。

为了清晰起见，在本书的其余部分，健康模式是用漫游车状态的代表性

# 第9章 基于混杂粒子Petri网的混杂系统诊断——在星球探测车上的理论和应用

关键字指定的。例如,初始模式被指定为 Sensor BL FL fault。粒子和退化令牌的初始数量是 $n_0^N = 100$,诊断程序进程的比例参数设置为 $(n_{\min}^N, n_{\text{suff}}^N, n_{\max}^N) = (40, 80, 6000)$。

### 9.6.3.1 场景1

在场景1中,没有任何故障发生,漫游车成功地执行了它的任务。图9.13将诊断假设描述为任何时间下在当前健康模式中的信任分布。

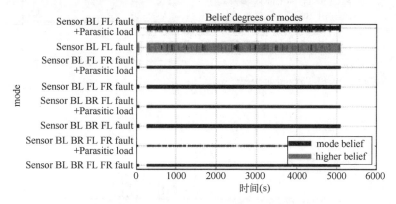

图9.13 场景1:任何时间的模式置信度

可能模式的置信度是根据式(9.23)和其值设置为0.5的相关假设计算得出的值。置信度都在0~1之间,这表示一个分数,因此所有可能模式的置信度之和不为1。在图9.13中,在任何时候一个模式的最大置信度用线的厚度表示,所有模式的最高置信度用蓝色表示。81~281s之间的间隙对应于实验期间的中断。图中显示,诊断器在其一组假设中保持了真实模式 Sensor BL FL fault,并且几乎在整个场景中为其分配了最高的置信度。由于基于模型的不确定性,诊断者在任何时候都会高度考虑其他模式。连续和离散演化的结合可以用 HPPN 中的标签规则来解释。由于诊断程序的生成过程用一个TRUE条件替换了所有的符号条件,因此重点是系统的持续演化。这意味着故障基本上是由连续的线索检测出来的。即使在满足相关的退化条件之前发生离散事件,由于伪点火过程,系统的演变将始终遵循。

### 9.6.3.2 场景2

在场景2中,电池寄生负载发生在660~695s之间,DM系统取消了最远路点的访问。诊断程序立即检测到故障发生(图9.14)。在678s之后,进入模式 Sensor BL FL fault+Parasitic load 的可能性是最高的,直到任务结束。故障负荷(最有可能)估计为1.39A, 678s, 1.73A, 679s, 2.16A, 683s, 2.16A, 3906s。通过放大570~760s之间的模型轨迹显示,相信故障 $f_2$ 很大可能发生在631~694s之间，最可能发生在677~689s之间，当然还有可能是发生在3906s（图9.15）。这些结果与对测量总电流的分析是一致的。

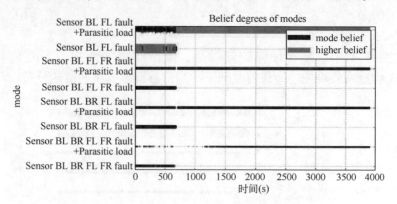

图 9.14 场景 2：任何时间的模式置信度（见彩插）

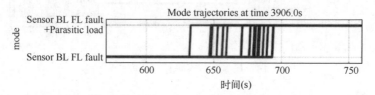

图 9.15 场景 2：3906s 时可能模式的轨迹（见彩插）

故障总是在一个采样周期内被检测到，因为基于 HPPN 的诊断器在预测步骤中考虑了由于伪触发而导致的所有假设（包括有关缓慢退化故障的假设）。此外，在校正步骤期间保持匹配标记。然而，该隔离可长于一个取样周期。结果表明，诊断程序在大多数情况下，并非总是给予真实模式最高的置信度。然而，诊断将观察结果的所有解释都作为置信度的一种分布，然后在一组诊断假设集中总是考虑真实模式。这说明了基于 HPPN 的诊断程序对漫游车模型和数据的鲁棒性。平均诊断计算时间和库所数分别为 13.3s 和 8801.4。这些指标表明，与系统模型计算复杂度相比，诊断计算时间仍然可以接受。场景 1 和场景 2 使用的 RAM 最大使用量分别为 140.7MB 和 141.8MB。下一节将提出更广泛的性能分析。实例研究结果表明，基于 HPPN 的诊断对实际系统数据和约束具有鲁棒性，适用于没有离散观测和退化知识的系统。

#### 9.6.3.3 性能分析，与其他方法的比较

表 9.2 给出了诊断计算时间以及不同缩放参数组使用的最大 RAM。测试已经在 3 个场景（包括上面介绍的标称场景和故障场景）上执行，并运行了 12 次。计算 54403 个诊断。

# 第9章 基于混杂粒子 Petri 网的混杂系统诊断——在星球探测车上的理论和应用

表 9.2 不同比例参数下基于 HPPN 诊断方法的计算性能

| 比 例 参 数 | | 时间/s | 最大 RAM/MB |
|---|---|---|---|
| $(40,80,1500)_\triangle$ | 最少 | 0.28 | 126.73 |
| | 最多 | 4.54 | |
| | 平均 | 3.35 | |
| $(40,80,400)_\triangle$ | 最少 | 0.28 | 122.15 |
| | 最多 | 1.00 | |
| | 平均 | 0.56 | |
| $(20,60,400)_\triangle$ | 最少 | 0.22 | 112.18 |
| | 最多 | 0.98 | |
| | 平均 | 0.74 | |

这些指标指出,具有初始标度参数的计算时间仍然可以接受,但不考虑实时约束;观测采样约为 1s,平均诊断计算时间为 3.35s。这主要是因为诊断过程依赖于并行步进仿真,同时也取决于漫游车模型的计算复杂性。方法论的理论复杂性很难评估,因为它依赖于连续方程、DES 的结构和库所数等。此外,软件的运行、编译优化或虚拟机的执行也是在实践中难以评估的其他性能因素。这就是在这项工作中建议通过调整比例参数来接近性能约束的原因。其他诊断工作已在漫游车[1]上进行,如文献[8]中描述的 QED 算法或 Hyde(混合诊断发动机)[31]。本章的方法的主要优点是,诊断估计值不是作为一组候选项呈现,而是作为候选项的分布呈现。在健康管理环境下做出决策时,操作者可以做出更合理的决策。在检测延迟方面,QED 和 Hyde 检测到故障时间不到 1s。QED 将其隔离在 26s 内,并在 50s 内很好地估计了寄生负载(相对误差的 3%)。本章的方法在第一次诊断后检测到故障。最差的隔离时间估计约为 18s,23s 后对寄生负载评估良好(相对误差的 8%)。

## 9.7 结 论

本章将基于混合粒子 Petri 网的健康监测方法应用于一个真实的案例研究,即 K11 行星漫游车原型。HPPN 框架对于考虑基于知识和基于观察的不确定性特别有用。基于 HPPN 的诊断程序处理事件发生的可能性和知识不精确性。它同时监测离散和连续动态以及退化演化,以便引入有助于在不确定性下对混杂系统进行预测和健康管理的概念。此外,诊断结果可作为决策标签的概率分布。

然后将该方法应用于 K11 漫游车，通过离散化漫游车的健康演化和定义故障事件，提出了漫游车的混杂模型。在 HPPN 框架中生成了系统模型和诊断程序，并对两种方案进行了测试，以说明所提出的方法的优点。诊断结果与预期结果一致，表明基于 HPPN 的诊断对实际系统数据和约束具有鲁棒性，适用于没有离散观测和退化知识的系统。其他工作的目的是形成和开发诊断程序，该程序可以将诊断和预测方法插入程序，以获得更准确的诊断结果。基于 HPPN 的预测方法已经在三容水箱系统和 K11 漫游车上进行了定义和测试。

这项工作有许多有趣的观点。第一个是将工作领域扩展到非常大的系统。为了应用于实际的大规模系统，所提出的方法可以在分散诊断结构的背景下进行调整，如文献［35］中开发的方法。第二个观点讨论了基于 HPPN 模型的方法的主要假设：假设系统模型正确完整。机器学习技术可用于使用新收集的数据来适应这个预先定义的模型[23,26]。另一种观点是利用机器学习方法来提高对系统参数中微小漂移的检测。基于模型和数据驱动的诊断方法的结合正在研究中[22,38,39]。

## 参考文献

［1］ Balaban, E., Narasimhan, S., Daigle, M. J., Roychoudhury, I., Sweet A., Bond, C., et al. (2013). Development of a mobile robot test platform and methods for validation of prognostics-enabled decision making algorithms. *International Journal of Prognostics and Health Management*, 4 (006), 1-19.

［2］ Basile, F., Chiacchio, P., & Tommasi, G. D. (2009). Fault diagnosis and prognosis in Petri nets by using a single generalized marking estimation. In *7th IFAC Symposium on Fault Detection, Supervision and Safety of Technical Processes*, Barcelona, Spain.

［3］ Bayoudh, M., Travé-Massuyes, L., & Olive, X. (2008). Hybrid systems diagnosis by coupling continuous and discrete event techniques. In *IFAC World Congress*, Seoul, Korea (pp. 7265-7270).

［4］ Biswas, G., Simon, G., Mahadevan, N., Narasimhan, S., Ramirez J., & Karsai, G. (2003). A robust method for hybrid diagnosis of complex systems. *IFAC Proceedings Volumes*, 36 (5), 1023-1028.

［5］ Cardoso, J., Valette, R., & Dubois, D. (1999). Possibilistic Petri nets. *IEEE Transactions on Systems, Man, and Cybernetics, Part B (Cybernetics)*, 29 (5), 573-582.

［6］ Chanthery, E., & Ribot, P. (2013). An integrated framework for diagnosis and prognosis of hybrid systems. In *3rd Workshop on Hybrid Autonomous System*, Rome, Italy.

[7] Daigle, M., Roychoudhury, I., & Bregon, A. (2014). Integrated diagnostics and prognostics for the electrical power system of a planetary rover. In *Annual Conference of the PHM Society*, Fort Worth, TX, USA.

[8] Daigle, M., Roychoudhury, I., & Bregon, A. (2015). Qualitative event-based diagnosis applied to a spacecraft electrical power distribution system. *Control Engineering Practice*, 38, 75-91.

[9] Daigle, M., Sankararaman, S., & Kulkarni, C. S. (2015). Stochastic prediction of remaining driving time and distance for a planetary rover. In *IEEE Aerospace Conference*.

[10] David, R., & Alla, H. (2005). *Discrete, continuous, and hybrid Petri nets*. New York: Springer.

[11] Ding, S. X. (2014). *Data-driven design of fault diagnosis and fault-tolerant control systems*. New York: Springer.

[12] Dotoli, M., Fanti, M. P., Giua, A., & Seatzu, C. (2008). Modelling systems by hybrid Petri nets: An application to supply chains. In *Petri net, theory and applications*. InTech.

[13] Douc, R., & Cappé, O. (2005). Comparison of resampling schemes for particle filtering. In *Proceedings of the 4th International Symposium on Image and Signal Processing and Analysis, 2005. ISPA 2005* (pp. 64-69). New York: IEEE.

[14] Doucet, A., & Johansen, A. M. (2009). A tutorial on particle filtering and smoothing: Fifteen years later. In *Oxford handbook of nonlinear filtering*. University Press.

[15] Gaudel, Q., Chanthery, E., & Ribot, P. (2014). Health monitoring of hybrid systems using hybrid particle Petri nets. In *Annual Conference of the PHM Society*, Fort Worth, TX, USA.

[16] Gaudel, Q., Chanthery, E., & Ribot, P. (2015). Hybrid particle Petri nets for systems health monitoring under uncertainty. *International Journal of Prognostics and Health Management*, 6 (022), 1-20.

[17] Gaudel, Q., Chanthery, E., Ribot, P., & Le Corronc, E. (2014). Hybrid systems diagnosis using modified particle Petri nets. In *25th International Workshop on Principles of Diagnosis*, Graz, ustria.

[18] Henzinger, T. (1996). The theory of hybrid automata. In *11th Annual IEEE Symposium on Logic in Computer Science* (pp. 278-292).

[19] Hofbaur, M. W., & Williams, B. C. (2002). Mode estimation of probabilistic hybrid systems. *Lecture Notes in Computer Science*, 2289, 253-266.

[20] Horton, G., Kulkarni, V. G., Nicol, D. M., & Trivedi, K. S. (1998). Fluid stochastic petri nets: Theory, applications, and solution techniques. *European Journal of Operational Research*, 105 (1), 184-201.

[21] Jianxiong, W., Xudong, X., Xiaoying, B., Chuang, L., Xiangzhen, K., & Jianxiang, L. (2013). Performability analysis of avionics system with multilayer HM/FM using sto-

chastic Petri nets. *Chinese Journal of Aeronautics*, 26 (2), 363-377.

[22] Jung, D., Ng, K. Y., Frisk, E., & Krysander, M. (2016). A combined diagnosis system design using model-based and data-driven methods. In *3rd Conference on Control and Fault-Tolerant Systems (SysTol)* (pp. 177-182). New York: IEEE.

[23] Khamassi, I., Sayed-Mouchaweh, M., Hammami, M., & Ghédira, K. (2016). Discussion and review on evolving data streams and concept drift adapting. In *Evolving systems* (pp. 1-23). Berlin: Springer.

[24] Koutsoukos, X., Kurien, J., & Zhao, F. (2002). Monitoring and diagnosis of hybrid systems using particle filtering methods. In *15th International Symposium on Mathematical Theory of Networks and Systems*, Notre Dame, IN, USA.

[25] Lachat, D., Krebs, A., Thueer, T., & Siegwart, R. (2006). Antarctica rover design and optimization for limited power consumption. In *4th IFAC Symposium on Mechatronic Systems*.

[26] Leclercq, E., Medhi, E., Ould, S., & Lefebvre, D. (2008). Petri nets design based on neural networks. In *European Symposium on Artificial Neural Networks, Computational Intelligence and Machine Learning* (pp. 529-534).

[27] Lesire, C., & Tessier, C. (2005). Particle Petri nets for aircraft procedure monitoring under uncertainty. In G. Cardio & P. Darondeau (Eds.), *ICATPN 2005. Lecture notes in computer science* (Vol. 3536, pp. 329-348). Heidelberg: Springer.

[28] Li, T., Bolic, M., & Djuric, P. M. (2015). Resampling methods for particle filtering: Classification, implementation, and strategies. *IEEE Signal Processing Magazine*, 32 (3), 70-86.

[29] Narasimhan, S., Balaban, E., Daigle, M., Roychoudhury, I., Sweet, A., Celaya, J., et al. (2012). Autonomous decision making for planetary rovers using diagnostic and prognostic information. In *8th IFAC Symposium on Fault Detection, Supervision and Safety of Technical Processes*, Mexico (pp. 289-294).

[30] Narasimhan, S., & Biswas, G. (2007). Model-based diagnosis of hybrid systems. *IEEE Transactions on Systems, Man, and Cybernetics-Part A: Systems and Humans*, 37 (3), 348-361.

[31] Narasimhan, S., & Brownston, L. (2007). Hyde-A general framework for stochastic and hybrid model-based diagnosis. In *18th International Workshop on Principles of Diagnosis* (Vol. 7, pp. 162-169).

[32] Narasimhan, S., Dearden, R., & Benazera, E. (2004). Combining particle filters and consistency-based approaches for monitoring and diagnosis of stochastic hybrid systems. In *15th International Workshop on Principles of Diagnosis*.

[33] Ru, Y., & Hadjicostis, C. N. (2009). Fault diagnosis in discrete event systems modeled by partially observed Petri nets. *Discrete Event Dynamic Systems*, 19 (4), 551-575.

[34] Sampath, M., Sengupta, R., Lafortune, S., Sinnamohideen, K., & Teneketzis, D.

# 第9章 基于混杂粒子Petri网的混杂系统诊断——在星球探测车上的理论和应用

(1995). Diagnosability of discrete-event systems. *IEEE Transactions on Robotics and Automation*, 40 (9), 1555–1575.

[35] Sayed-Mouchaweh, M., & Lughofer, E. (2015). Decentralized approach without a global odel for fault diagnosis of discrete event systems. *International Journal of Control*, 88 (11), 2228–2241. https://doi.org/10.1080/00207179.2015.1

[36] Soldani, S., Combacau, M., Subias, A., & Thomas, J. (2007). On-board diagnosis system for ntermittent fault: Application in automotive industry. In *7th IFAC International Conference on ieldbuses and Networks in Industrial and Embedded Systems* (Vol. 7-1, pp. 151–158). https://doi.org/10.3182/20071107-3-FR-3907.00021

[37] Sweet, A., Gorospe, G., Daigle, M., Celaya, J. R., Balaban, E., Roychoudhury, I., et al. (2014). emonstration of prognostics-enabled decision making algorithms on a hardware mobile robot est platform. In *Annual Conference of the PHM Society*, Fort Worth, TX, USA.

[38] Tidriri, K., Chatti, N., Verron, S., & Tiplica, T. (2016). Bridging data-driven and model-based pproaches for process fault diagnosis and health monitoring: A review of researches and future hallenges. *Annual Reviews in Control*, 42, 63–81.

[39] Toubakh, H., & Sayed-Mouchaweh, M. (2016). Hybrid dynamic classifier for drift-like fault iagnosis in a class of hybrid dynamic systems: Application to wind turbine converters. *eurocomputing*, 171, 1496–1516.

[40] van der Merwe, R., Doucet, A., De Freitas, N., &Wan, E. (2000). The unscented particle filter. n *Annual Conference on Neural Information Processing Systems* (Vol. 2000, pp. 584–590).

[41] Vianna, W. O. L., & Yoneyama, T. (2015). Interactive multiple-model application for hydraulic ervovalve health monitoring. In *Annual Conference of the PHM Society*, Coronado, CA, USA.

[42] Wang, W., Li, L., Zhou, D., & Liu, K. (2007). Robust state estimation and fault diagnosis for ncertain hybrid nonlinear systems. *Nonlinear Analysis: Hybrid Systems*, 1 (1), 2–15.

[43] Yu, M., Wang, D., Luo, M., & Huang, L. (2011). Prognosis of hybrid systems with multiple ncipient faults: Augmented global analytical redundancy relations approach. *IEEE Transactions n Systems, Man, and Cybernetics*, 41 (Part A, 3), 540–551.

[44] Zaidi, A., Zanzouri, N., & Tagina, N. (2006). Modelling and monitoring of hybrid systems by ybrid Petri nets. In *10th WSEAS International Conference on Systems*.

[45] Zhao, F., Koutsoukos, X., Haussecker, H., Reich, J., & Cheung, P. (2005). Monitoring and ault diagnosis of hybrid systems. *IEEE Transactions on Systems, Man, and Cybernetics, Part (Cybernetics)*, 35 (6), 1225–1240.

[46] Zouaghi, L., Alexopoulos, A., Wagner, A., & Badreddin, E. (2011). Modified particle Petri nets or hybrid dynamical systems monitoring under environmental uncertainties. In *IEEE/SICE International Symposium on System Integration* (pp. 497–502).

# 第 10 章
# 基于行为自动抽取的混杂动态系统诊断

## 10.1 简　介

　　大多数真实系统通过基于计算机的自动控制系统在线控制和监督。这些系统的行为源于连续的设备动力学,可以通过连续状态变量和监控控制来描述,该控制在离散时间点产生执行器信号以改变调节器设定点或工厂配置。诊断这些系统是一个真正的问题,因为它们可能出现在任何设备组件、传感器或执行器中的故障[14,24,28,30]。

　　这些复杂的系统使用集成连续和离散动力学混合模型建模。这些模型通常采用混合自动机模型[19]或混合键合图模型[15,24]。然后,该模型可以支持系统监控、故障诊断和控制任务。基于模型的在线诊断需要在模式变化发生时快速和稳健的重新配置过程,以及在瞬态保持系统标定行为处于给定轨道的能力[11]。

　　混合自动机通过一组操作模式和一组模式之间的转换来模拟混合系统的行为,这些转换是由离散事件或基于连续状态条件触发的。每种模式中的连续动态由一组微分方程描述,这些微分方程约束连续状态、输入和输出变量。输入和输出变量可以被测量。离散事件可能是可观察的或不可观察的。可观察事件可表示由控制器发出的命令或由传感器记录的状态变量的变化（即，当状态变量超过阈值时）。不可观察事件可表示故障事件或其他导致系统状态发生变化但未被传感器直接记录的事件。

本章重点介绍混合自动机框架的使用，以开发一种诊断混合系统的方法[14,28,30]。通过解释物理系统针对混合自动机模型发出的事件和测量来直接执行诊断。所提出的框架是与 10.2.2 节一系列相关的工作的结果，它可以处理结构和非结构性故障。这个想法是将混合自动机模型视为双重数学对象。离散事件部分约束模式之间可转换，并被称为底层 DES。混合系统对模型的连续值部分的限制被定义为多模系统。诊断方法依赖于通过定义一组可区分性事件（称为签名事件）来抽象连续动态，捕获对与每种模式相关联的残差集合执行的一致性检查。签名事件用于适当地丰富底层 DES 以获得所谓的行为自动机，可以根据离散事件系统领域的标准方法从该行为自动机构建诊断器。

所提出的混合诊断方法可以以非增量和增量方式操作。在非增量形式中，算法在考虑全局模型的情况下执行，而在增量形式中，仅构建诊断器的有用部分，开发解释传入事件发生所需的分支。

通常，与由混合自动机状态定义的整个行为空间相比，混杂系统在小区域中操作。因此，与离线构建完整诊断程序相比，可以从存储器存储方面的增量方法中获得显著的增益。该方法可以通过应用于巴塞罗那污水管网代表性部分的案例研究得到验证。

本章的结构如下。在 10.2 节中，回顾了用于诊断混合系统的行为自动机抽象方法以及对所提出的方法进行了概述。10.3 节阐述了诊断方法的原理，提出了构建行为自动机的方法和相应的诊断方法。10.4 节介绍了诊断方法的增量版本，并介绍了如何在增量框架中实现它。在 10.5 节中，基于巴塞罗那市污水管网的应用案例研究用于说明所提出的方法。最后，在 10.6 节中得出结论。

## 10.2 混合系统诊断方法概述

### 10.2.1 诊断架构

图 10.1 给出了基于行为自动机抽象来检测和隔离混合系统故障的诊断方法的体系结构。与经典 FDI 概念块相比，该架构包括模式识别块，其在线适应 FDI 模块。实际上，FDI 算法必须考虑混合系统的当前操作模式以适应用于

生成预测的模型。诊断程序包括离线和在线过程。

在离线过程中，混合自动机（HA）模型是通过组件并行组合建立的，并且生成一组取决于操作模式的方程。生成每种模式的残差，并分析模式可辨别性，也就是其他学者所说的可区分性。可辨别性分析和可观察事件允许构建行为自动机，其携带关于混杂系统可诊断性的所有信息。行为自动机变为诊断程序，用于检测模式更改并识别系统的当前模式。

在在线过程中，任务由图 10.1 中蓝色突出显示的 3 个块执行。模式识别和故障诊断块协作处理基于一致性指示和可观察事件发生的系统操作模式的可能变化。诊断程序决策块根据模式识别和故障诊断块提供的信息进行最终诊断。

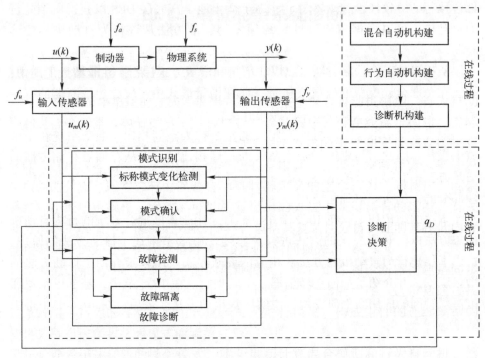

图 10.1　混合诊断方法的成分框图

当前的诊断器状态（$q_D$）报告给定时间的混合系统的可能模式的集合。如果 $q_D$ 中有多个模式，则这些模式是不可辨别的。HA 中的模式改变意味着标称的、结构性的故障或非结构性故障模式改变。

可辨别性用于预测当动态模型[6,14,23]描述操作模式时是否可以检测到模式变化并识别模式变化。在非结构性故障的情况下，可辨别性与基于故障特征矩阵的可检测性和可分离性有关[23]。定义了可辨别性的抽象概念，其包括独特和一般形式的所有属性,以根据模式的性质(在故障存在时正确指示)来预测模式改变是否已经发生。

行为自动机方法隐含的步骤如图 10.2 所示。

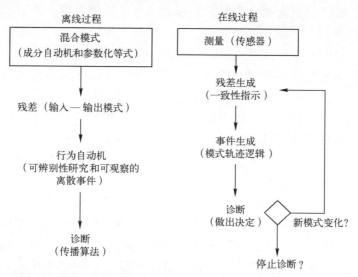

图 10.2 设计诊断步骤

在在线诊断过程中,做出以下假设:

**假设 1** 两个模式更改不会同时发生。

**假设 2** 残差动力学有时间在两个连续模式切换之间稳定。

**假设 3** 意味着模式之间的转换应该比残差发电动机动态慢。这涉及停留时间要求,即连续动态在另一个转换发生之前达到给定操作模式的稳定状态所需的时间。

**假设 4** 发生模式更改后,必须在某个时间激活对此更改敏感的所有残差,并在整个模式更改隔离过程中保持不变。

**假设 5** 非结构性故障后不会发生模式变化。

最后一个假设意味着一旦检测到非结构性故障,就必须停止在线诊断过程。实际上,必须调整残差和模型的集合以适当地继续进行诊断。在发生结构故障的情况下,即使系统未被修复,诊断任务也可以继续。

## 10.2.2 历史回顾

混合模型是强大的形式,能够表示与系统的若干操作模式相关联的多个连续动态。当用于支持诊断任务时,这些数学对象可以包括正常和故障模式的表示。然后,系统的模式表示系统的离散状态的估值,而连续状态由定义连续动态的连续变量的子集给出。离散状态和连续状态形成系统的混合状态。

有一段时间，诊断混杂系统的方法是基于使用多模型滤波[10,18]和粒子滤波[16]或其他混合估计方案（如文献［19］和［8］）等方法估计完全混合状态。然而，诊断信息主要由离散状态承载。基于这种观察，提出了基于仅估计系统的离散状态的混合诊断方法。这些是基于从分析冗余关系发出的一组残差的形式抽象每个操作模式的连续动态。由于消除理论[9]，ARRs 是通过消除状态变量从连续模型获得的输入—输出关系。在以连续系统为目标的诊断领域中，这种方法也称为奇偶空间方法。

残差提供了一种方法，用于检查与每种模式相关的连续动态的测量的一致性，从而最终识别系统的当前模式。为了实现这一目标，必须依赖于文献［14］中首次引入的可辨别性概念，该概念定义了评估两种模式是否可以基于连续测量来区分的属性。

在文献［14］和文献［30］中，操作模式仅代表标称行为，诊断侧重于故障检测和非结构性故障的隔离，即不改变模型结构的故障，如传感器和执行器故障，附加故障。假设非结构性故障对每种模式的残差的影响是已知的，并且通过使用灵敏度概念产生的理论特征来捕获[23]。跟踪系统模式涉及检测模式改变，即检测当前模式的残差组与测量不一致，并通过确定哪组残差是一致的来识别哪个后继模式是系统的实际模式。

在上述工作中，混合系统演化被视为连续动力学的变化，仅从连续测量中评估。在文献［4］中，作者详细阐述了可辨别性的概念，并提出了第一次考虑可能涉及离散动力学的离散事件，例如：打开阀门动作或关闭发电机。混合系统由混合自动机表示，其中一些转变由这样的离散事件标记，这些事件是可观察的或不可观察的。不可观察的事件表示防护装置的状态变化，即关于连续状态或故障发生的条件。通过这样做，操作模式可以是标称的或有故障的，从而导致检测和隔离结构故障的能力。最重要的是，抛出了离散事件系统（DES）诊断方法的桥梁。

遵循这个想法，Bayoudh 等[6]使用每种模式的残差来定义模式签名，并建议捕获由所谓的签名事件引起的系统转换引起的模式签名变化。标记可辨别模式之间转换的签名事件被标记为可观察，而如果模式不可辨别则标记事件不可观察。因此，签名事件被用作抽象连续动态的方式，同时保留对诊断有用的信息。然后，抽象混合系统的行为由所谓的行为自动机建模，该行为自动机在由这些附加事件丰富的原始事件字母表上生成预先闭合的语言。基于这种语言，混合系统的诊断被转换为离散事件框架。特别是，行为自动机可用于构建诊断器[12,27]，它可以支持诊断和诊断分析[3,5]。

此后，Vento 等[31]提出扩展文献［6］中提出的行为自动机方法，以便它可以解释非结构性故障。根据文献［30］中介绍的思想，这些被集成在行为自动机中作为具有未知连续动力学的操作模式。如果完全可辨别，则标称和非结构故障模式之间的转换可能变得可观察。如前所述，该属性是通过分析与每个标称模式相关的故障特征矩阵来确定的，该故障特征矩阵基于灵敏度概念[22]。

已经提出行为自动机抽象方法的其他扩展用于改善诊断性能。使用被动鲁棒策略的基于参数不确定性的方法可以在文献［32］中找到，其中使用奇偶空间方法和输入/输出模型之间的等效性来生成用于残差评估的自适应阈值。文献［33］中提出的另一种方法允许使用基于组件的诊断器来诊断混合系统，考虑非线性模型并包括多个故障检测假设。可以证明，使用 RRA 的想法可以是完整的混合状态估计模式[26]。

尽管行为自动机抽象方法很有趣，但它的主要问题是双重的：
- 诊断程序的状态数随着行为自动机的状态数呈指数增长，并且可能需要太多的内存存储；
- 为每种模式生成一组残差是一项烦琐的任务，通常是不必要的，因为系统仍限于有限数量的模式。

后一个问题很早就被确定了，并且针对特定情况提出了一些解决方案[29]。这个问题在文献［34，35］中被认为是一个整体，它提出了一种增量方法来避免构建整个行为自动机和离线诊断程序的任务。通过直接在初始混合自动机模型上解释物理系统发出的事件和测量来执行诊断。考虑到系统及其后继者可能的当前模式，模式跟踪和诊断器构建是同步进行的。此时的想法是在事件发生时逐步构建行为自动机和相应的诊断程序。只要系统达到新的操作模式，就会重新计算这些值。每次更新诊断程序时，都会考虑将当前诊断程序状态与其后继程序相关联的事件集，以跟踪系统模式。假设当前模式已知，则生成当前模式及其后继的残差集。

这种方法命名为增量行为自动机抽象允许构建诊断器的有用部分，仅开发解释传入事件发生所需的分支。由此产生的诊断适应系统的运行寿命，并且在内存存储方面的要求比整个诊断器要低。

## 10.3  混杂系统诊断框架

### 10.3.1  混杂自动机模型

根据系统结构连接，该系统由一组组件组成，由 **COMP** 表示。假设组件

$\mathscr{L}_j \in \boldsymbol{COMP}$ 的行为由线性仿射方程（代数或微分）控制并且用模式参数化。模型方程依赖于一组物理变量，这些变量分为两个子集，即未知变量和已知变量。每个组件的离散事件行为由自动机表示。

混合自动机模型由组件自动机的并行组合和系统的参数化线性方程组成[3,6,21,31]。

混杂自动机 $\boldsymbol{HA} = <\mathscr{L}, \mathscr{X}, \mathscr{U}, \mathscr{Y}, \mathscr{F}, \mathscr{G}, \mathscr{H}, \sum, \mathscr{T}>$，其中：

- $\mathscr{L}$ 是一组模式。具有 $|\mathscr{L}| = n_q$ 的每个 $q_i \in \mathscr{L}$ 表示操作模式，其可以是系统的标称模式或结构或非结构故障模式，即 $\mathscr{L} = \mathscr{L}_N \cup \mathscr{L}_{\mathscr{F}_S} \cup \mathscr{L}_{\mathscr{F}_{nS}}$。
- $q_0 \subseteq \mathscr{L}$ 是一组初始模式。
- $\mathscr{X} \subseteq \mathscr{R}^{n_x}$ 定义连续状态空间。$x(k) \in \mathscr{X}$ 是离散时间状态向量，$x_0$ 是初始状态向量。
- $\mathscr{U} \subseteq \mathscr{R}^{n_u}$ 定义连续输入空间。$u(k) \in \mathscr{U}$ 是离散时间输入向量。
- $\mathscr{Y} \subseteq \mathscr{R}^{n_y}$ 定义连续输出空间。$y(k) \in \mathscr{Y}$ 是离散时间输出向量。
- $\mathscr{F}$ 是可以划分为结构和非结构故障的故障集，即 $\mathscr{F} = \mathscr{F}_s \cup \mathscr{F}_{ns}$。每个故障模式 $q_i \in \mathscr{L}_{\mathscr{F}_S}$ 或 $q_i \in \mathscr{Q}_{\mathscr{F}_{nS}}$ 都有相应的故障 $f_i \in \mathscr{F}_S$ 或 $f_i \in \mathscr{F}_{nS}$，并与集合 $\sum_{\mathscr{F}}$ 中定义的故障事件相关联。与结构故障相关的模式具有指定其连续行为的动态模型，而与非结构性故障相关的模型则没有。这些故障是通过它们暗示的系统动力学的修改来捕获的。它们由影响其他模式方程的矢量 $f_{ns}$ 建模。
- $\mathscr{G}$ 为每个模式 $q_i \in \mathscr{L}_N \cup \mathscr{L}_{\mathscr{F}_S}$ 定义一组离散时间状态功能：

$$x(k+1) = \boldsymbol{A}_i x(k) + \boldsymbol{B}_i u(k) + \boldsymbol{F}_{xi} f_{ns}(k) + \boldsymbol{E}_{xi} \quad (10.1)$$

式中：$\boldsymbol{A}_i \in \mathscr{R}^{n_x \times n_x}$，$\boldsymbol{B}_i \in \mathscr{R}^{n_x \times n_u}$ 和 $\boldsymbol{E}_{xi} \mathscr{R}^{n_x \times 1}$ 为模式 $q_i$ 中的状态矩阵；$f_{ns}(k)$ 为非结构性故障的向量；$\boldsymbol{F}_{xi}$ 为故障分布矩阵。$f_{ns}(k) = 0$ 的情况对应于标称或结构故障行为。

- $\mathscr{H}$ 为每个模式 $q_i \in \mathscr{L}_N \cup \mathscr{L}_{\mathscr{F}_S}$ 设定一组离散时间输出功能：

$$y(k) = \boldsymbol{C}_i x(k) + \boldsymbol{D}_i u(k) + \boldsymbol{F}_{yi} f_{ns}(k) + \boldsymbol{E}_{yi} \quad (10.2)$$

式中：$\boldsymbol{C}_i \in \mathscr{R}^{n_y \times n_x}$，$\boldsymbol{D}_i \in \mathscr{R}^{n_y \times n_u}$ 和 $\boldsymbol{E}_{yi} \in \mathscr{R}^{n_y \times 1}$ 是模式 $q_i$ 中的输出矩阵，$\boldsymbol{F}_{yi}$ 是故障分布矩阵。

- $\Sigma = \Sigma_s \cup \Sigma_c \cup \Sigma_{\mathscr{F}}$ 是一组事件。考虑自发模式切换事件 $(\Sigma_s)$，输入事件 $(\Sigma_c)$ 和故障事件 $(\Sigma_{\mathscr{F}} = \Sigma_{\mathscr{F}_S} \cup \Sigma_{\mathscr{F}_{ns}})$。$\Sigma$ 可以划分为 $\Sigma_o \cup \Sigma_{uo}$，其中 $\Sigma_o$ 表示一组可观察事件，$\Sigma_{uo}$ 表示一组不可观察事件。$\Sigma_{\mathscr{F}} \in \Sigma_{uo}$，$\Sigma_c \in \Sigma_o$ 和 $\Sigma_s \subseteq \Sigma_{uo} \cup \Sigma_o$。

## 第10章 基于行为自动抽取的混杂动态系统诊断

- $\mathcal{T}: \mathscr{L} \times \Sigma \to \mathscr{L}$ 是转换功能。用事件 $\sigma \in \Sigma$ 标记的从模式 $q_i$ 到模式 $q_j$ 的转变，当事件不感兴趣时被记为 $\mathcal{T}(q_i,\sigma)=q_j$ 或者被记为 $\tau_{ij}$。

或者，模型通过式（10.1）和式（10.2）给出，可以使用延迟算子以输入输出形式表示，该算子被记为 $p^{-1}$ 并考虑初始条件等于零，如下：

$$y(k)=M_i(p^{-1})u(k)+\mathscr{r}_i(p^{-1})f_{ns}(k)+E_{mi}(p^{-1}) \qquad (10.3)$$

其中

$$M_i(p^{-1})=C_i(PI-A_i)^{-1}B_i+D_i \qquad (10.4)$$

$$\mathscr{r}_i(p^{-1})=C_i(PI-A_i)^{-1}F_{xi}+F_{yi} \qquad (10.5)$$

$$E_{mi}(p^{-1})=(C_i(PI-A_i)^{-1}E_{xi}+E_{yi})\frac{P}{P-1} \qquad (10.6)$$

考虑到 $M_i(p^{-1})$ 表示系统输入/输出传递函数，$\mathscr{r}_i(p^{-1})$ 是非结构性故障传递函数，并且 $E_{mi}(p^{-1})$ 与状态空间模型中的术语 $E_{xi}$ 和 $E_{yi}$ 相关联。

组件 $\mathscr{L}$ 的自动机由 $DA_{\ell}=<\mathscr{L}_{\ell},\Sigma_{\ell},\mathcal{T}_{\ell},\Gamma_{\ell}>$，其中 $\mathscr{L}_{\ell}$ 是离散模式的集合，$\Sigma_{\ell}$ 是事件集，$\mathcal{T}_{\ell}$ 是转换函数，$\Gamma_{\ell}: \mathscr{L}_{\ell} \to 2^{\Sigma_{\ell}}$ 是活动事件函数。事件可以是可观察的或不可观察的，例如与结构性故障的发生相对应的事件。活动事件功能包含所有可能事件 $\sigma_{\ell} \in \Sigma_{\ell}$ 的集合，使得 $\mathcal{T}_{\ell}(q_{\ell},\sigma_{\ell})$ 被定义。

在这项工作中，混合模型是通过并行组合组件模型的自动机来构建的[12]。给定两个自动机 $DA_1$ 和 $DA_2$，并行组合定义为：

$$DA_{\ell_1} \| DA_{\ell_2}=A_c(\mathscr{L}_{\ell_1} \times \mathscr{L}_{\ell_2},\Sigma_1 \cup \Sigma_2,\mathcal{T}_{AC},\Gamma_{1\|2},(q_{01},q_{02}))$$

$$\mathcal{T}_{A_c}((q_1 \cdot q_2),\sigma_{\ell})=\begin{cases}(\mathcal{T}_1(q_1,\sigma_{\ell}),(\mathcal{T}_2(q_2,\sigma_{\ell})) & \sigma_{\ell} \in \Gamma_1(q_1) \cap \Gamma_2(q_2) \\ (\mathcal{T}_1(q_1,\sigma_{\ell}),q_2) & \sigma_{\ell} \in \Gamma_1(q_1) \backslash \Sigma_2 \\ (q_1,\mathcal{T}_2(q_2,\sigma_{\ell})) & \sigma_{\ell} \in \Gamma_2(q_2) \backslash \Sigma_1 \\ \text{未定义} & \text{其他}\end{cases}$$

$$(10.7)$$

其中 $A_c(G)$ 是一元运算符，涉及从其初始状态获取 $G$ 的可访问部分。

另一方面，系统模型由描述组件行为及其互连的方程组给出。使用操作模式对分量方程进行参数化。因此，混合模型中每个模式的状态空间模型由式（10.1）和式（10.2）表示，其中状态空间矩阵根据通过合成[1,7]获得的模式来实例化。

表10.1总结了何时可能定义 HA 中的转换功能。符号"—"表示无法进行转换。请注意，标称模式之间的转换以及从结构故障模式到非结构故障模式的转换是可能的。然而，从故障模式到标称模式的转换是不可能的，也不可能从非结构故障模式转换。

表 10.1 定义的 HA 转换功能

| 类型 | | 目的模式 | | |
|---|---|---|---|---|
| | | $\mathscr{L}_N$ | $\mathscr{L}_{\mathscr{F}_s}$ | $\mathscr{L}_{\mathscr{F}_{ns}}$ |
| 源模式 | $\mathscr{L}_N$ | $\Sigma_s \cup \Sigma_c$ | $\Sigma_{\mathscr{F}_s}$ | $\Sigma_{\mathscr{F}_{ns}}$ |
| | $\mathscr{L}_N$ | — | — | $\Sigma_{\mathscr{F}_{ns}}$ |
| | $\mathscr{L}_N$ | — | — | — |

要考虑的另一个方面是组件自动机的组成是针对属于 $\mathscr{L}_N \cup \mathscr{L}_{\mathscr{F}_s}$ 的操作模式完成的。非结构性故障模式被后加到所得到的混合自动机中。因此，与 $\mathscr{L}_N \cup \mathscr{L}_{\mathscr{F}_s}$ 中的每个模式相关联的非结构模式的数量等于 $\mathscr{F}_{ns}$。

### 10.3.2 一致性指标

在混合框架中，通过报告的可观察离散事件 $\Sigma_o$ 和连续测量来实现诊断 $(y(k), u(k))$。参考后者，采用基于模型的诊断[9]的共同视图，并为与动态模型相关的每个模式生成残差。这些残差用于获得一致性指标。

考虑具有式（10.1）和式（10.2）的动态模型的模式 $q_i \in \mathscr{L}_N \cup \mathscr{L}_{\mathscr{F}_s}$，然后由下式给出残差集：

$$r_i(k) = y(k) - G_i(p^{-1})u(k) - H_i(p^{-1})y(k) - E_i(p^{-1}) \quad (10.8)$$

式中：$G_i(p^{-1})$，$H_i(p^{-1})$ 和 $E_i(p^{-1})$ 表示模式 $q_i$ 的输入—输出动态模型。例如，可以使用观察者[23]计算这些传递函数。或者，也可以使用奇偶校验空间方法①[13]。事实上，两种方法之间的等价性已在某些条件下得到证实[17]。观察者模型由下式给出：

$$G_i(p^{-1}) = C_i(pI - A_{oi})^{-1}B_i + D_i \quad (10.9)$$

$$H_i(p^{-1}) = C_i(pI - A_{oi})^{-1}L_{oi} \quad (10.10)$$

$$E_i(p^{-1}) = (C_i(pI - A_{oi})^{-1}E_{xi} + E_{yi})\frac{p}{p-1} \quad (10.11)$$

$A_{oi} = A_i - L_{oi}C_i$ 和 $L_{oi}$ 是观察者增益。

生成残差后，将根据阈值进行评估，并提供以下形式的一致性指标：

$$\varphi_i^l(k) = \begin{cases} 0 & (|r_i^l(k)| \leq \tau_i^l) \\ 1 & (|r_i^l(k)| \geq \tau_i^l) \end{cases} \quad (10.12)$$

式中：$l \in \{1, \cdots, n_{ri}\}$，$n_{ri}$ 是模式 $q_i$ 的残差数；$\tau_i^l$ 为与残差 $r_i^l(k)$ 相关的阈值。然后将一致性指标收集在矢量 $\Phi_i(k) = [\varphi_i^1(k), \cdots, \varphi_i^{n_{ri}}(k)]$。

---

① 可以使用文献中可用的任何残差生成方法。例如，参见 [9, 20]

为了检测和隔离非结构性故障,使用故障灵敏度的概念生成模式 $q_i$ 的理论故障特征矩阵 $FS_i$,其由以下表达式确定:

$$\Lambda_i(p^{-1}) = (I - H_i(p^{-1}))\gamma_i(p^{-1}) \tag{10.13}$$

其中 $\gamma_i$ 由式(10.5)给出。给出第 $j$ 个残差相对于被记为 $\Lambda_i(j,l)$ 的第 $l$ 个非结构性故障的缺陷敏感性(即灵敏度矩阵 $\Lambda_i$ 的元素 $(j,l)$),$FS_i$ 的元素 $(j,l)$ 确定如下:

$$FS_i(j,l) = \begin{cases} 0 & (\Lambda_i(j,l) \neq 0) \\ 1 & (\Lambda_i(j,l) = 0) \end{cases} \tag{10.14}$$

如果模式 $q_i$ 的第 $j$ 个残差对第 $l$ 个故障敏感,则 $FS_i(j,l)$ 为 1,否则为 0。为了完整性,添加一个具有零签名的列,表示非结构性无故障情况。如果 $f_l$ 是第 $l$ 个非结构性故障,则表示为 $FS_i^l$ 的 $f_l$ 的理论故障特征由 $FS_i(\cdot,l)$ 给出。

### 10.3.3 模式可辨别性分析

两种模式的可辨别性评估是否可以基于连续测量来区分这些模式。此属性是混合系统模式跟踪的关键。在本节中,分析了一般情况的可辨别性,其中模式可能是名义上的或有缺陷的,在结构上或非结构上的。从 Cocquempot 等提出的定义开始,基于模式的连续动态模型或它们暗示混合系统的连续动力学的偏差得出操作条件[14]。本节中陈述的所有命题的正式证明可以在文献[34]中找到①。

**定义 1** 如果存在至少两个信号 $(u(k), y(k))$,与模式 $q_i$ 一致,与模式 $q_j$ 不一致则可以辨别出两种模式 $q_i$ 和 $q_j$,反之亦然。

根据残差的性质,得到以下结果。

**命题 1** 如果两种模式的一致性指标满足 $\Phi_i(k) = \Phi_j(k)$ 对于任何 $(u(k), y(k))$ 和时间瞬间 $k$ 成立,则两种模式 $q_i$ 和 $q_j$ 是不可辨别的。

定义了以下功能:

$$f_{\text{disc}} : \mathscr{L} \times \mathscr{L} \to \{0,1\} \tag{10.15}$$

其中,如果 $q_i$ 和 $q_j$ 是可辨别的,则 $f_{\text{disc}}(q_i, q_j) = 1$,否则 $f_{\text{disc}}(q_i, q_j) = 0$。如果两种模式 $q_i$ 和 $q_j$ 是可辨别的,则认为这对模式 $(q_i, q_j)$ 是可辨别的。

以下定义与可辨别性有关。

**定义 2** 考虑到 $HA$,如果 $q_i$ 和 $q_j$ 根据定义1可辨别,则在时刻 $k$ 可检测到模式变化 $q_i \to q_j$。

**定义 3** 考虑到 $HA$,如果在时刻 $k$ 满足以下条件,则两个模式变化 $q_i \to q_j$

---

① 阈值可以使用任何标准的 FDI 阈值生成方法来确定

和 $q_i \rightarrow q_l$ 是可分离的。

（1）两种模式的变化都可以根据定义 2 来检测，或者相当于 $(q_i, q_j)$ 和 $(q_i, q_l)$ 都是可辨别的。

（2）模式 $(q_l, q_j)$ 根据定义 1 可辨别。

保证可辨别性的条件取决于 HA 中考虑的一对模式。这可以概述为 3 种情况。

#### 10.3.3.1 案例 1

考虑一对具有相关的形式（10.1）和式（10.2）的连续动态模型的模式，以输入—输出形式（10.3）表示。有以下结果。

**命题 2** 两种模式 $\{q_i, q_j\} \subseteq \mathscr{L}_N \cup \mathscr{L}_{\mathscr{F}_s}$，如果满足以下条件，则是不可辨别的：

$$M_i(p^{-1}) = M_j(p^{-1}) \tag{10.16}$$

$$E_{mi}(p^{-1}) = E_{mj}(p^{-1}) \tag{10.17}$$

其中，$M_i$，$E_{mi}$，$M_j$ 和 $E_{mj}$ 分别对应于式（10.4）和式（10.6）给出的输入/输出模型矩阵。

式（10.16）和式（10.17）保证两种模式的一致性指标满足任何 $(u(k), y(k))$ 在任何时刻 $k\phi_i(k) = 0$ 和 $\phi_j(k) = 0$，因此参考命题 1 证明了两种模式的不可辨别性。

可以使用式（10.16）和式（10.17）来评估可辨别函数，条件依赖于以输入—输出形式（10.3）表示的系统模型式（10.1）和式（10.2）。

#### 10.3.3.2 案例 2

考虑对应于非结构性故障的一对模式，它们具有共同的前趋模式。这些模式没有连续的动态模型，但故障在故障特征矩阵中具有特征。

可辨别性属性涉及比较它们相应的故障特征。

**命题 3** 两种模式 $\{q_{i_1}, q_{i_2}\} \subseteq \mathscr{L}_{\mathscr{F}_{ns}}$ 分别与非结构性故障 $f_{ns_1}$ 和 $f_{ns_2}$ 相关联，如 $\mathscr{J}(q_i, \sigma_{f_{ns_1}}) = q_{i_1}$ 和 $\mathscr{J}(q_i, \sigma_{f_{ns_2}}) = q_{i_2}$ 用于给定模式 $q_i \in \mathscr{L}_N \cup \mathscr{L}_{\mathscr{F}_s}$ 和 $(\sigma_{f_{ns_1}}, \sigma_{f_{ns_2}}) \subseteq \Sigma_{\mathscr{F}_{ns}}$，如果它们的残余故障灵敏度满足

$$\wedge_i^{f_{ns_1}}(p^{-1}) = \wedge_i^{f_{ns_2}}(p^{-1}) \neq 0 \tag{10.18}$$

则是不可辨别的。

#### 10.3.3.3 案例 3

考虑一种具有连续动态模型的模式和另一种没有连续动态模型的模式，它有一个共同的前驱模式，有以下结果。

**命题 4** 模式 $q_j \in \mathscr{L}_N \cup \mathscr{L}_{\mathscr{F}_s}$ 和模式 $q_{i_\alpha} \in \mathscr{L}_{\mathscr{F}_{ns}}$ 与非结构故障 $f_{ns_\alpha}$ 相关，则模式 $\mathscr{T}(q_i, \sigma) = q_j$ 和 $\mathscr{T}(q_i, \sigma_{f_{ns_\alpha}}) = q_{i_\alpha}$，对于给定模式 $q_j \in \mathscr{L}_N \cup \mathscr{L}_{\mathscr{F}_s}$，$\sigma \in \Sigma_s \cup \Sigma_c \cup$

$\Sigma_{\mathcal{F}_s}$ 和 $\sigma_{f_{ns_\alpha}} \in \Sigma_{\mathcal{F}_{ns}}$，如果满足以下条件则不可辨别：

$$M_j(p^{-1}) = M_i(p^{-1}) = \wedge_i^{f_{ns\alpha}}(p^{-1}) \tag{10.19}$$

$$E_{mi}(p^{-1}) = E_{mj}(p^{-1}) \tag{10.20}$$

$$u(k) = f_{ns_\alpha}(k) \tag{10.21}$$

请注意，可辨别条件利用了通过其前驱模式的动态模型计算的非结构故障模式的灵敏度函数。

### 10.3.4　行为自动机抽象

行为自动机是 $L(HA)$ 语言的有限状态生成器，它是根据离散签名事件抽象出连续动态[2,6]。行为自动机由 $B = <\overline{\mathcal{L}}, \overline{\Sigma}, \overline{\mathcal{T}}, \overline{q}_0>$ 定义。

- $\overline{\mathcal{L}} = \mathcal{L} \cup \mathcal{L}'$ 是一组离散状态，其中：
  - $\mathcal{L}$ 是 $HA$ 的一组模式；
  - $\mathcal{L}'$ 是一组瞬态模式。
- $\overline{q}_0$ 是初始状态。
- $\overline{\Sigma} = \Sigma \cup \Sigma^{Sig}$ 是一系列事件，其中：
  - $\Sigma$ 是 $HA$ 的一系列事件；
  - $\Sigma^{Sig}$ 是根据式（10.15）可辨别两种模式时生成的一组签名事件。
- $\overline{\mathcal{T}} : \overline{\mathcal{L}} \times \overline{\Sigma} \longmapsto \overline{\mathcal{L}}$ 是行为自动机的部分转换功能。

$B$ 是基于 10.3.3 节中提出的可辨别性属性按照算法构建的。该算法先前要求将 $HA$ 模式集划分为不可辨别模式的子集，即 $\mathcal{L}_{disc} = \{\mathcal{L}_{v_1}, \cdots, \mathcal{L}_{v_N}\}$。

---

算法 1：B_Builder(BA)

1:　$\mathcal{L}_h = \emptyset$
2:　**for all** $q_i \in \mathscr{C}$ **do**
3:　　　$\mathcal{L}_h = \mathcal{L}_h \cup \{q_i\}$
4:　**end for**
5:　**while** $\mathcal{L}_h \neq \emptyset$ **do**
6:　　　$\mathcal{L}_h = \mathcal{L}_h \setminus \{q_i\}$
7:　　　**for all** $q_j \in Succs_{HA}(q_i)$ **do**
8:　　　　　**if** $q_j \notin \mathscr{C} \cap \overline{\mathscr{C}}$ **then**
9:　　　　　　　$\overline{\mathcal{L}} = \{q_j\} \cup \overline{\mathcal{L}}$
10:　　　　**end if**
11:　　　　Let $\sigma$ is sush as $\mathscr{F}(q_i, \sigma) = q_j$:
12:　　　　**switch**($\sigma$)

```
13:         case σ ∈ Σ_o:
14:             $\overline{\mathcal{T}}(q_i,\sigma) = q_j$.
15:         case σ ∈ Σ_{uo}:
16:             if $q_i$ and $q_j$ are discernible according to (10.15) then
17:                 $\mathscr{C}^t = \{q_{i-j}^t\} \cup \mathscr{C}^t$.
18:                 $\delta := f_{Sig\_ev}(q_i, q_j)$ according to (10.22).
19:                 if $\delta \notin \overline{\Sigma}$ then
20:                     $\overline{\Sigma} = \{\delta\} \cup \overline{\Sigma}$
21:                 end if
22:                 $\overline{\mathcal{T}}(q_i,\sigma) := q_{i-j}^t$.
23:                 $\overline{\mathcal{T}}(q_{i-j}^t, \delta) := q_j$.
24:             else
25:                 if $q_j \in \mathscr{C}_\mathcal{N} \cup \mathscr{C}_{\mathcal{F}_s}$ then
26:                     $\mathscr{L}_h = \mathscr{L}_h \cup \{q_j\}$
27:                 end if
28:                 $\overline{\mathcal{T}}(q_i,\sigma) := q_j$.
29:             end if
30:         end switch
31:     end for
32: end while
```

为了探索 HA 中的每个模式 $q_i \in \mathscr{L}$，集合 $Succs_{HA}(q_i) = \{q_j \in \mathscr{L}: \exists \sigma \in \Sigma, T(q_i, \sigma) = q_j\}$ 被定义。HA 的转换被集成到 B 中，并且在必要时研究源模式和目标模式之间的可辨别性（参见 10.3.3 节）。如果 HA 中的转换由可观察事件标记，则转换保持在 **B** 中（参见第 14 行）。否则，在这对模式之间评估可辨别性属性 $(q_i, q_j)$（见第 16 行）。如果两种模式是可辨别的，则在这些模式之间添加瞬态模式①（参见第 17~23 行）。

瞬态模式的输出转换与签名事件（参见第 18 行）相关联，表明可以通过一致性指示符观察模式改变。根据两种模式的可辨别性情况对该签名事件进行索引。否则，如果两种模式是不可辨别的，则原始转换保持在 **B** 中，标记有其相应的不可观察事件（参见第 28 行）。

$$\delta: f_{Sig\_ev}: \overline{\mathscr{L}} \times \overline{\mathscr{L}} \rightarrow \Sigma^{Sig} \tag{10.22}$$

---

① 瞬态模式是解释混杂自动机 HA 停留时间要求的方法 [7]。

$$f_{\text{Sig\_ev}} \mapsto \begin{cases} \delta_{v_i \text{-} v_j} & \text{根据命题 } 2 f_{\text{disc}}(q_i, q_j) = 1 \\ & \text{其中 } q_i \in \mathscr{L}_{v_i}, q_j \in \mathscr{L}_{v_j}, \{\mathscr{L}_{v_i}, \mathscr{L}_{v_j}\} \subseteq \mathscr{L}_{\text{disc}} \\ \delta_{\mathscr{F}_{v_i}} & \text{根据命题 } 3 f_{\text{disc}}(q_i, q_j) = 1 \\ & \text{其中 } \delta_{\mathscr{F}_{v_i}'} \text{与隶属于子集 } \mathscr{F}_{v_i}' \text{的非结构故障} f_l \text{相关,其中 } l \in \mathscr{Z}^+ \\ \delta & \text{根据命题 } 4 f_{\text{disc}}(q_i, q_j) = 1 \end{cases}$$

(10.23)

事件标签允许区分 10.3.3 节中分析的可辨别案例,以便可以正确地构建诊断器。

### 10.3.5 混杂诊断器

混杂诊断是一个无限状态机 $D = <\mathscr{L}_D, \Sigma_D, T_D, q_{D_0}>$,其中

- $q_{D_0} = \{q_0, \varnothing\}$ 是混合诊断的无限状态,这些状态被假定对应着一个正常的系统模式;
- $\mathscr{L}_D$ 是混合诊断的一个状态集。一个单元 $q_D \in \mathscr{L}_D$ 是 $q_D = \{(q_1, l_1), (q_2, l_2), \cdots, (q_n, l_n)\}$ 的集合形式,其中 $q_i \in \overline{\mathscr{L}}$,$l_i \in \Delta_{\mathscr{F}}$ 这里 $\Delta_{\mathscr{F}}$ 定义了故障标签 $\Delta_{\mathscr{F}} = \Delta_{\mathscr{F}_s} \cup \Delta_{\mathscr{F}_{ns}}$ 的能量集,其中 $\Delta_{\mathscr{F}_s} = \{f_1, \cdots, f_\gamma, \varnothing\}$,$\Delta_{F_{ns}} = \{f_1^*, \cdots, f_\mu^*\}$。$\gamma + \mu$ 是故障组合的总数,$\gamma, \mu \in \mathscr{Z}^+$。在 $\Delta_{\mathscr{F}}$ 中,$\varnothing$ 代表正常行为。$\Sigma_D = \overline{\Sigma}_o$ 是 B 中所有可观察事件的集合。
- $\mathscr{T}_D: \mathscr{L}_D \times \overline{\Sigma}_o \mapsto \mathscr{L}_D$ 是混合诊断的部分转换函数。

可以根据文献[12,27]中描述的过程从行为自动机 $B$ 中计算转移函数 $\mathscr{T}_D$。根据该过程,混合诊断器被构建为类似于观察者自动机,不同之处在于标记报告是否发生了与混合诊断状态相关联的故障事件。

### 10.3.6 模式跟踪逻辑

在任何时刻 $k$,当前混合诊断器状态提供称为置信模式的集合并由 $q_D(k)$ 表示。混合系统可以在当前置信模式中的任何模式下操作。给定系统的一组观察结果,如果当前模式的一致性指标已经改变,则可以预期模式改变。观察该变化的最短时间由停留时间要求给出,这保证了残差,因此一致性指标可以被正确计算[3]。

以下结果为转换检测和转换识别提供了条件。本节中陈述的所有命题的正式证明可以在文献[34]中找到。

**命题 5** 假如 $\Phi_i(k-1) = 0$ 并且 $\Phi_i(k) \neq 0$,在时刻 $k$ 从一个转换形式 $q_i \in \mathscr{L}_N \cup \mathscr{L}_{\mathscr{F}_s}$ 变换到另外一个模式是值得怀疑的。

命题5可用于通过监视当前可能模式的一致性指标集合来确定模式改变是否已经发生,即置信模式中的模式。

**命题6** 假设 $HA$ 处于模式 $q_i$ 并且根据命题5在时刻 $k$ 被怀疑转换,则

(1) 如果 $\Phi_i(k) = FS_i(\cdot, f_j)$,则一个转换 $q_i \in \mathscr{L}_{F_{ns}}$ 在时刻 $k$ 被检测到。

(2) 如果 $\Phi_i(k) = 0$ 并且 $\mathscr{T}(q_i, \tau_{ij}) = q_j$,则在时刻 $k$ 一个到 $q_j \in \mathscr{L}_{\mathcal{N}} \cup \mathscr{L}_{F_s}$ 的转换被检测到。

注意,命题6不一定标识唯一模式 $q_j$。特别地,命题6的条件(1)或(2)可以满足多于一个指数,其分别对应于模糊的非结构性故障模式和模糊结构故障模式的情况。该逻辑用于识别可能的模式变化集。

## 10.4 增量混杂系统诊断

### 10.4.1 增量诊断架构

在10.3节中描述的方法要求建立和存储整个混合自动机模型、行为自动机和混合诊断器。本节提出了一种增量式诊断程序,可在线逐步构建。实际上,通过解释由混合自动机模型上的物理系统发出的事件和测量来直接执行诊断。这种解释允许逐步构建诊断程序的有用部分,仅开发解释传入事件发生所需的分支。通常,与由混合自动机状态定义的整个行为空间相比,混杂系统在小区域中操作。因此,可以从所提出的方法中获得显著的增益。有关此方法的扩展描述,请参见文献[34],包括其复杂性分析,证明其在低内存使用要求下的好处,但代价是可忽略的执行时间损失。

考虑到系统及其后继者可能的当前模式,模式跟踪和诊断器构建是同步进行的。最初的想法是在事件发生时逐步构建混合诊断程序。这包括通过描述系统组件行为的自动机的组合逐步构建混合模型。构成组件的连续模型的线性方程组被参数化为模式的函数。

只要系统达到新的操作模式,就会重新计算混合模型和行为自动机。然后,更新诊断程序并考虑将当前诊断程序状态与其后继程序链接起来的事件集以跟踪系统模式。假设当前模式已知,则生成当前模式及其后继的残差集。接下来,混合诊断器检测并处理可观察事件(即输入事件和签名事件),其报告当前诊断器状态和可能发生的故障。

### 10.4.2 增量混合系统诊断框架

增量版本的 $HA$、$B$ 和 $D$ 被定义并标记为 $HA^k$、$B^k$ 和 $D^k$。通过用时刻 $k$ 索

引来捕获对时间的依赖性。

$HA^k$ 由式（10.7）中组件自动机的并行组合以及参数化方程构建，这些方程允许人们获得式（10.1）和式（10.2）中所引入模式的模型方程。在任何时刻 $k$，系统可以在称为置信模式的集合的模式之一中操作并由 $q_D(k)$ 表示。算法 2 将 $q_D(k)$ 作为输入，并且每当系统发生变化时，即当置信状态中的一个模式的一致性指标改变或者发生可观察事件时，递增地构建混合模型。

---

算法 2：Incremental_HA_Builder($q_D(k)$)

1： $\mathscr{L}_h = \emptyset$
2： **for all** $q_i \in q_D(k)$，例如 $q_i \in \mathscr{D}_{\mathscr{N}}^k \cup \mathscr{D}_{\mathscr{F}_s}^k$ **do**
3：　　$\mathscr{L}_h = \mathscr{L}_h \cup \{q_i\}$
4： **end for**
5： **while** $\mathscr{L}_h \neq \emptyset$ **do**
6：　　$\mathscr{L}_h = \mathscr{L}_h \setminus \{q_i\}$
7：　　**for all** $f_w \in \mathscr{F}_{ns}$ **do**
8：　　　　$\mathscr{D}^k := \{q_{f_{wi}}\} \cup \mathscr{D}^{k-1}$.
9：　　　　$\mathscr{T}(q_i, \sigma_{f_w}) = q_{f_{wi}}$.
10： 　　**end for**
11：　　通过递增平行构建更新模型：
12：　　**for all** $\sigma_\mathscr{U} \in \varGamma_{AC}(q_i)$ **do**
13：　　　　$\mathscr{T}^k(q_i, \sigma_\mathscr{U}) := \mathscr{T}_{AC}(q_i, \sigma_\mathscr{U})$
14：　　　　**if** $\sigma_\mathscr{U} \notin \varSigma^{k-1}$ **then**
15：　　　　　　$\varSigma^k := \sigma_\mathscr{U} \cup \varSigma^{k-1}$
16：　　　　**end if**
17：　　　　**if** $q_i \notin \mathscr{C}^k$ **then**
18：　　　　　　$\mathscr{D}^k := \{q_j\} \cup \mathscr{D}^{k-1}$
19：　　　　　　该模式的示例等式
20：　　　　　　计算 $r_j(\cdot)$ 的残差表达式
21：　　　　　　将 $q_j$ 按照 $\mathscr{D}_{disc}$ 分类
22：　　　　　　**if** $q_j$ 在 $\mathscr{D}_{disc}$ 中创建了一个新元素 $\mathcal{Q}_{v_j}$
23：　　　　　　　　计算 $FS_{v_j}(\cdot)$
24：　　　　　　　　更新并储存在知识库中
25：　　　　**end if**
26：　　　　**if** $\sigma_\mu \in \varSigma_{uo}$ **then**
27：　　　　　　**if** $(q_i, q_j)$ 按照式(10.15)是不可辨别的，**then**

28:                          $\mathscr{L}_h = \mathscr{L}_h \cup \{q_i\}$
29:                       end if
30:                    end if
31:                 end if
32:           end for
33: end while

---

从算法 2 中可以看出，$HA^k$ 的分支生成取决于当前模式与其后继者之间的可辨别性。如果其中一些是不可辨别的，则意味着标记转换的事件是不可观察的。当 $HA^k$ 使得所有分支以可观察的事件结束以避免模型中的不确定性时，算法的迭代停止。在第一次迭代中，$HA^k$ 最初必须至少包含初始模式及其后继模式，假设它们是可辨别的。

算法 2 的第 11 行使用并行组合更新 $HA^k$ 的离散部分。由式（10.7）给出的并行组合适于仅生成给定模式 $q_i$ 的后继模式。该函数提供了一组后继模式，事件集和此迭代的转换函数。在每个并行组合中生成的元素都在 $HA^k$ 中收集。假设增量初始模式（$HA_{\text{init}}$）是已知的，并且它是在诊断过程开始之前生成的。

在算法 2 中，第 7~10 行添加后继非结构故障模式，而第 13~16 行使用增量并行组合提供的信息添加后继标称和结构故障模式。无论何时生成新模式，第 17~25 行都会更新知识库。为了验证 $HA^k$ 的分支是否应该进一步扩展一级，分析了关于当前模式及其后继者的可辨别性（参见第 26~30 行）。

算法 2 还检查用于识别先前是否已考虑当前节点的条件（参见第 17 行）。由于混合自动机的状态具有有限数量的后继状态，因此保证该算法以有限数量的步骤终止。

作为操作模式的函数，参数化的系统模型由组件的整个方程组及其互连组成（参见算法 2 的第 19 行）。每种模式的状态空间模型可以用式（10.24）和式（10.25）表示。状态空间矩阵取决于系统参数，并且它们针对在增量组合中获得的模式进行实例化。

$$x(k+1) = \boldsymbol{A}_i x(k) + \boldsymbol{B}_i u(k) + \boldsymbol{F}_{xi} f(k) + \boldsymbol{E}_{xi} + \sum_{j=1}^{nS_i} \mu_{xi}^j \boldsymbol{S}_i^j(x(k), u(k)) + \sum_{j=1}^{nD_i} \psi_{xi}^j \boldsymbol{D}_i^j(x(k), u(k)) \qquad (10.24)$$

$$y(k) = \boldsymbol{C}_i x(k) + \boldsymbol{D}_i u(k) + \boldsymbol{F}_{yi} f(k) + \boldsymbol{E}_{yi} + \sum_{j=1}^{nS_i} \mu_{yi}^j \boldsymbol{S}_i^j(x(k), u(k)) + \sum_{j=1}^{nD_i} \psi_{yi}^j \boldsymbol{D}_i^j(x(k), u(k)) \qquad (10.25)$$

变量 $S_i^j$ 和 $D_i^j$ 按照文献 [7] 中的方法模拟出现在进化和观察方程中的饱和度和非线性盲区（见图10.3）。$nS_i$ 和 $nD_i$ 代表由子集产生的饱和数和非线性盲区，其中 $\mu_{yi}^j, \psi_{yi}^j \in \mathscr{R}^{n_y} \times \mathscr{R}$，$\mu_{xi}^j, \psi_{xi}^j \in \mathscr{R}^{n_x} \times \mathscr{R}$。

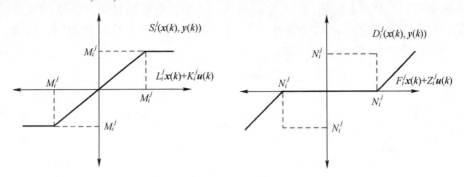

图 10.3 饱和度和死区表示

$$S_i^j((x(k),u(k))) = \begin{cases} -M_i^j, & L_i^j x(k)+K_i^j u(k) < -M_i^j \\ L_i^j x(k)+K_i^j u(k), & |L_i^j x(k)+K_i^j u(k)| \leq M_i^j \\ M_i^j, & L_i^j x(k)+K_i^j u(k) > M_i^j \end{cases}$$
(10.26)

其中，$M_i^j \in \mathscr{R}$ 是一个阈值，$L_i^j \in \mathscr{R} \times \mathscr{R}^{n_x}$ 和 $K_i^j \in \mathscr{R} \times \mathscr{R}^{n_u}$ 是常数矩阵。

$$D_i^j((x(k),u(k))) = \begin{cases} F_i^j x(k)+Z_i^j u(k), & |F_i^j x(k)+Z_i^j u(k)| \leq N_i^j \\ 0, & 其他 \end{cases}$$
(10.27)

其中，$N_i^j \in \mathscr{R}$ 是一个阈值，$F_i^j \in \mathscr{R} \times \mathscr{R}^{n_x}$ 和 $Z_i^j \in \mathscr{R} \times \mathscr{R}^{n_u}$ 是常数矩阵。

增量行为自动机 $B^k$ 是在10.3.4节中解释的方法的增量实现之后构建的。算法1的新版本探讨了 $HA^k$，假设系统可以在置信模式 $q_D(k)$ 的模式 $q_i$ 之一中操作。然后，探索每个后继模式 $Succs_{HA}(q_i), q_i \in q_D$ 进行。

增量混合诊断器 $D^k$ 也是由增量行为自动机 $B^k$ 构建的。只要存在先前未访问过的行为自动机状态，就会在发生可观察事件后更新 $D^k$。获得的混合诊断器的部分仅考虑可能的后继状态和接下来可能发生的转换。

## 10.5 应用案例研究

### 10.5.1 巴塞罗那污水管网

为了说明上述方法，使用了文献 [22] 中提出的巴塞罗那污水管网的代表性部分。污水管网呈现出多种元素,这些元素根据污水流动呈现出多种操作模式。污水管网可以使用虚拟水箱建模方法进行建模。因此,集水区污水管网的分解如图 10.4 所示。下水道中出现的元素包括:9 个虚拟水箱,1 个真实水箱,3 个重定向闸门,1 个保留闸门,1 个用于测量降雨强度的 4 个雨量计和用于测量下水道水位的 10 个雨量计。控制闸门由控制器控制,根据下水道中的流量,控制打开或关闭。

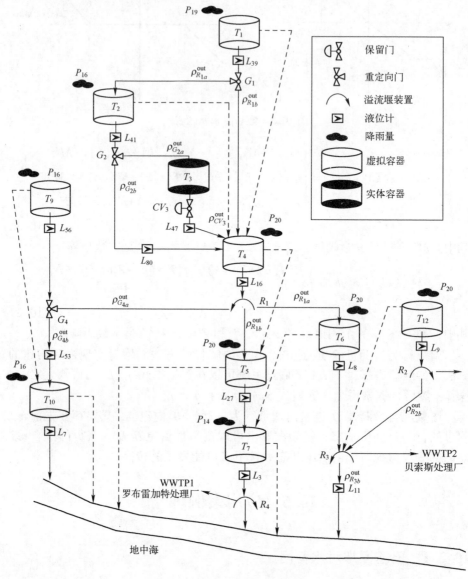

图 10.4 污水管网的部分展示

## 10.5.2 混杂建模

可以获得混合自动机模型以表示与虚拟罐和控制门相关联的网络中存在的混合现象。正如增量方法所提出的，混合模型是从每个组件的自动机逐步获得的。虚拟水箱的一般自动机由两个离散状态给出：过流（o）和非过流（wo），如图 10.5（左侧）所示。关于控制门，有 4 种离散状态，标称行为（打开或关闭）和故障行为（卡住打开（so）或卡住闭合 sc），如图 10.5（右侧）所示。

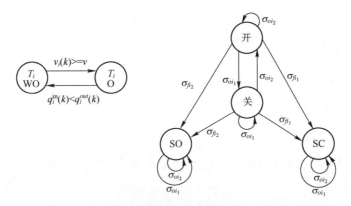

图 10.5　组件自动机

下水道的元素可以根据组件配置通过下面的方程组来描述。虚拟水箱的动态模型由以下表示水量的离散时间方程给出：

$$T_i : v_i(k+1) = v_i(k) + \Delta t (\varrho_i^{\mathrm{in}}(k) - \varrho_i^{\mathrm{out}}(k) - \varrho_i^{\mathrm{des}}(k))$$

其中，$i \in \{0,1\}$。其溢出由下式给定：

$$\varrho_i^{\mathrm{des}}(k) = \begin{cases} \varrho_i^{\mathrm{in}}(k) - \varrho_i^{\mathrm{out}}(k), & v_i(k) \geq \bar{v}_i \\ 0, & \text{其他} \end{cases} \quad (10.28)$$

与虚拟水箱相关的输入流量由下式给出：

$$\varrho_i^{\mathrm{in}} = \varrho_i^{\mathrm{plu}_v}(k) + \sum_{h=1}^{H} \varrho_i^{\mathrm{out}_h}(k) + \sum_{l=1}^{L} \varrho_i^{\mathrm{des}_l}(k) \quad (10.29)$$

其中，$\varrho_i^{\mathrm{plu}_v}(k) = S_i \phi_i u_i(k)$ 与降雨密度相关，$\varrho_i^{\mathrm{out}_h}(k)$ 对应容器 $T_i$ 注入其他容器的输出流，$\varrho_i^{\mathrm{des}_l}(k)$ 对应所有溢出容器注入容器 $T_i$ 的输入流，$h, l \in \mathbb{Z}^+$。

每个罐的输出流量由下式给出：

$$\varrho_i^{\text{out}}(k) = \begin{cases} \beta_i v_i(k), & \varrho_i^{\text{in}}(k) < \varrho_i^{\text{out}}(k) \\ \beta_i \bar{v}_i, & v_i(k) \geqslant \bar{v}_i \end{cases} \quad (10.30)$$

液位和容积之间的关系以及传感器提供的测量结果由下面的等式描述：

$$L_i(k) = \frac{\beta_i}{M_i} v_i(k) \quad (10.31)$$

控制门的输入流被分为两个输出流，其中的值取决于位置：开（$\alpha_j = 0$）或关（$\alpha_j = 1$）。

$$\varrho_{G_j}^{\text{out}} = \begin{cases} \varrho_{aG_j}(k) = (1-\alpha_j)\varrho_{G_j}^{\text{in}}(k) \\ \varrho_{bG_j}(k) = \alpha_j \varrho_{G_j}^{\text{in}}(k) \end{cases} \quad (10.32)$$

该组合基于虚拟水箱和控制门的自动机。

### 10.5.3 混合系统诊断

#### 10.5.3.1 设计

作为案例研究的污水管网的一小部分用于详细说明所提出的混合诊断方法（见图10.6）。

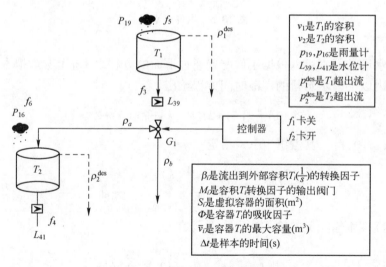

图 10.6 小部分污水管网

总之，有3个组件可以由自动机描述：两个虚拟水箱和重定向门。结构故障与重定向门中的故障相关联（卡住打开和卡住关闭）。非结构性故障与输出和输入传感器中的故障相关（$L_{39}, L_{41}, P_{19}, P_{16}$）。

表10.2详细说明了与组件自动机和非结构故障相关的事件。

表10.2 $HA$中的典型事件

| 事件 | 动作 | 可观察 | 类型 | 代码 |
| --- | --- | --- | --- | --- |
| $uo1$ | $v_1 \geq \bar{v}_2$ | 否 | 自发的 | 1 |
| $uo2$ | $\varrho_1^{in} < \varrho_1^{out}$ | 否 | 自发的 | 2 |
| $uo3$ | $v_2 \geq \bar{v}_2$ | 否 | 自发的 | 3 |
| $uo4$ | $\varrho_2^{in} < \varrho_2^{out}$ | 否 | 自发的 | 4 |
| $o1$ | 关闭重定向门 | 是 | 受控的 | 5 |
| $o2$ | 关闭重定向门 | 是 | 受控的 | 6 |
| $f1$ | 卡关 | 否 | 结构故障事件 | 7 |
| $f2$ | 卡开 | 否 | 结构故障事件 | 8 |
| $f3$ | 传感器$L_{39}$故障 | 否 | 非结构故障事件 | 9 |
| $f4$ | 传感器$L_{47}$故障 | 否 | 非结构故障事件 | 10 |
| $f5$ | 传感器$L_{19}$故障 | 否 | 非结构故障事件 | 11 |
| $f6$ | 传感器$L_{16}$故障 | 否 | 非结构故障事件 | 12 |

整个混合自动机（见图10.7）是从组件自动机的并行组合中获得的。混合自动机由8种标称模式和8种故障模式（与结构故障相关）组成。

表10.3中提供了每种模式$q_i \in \mathcal{L}_\mathcal{N} \cup \mathcal{L}_\mathcal{F}$的连续动力学模型。请注意，模式$q_1$和$q_9$与模式$q_5$和$q_{10}$具有等效的动力学模型。在最后三行中，当两个虚拟水箱中的任何一个存在溢流时，即使控制门打开或关闭，模型方程也是等效的。

输出函数由下式给出：

$$\begin{bmatrix} y_1(k) \\ y_2(k) \end{bmatrix} = \begin{bmatrix} \dfrac{\beta_1}{M_{39}} & 0 \\ 0 & \dfrac{\beta_2}{M_{41}} \end{bmatrix} \begin{bmatrix} x_1(k) \\ x_2(k) \end{bmatrix} \qquad (10.33)$$

其中，矩阵$C_i$对于所有模式和$D_i = 0$是相同的。

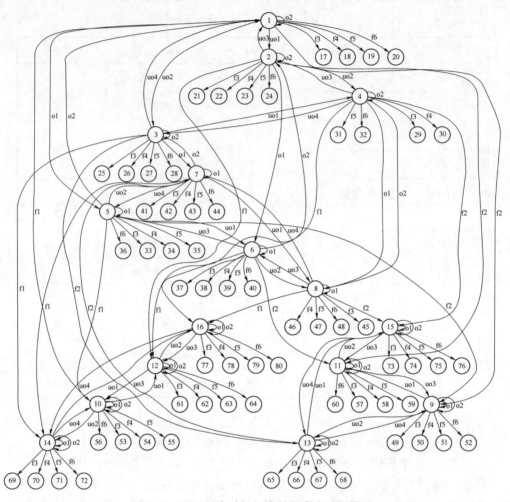

图 10.7 基于组自动机组合的混合自动机模型

所有模式的残差集在表 10.4 中给出。每种操作模式有两个残差,并且有 5 种不可辨别的模式集,如表 10.5 所列。对于在线诊断,仅计算与活动集相对应的残差集。活动集包括置信模式中的模式,及其后继者所属的模式。

## 表10.3 每个模式 $q_i \in \mathcal{L}_N \cup \mathcal{L}_{\mathcal{F}_S}$ 的状态空间矩阵

| $q_i$ | 门开或卡关 ($\alpha_1=1$) | | | $q_i$ | 门关或卡开 ($\alpha_1=0$) | | |
|---|---|---|---|---|---|---|---|
| | $A_i$ | $B_i$ | $E_{xi}$ | | $A_i$ | $B_i$ | $E_{xi}$ |
| 1, 9 | $\begin{bmatrix} 1-\Delta t\beta_1 & 0 \\ \alpha_1\Delta t\beta_2 & 1-\Delta t\beta_2 \end{bmatrix}$ | $\begin{bmatrix} \Delta tS_{1\varphi19} & 0 \\ 0 & \Delta tS_{2\varphi16} \end{bmatrix}$ | $\begin{bmatrix} 0 \\ 0 \end{bmatrix}$ | 5, 10 | $\begin{bmatrix} 1-\Delta t\beta_0 & 0 \\ 0 & 1-\Delta t\beta_2 \end{bmatrix}$ | $\begin{bmatrix} \Delta tS_{1\varphi19} & 0 \\ 0 & \Delta tS_{2\varphi16} \end{bmatrix}$ | $\begin{bmatrix} 0 \\ 0 \end{bmatrix}$ |
| 2, 11 | $\begin{bmatrix} 0 & 0 \\ 0 & 1-\Delta t\beta_2 \end{bmatrix}$ | $\begin{bmatrix} 0 & 0 \\ 0 & \Delta tS_{2\varphi16} \end{bmatrix}$ | $\begin{bmatrix} \overline{v_1} \\ \alpha_1\Delta t\beta_0 \overline{v_0} \end{bmatrix}$ | 6, 12 | $\begin{bmatrix} 0 & 0 \\ 0 & 1-\Delta t\beta_2 \end{bmatrix}$ | $\begin{bmatrix} 0 & 0 \\ 0 & \Delta tS_{2\varphi16} \end{bmatrix}$ | $\begin{bmatrix} \overline{v_1} \\ \overline{v_0} \end{bmatrix}$ |
| 3, 13 | $\begin{bmatrix} 1-\Delta t\beta_1 & 0 \\ 0 & 0 \end{bmatrix}$ | $\begin{bmatrix} \Delta tS_{1\varphi19} & 0 \\ 0 & 0 \end{bmatrix}$ | $\begin{bmatrix} 0 \\ \overline{v_2} \end{bmatrix}$ | 7, 14 | $\begin{bmatrix} 1-\Delta t\beta_1 & 0 \\ 0 & 0 \end{bmatrix}$ | $\begin{bmatrix} \Delta tS_{1\varphi19} & 0 \\ 0 & 0 \end{bmatrix}$ | $\begin{bmatrix} 0 \\ \overline{v_2} \end{bmatrix}$ |
| 4, 15 | $\begin{bmatrix} 0 & 0 \\ 0 & 0 \end{bmatrix}$ | $\begin{bmatrix} 0 & 0 \\ 0 & 0 \end{bmatrix}$ | $\begin{bmatrix} \overline{v_1} \\ \overline{v_2} \end{bmatrix}$ | 8, 16 | $\begin{bmatrix} 0 & 0 \\ 0 & 0 \end{bmatrix}$ | $\begin{bmatrix} 0 & 0 \\ 0 & 0 \end{bmatrix}$ | $\begin{bmatrix} \overline{v_1} \\ \overline{v_2} \end{bmatrix}$ |

表 10.4 对于所有模型使用输入—输出模型进行残差生成

| $q_i$ | 门开或卡关 ($\alpha=1$) | | | $q_i$ | 门关或卡开 ($\alpha=0$) | | |
|---|---|---|---|---|---|---|---|
| | $G_i$ | $H_i$ | $E_i$ | | $G_i$ | $H_i$ | $E_i$ |
| 1, 9 | $\begin{bmatrix} \dfrac{\Delta t\,\beta_1 S_{1\phi1}}{M_{39}p} & 0 \\ 0 & \dfrac{\Delta t\,\beta_1 S_{2\phi2}}{M_{41}p} \end{bmatrix}$ | $\begin{bmatrix} \dfrac{1-\Delta\beta_1}{p} & 0 \\ \dfrac{\Delta t\,\beta_2\alpha_1 M_{39}}{M_{41}p} & \dfrac{1-\Delta\beta_2}{p} \end{bmatrix}$ | $\begin{bmatrix} 0 \\ 0 \end{bmatrix}$ | 5, 10 | $\begin{bmatrix} \dfrac{\Delta t\,\beta_1 S_{1\phi1}}{M_{39}p} & 0 \\ 0 & \dfrac{\Delta t\,\beta_2 S_{2\phi2}}{M_{41}p} \end{bmatrix}$ | $\begin{bmatrix} \dfrac{1-\Delta\beta_1}{p} & 0 \\ 0 & \dfrac{1-\Delta\beta_2}{p} \end{bmatrix}$ | $\begin{bmatrix} 0 \\ 0 \end{bmatrix}$ |
| 2, 11 | $\begin{bmatrix} 0 & 0 \\ 0 & \dfrac{\Delta t\,\beta_1 S_{1 6\phi1}}{M_{41}p} \end{bmatrix}$ | $\begin{bmatrix} \dfrac{1-\Delta\beta_1}{p} & 0 \\ \dfrac{\Delta t\,\beta_1\alpha_1 M_{39}}{M_{41}p} & \dfrac{1-\Delta\beta_2}{p} \end{bmatrix}$ | $\begin{bmatrix} \dfrac{\overline{v_0}\beta_1}{M_{39}p} \\ \dfrac{\Delta t\beta_{2\alpha}\beta_0\overline{v_1}}{M_{41}(p-1+\Delta\beta_1)} \end{bmatrix}$ | 6, 12 | $\begin{bmatrix} 0 & 0 \\ 0 & \dfrac{\Delta t\,\beta_2 S_{2\phi2}}{M_{41}p} \end{bmatrix}$ | $\begin{bmatrix} \dfrac{1-\Delta\beta_1}{p} & 0 \\ 0 & \dfrac{1-\Delta\beta_2}{p} \end{bmatrix}$ | $\begin{bmatrix} \dfrac{\overline{v_1}\beta_1}{M_{39}p} \\ 0 \end{bmatrix}$ |
| 3, 13 | $\begin{bmatrix} \dfrac{\Delta t\,\beta_1 S_{1\phi1}}{M_{39}p} & 0 \\ 0 & 0 \end{bmatrix}$ | $\begin{bmatrix} \dfrac{1-\Delta\beta_1}{p} & 0 \\ \dfrac{\Delta\beta_{1\alpha} M_{39}}{M_{41}p} & \dfrac{1-\Delta\beta_2}{p} \end{bmatrix}$ | $\begin{bmatrix} 0 \\ \dfrac{\overline{v_2}\beta_2}{M_{41}p} \end{bmatrix}$ | 7, 14 | $\begin{bmatrix} \dfrac{\Delta t\,\beta_0 S_{1\phi1}}{M_{39}p} & 0 \\ 0 & 0 \end{bmatrix}$ | $\begin{bmatrix} \dfrac{1-\Delta\beta_1}{p} & 0 \\ 0 & \dfrac{1-\Delta\beta_2}{p} \end{bmatrix}$ | $\begin{bmatrix} 0 \\ \dfrac{\overline{v_1}\beta_2}{M_{41}p} \end{bmatrix}$ |
| 4, 15 | $\begin{bmatrix} 0 & 0 \\ 0 & 0 \end{bmatrix}$ | $\begin{bmatrix} 0 & 0 \\ 0 & 0 \end{bmatrix}$ | $\begin{bmatrix} \dfrac{\overline{v_1}\beta_1}{M_{39}p} \\ \dfrac{\overline{v_2}\beta_2}{M_{41}p} \end{bmatrix}$ | 8, 16 | $\begin{bmatrix} 0 & 0 \\ 0 & 0 \end{bmatrix}$ | $\begin{bmatrix} 0 & 0 \\ 0 & 0 \end{bmatrix}$ | $\begin{bmatrix} \dfrac{\overline{v_1}\beta_1}{M_{39}p} \\ \dfrac{\overline{v_2}\beta_2}{M_{41}p} \end{bmatrix}$ |

# 第10章 基于行为自动抽取的混杂动态系统诊断

表 10.5 不可辨别模式集合 $\mathscr{L}_{disc}$

| 组 | 不可辨别模式 |
| --- | --- |
| $\mathscr{L}_{v_1}$ | {1,9} |
| $\mathscr{L}_{v_2}$ | {5,10} |
| $\mathscr{L}_{v_3}$ | {2,6,11,12} |
| $\mathscr{L}_{v_4}$ | {3,7,13,14} |
| $\mathscr{L}_{v_5}$ | {4,8,15,16} |

以下故障分布矩阵定义如下：

$$F_{yi}=\begin{bmatrix} 0 & I \end{bmatrix} \quad F_{xi}=\begin{bmatrix} -B_i & I \end{bmatrix}$$

应用等式（10.13），这些矩阵用于为每个不可辨别的模式集生成故障特征矩阵 $FS_{v_i}$。

在算法 1 之后，获得行为自动机 $B$。相应的自动机图已被省略，因为它太大：模式的数量是 $|\overline{\mathscr{L}}|=130$，并且探索的转换的数量是 194。

没有静音闭合的诊断器如图 10.8 所示。生成状态的数量是 $|\mathscr{L}_D|=59$，生成的转换数是 188。使用 DIADES 工具[25]生成诊断程序。假设初始状态是已知的并且是标称上的。

## 10.5.4 增量混合系统诊断

首次应用算法 2，得到初始增量混合模型 $HA_{init}$。

接下来，将算法 1 的增量实现应用于 $HA_{init}$，获得初始增量行为自动机 $B_{init}$（参见图 10.9）。虚线模式对应于评估可辨别性属性而产生的瞬态模式。生成的签名事件是 $\delta_{13}, \delta_{14}, \delta_{12}, \delta_{\mathscr{F}_{v_1}^1}, \delta_{\mathscr{F}_{v_1}^2}, \delta_{\mathscr{F}_{v_1}^3}$。虚线过渡表示目标模式是故障模式。模式 $q_1$ 和 $q_5$ 由可观察事件链接。模式 $q_1$ 和 $q_9$ 之间没有瞬态模式，因为它们是不可辨别的。标记为 $q_i^j$ 的模式对应于那些非结构性故障模式，其中 $i$ 表示其在 $HA^k$ 中的路径，$j$ 与所考虑的非结构性故障相关联。

请注意，$B_{init}$ 包含可能发生的事件。初始诊断器（见图 10.10）是应用 10.3.4 节提到的程序到 $B_{init}$ 中获得的。

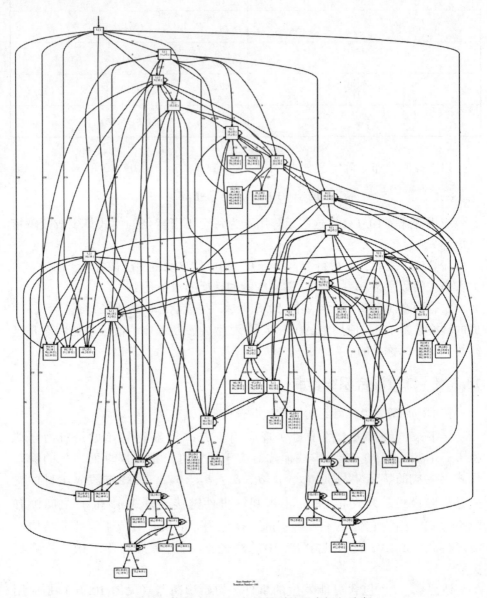

图 10.8 使用 DIADES 工具得到的无声闭包诊断

# 第 10 章 基于行为自动抽取的混杂动态系统诊断

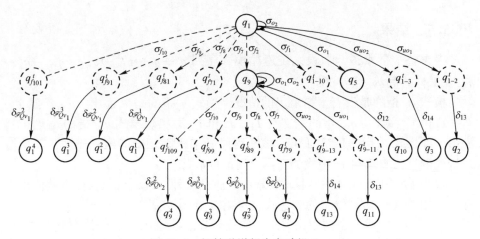

图 10.9 初始递增行为自动机 $B_{\text{init}}$

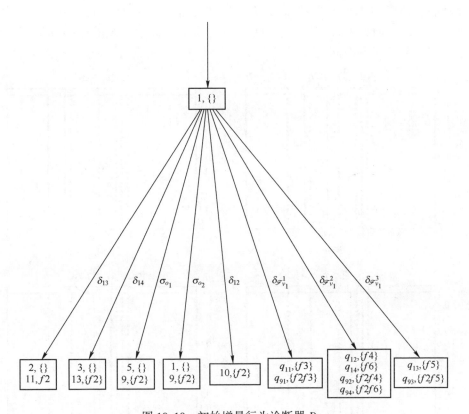

图 10.10 初始增量行为诊断器 $D_{\text{init}}$

### 10.5.5 结果

考虑整个下水道,假设系统遵循模式序列 $q_1 \rightarrow q_3 \rightarrow q_{214} \rightarrow q_{140} \rightarrow q_{211} \rightarrow q_5 \rightarrow q_{885}$,采样时间为 $\Delta t = 300s$。

模式 $q_1$ 指的是没有水箱溢出的情况。模式 $q_3$ 指的是 $T_1$ 溢出。$q_{214}$ 参照 $T_2$, $T_4$, $T_5$ 和 $T_{12}$ 溢出。$q_{140}$ 指的是 $T_2$, $T_4$, $T_5$ 和 $T_{12}$ 溢出。模式 $q_{214}$ 指的是 $T_4$, $T_5$ 溢出,而模式 $q_5$ 指的是 $T_5$ 溢出。诊断程序必须跟踪正确的模式序列,并从增量构建的行为自动机 $B^k$ 中检测并隔离可能的故障。

仅为 $HA^k$ 中访问的模式生成残差集。通过这种方式,可以保证有效使用内存。使用式(10.8)给出的表达式,每组有 10 个残差。

图 10.11 显示了序列中相关模式的残差集。注意当系统保持在此模式时,给定模式的残差与测量值一致。在模拟过程中识别的特征事件如图 10.11 中的垂直虚线所示。事件是这样的:虚拟水箱达到过流状态,虚拟水箱离开过流状态和传感器中的非结构性故障。表 10.6 报告了这些事件。请注意,例如,当系统在时间间隔 [3600s, 3900s] 期间处于模式 $q_3$, $\phi_{67}(k) = 0$ 时,其余的一致性关系与零不同。

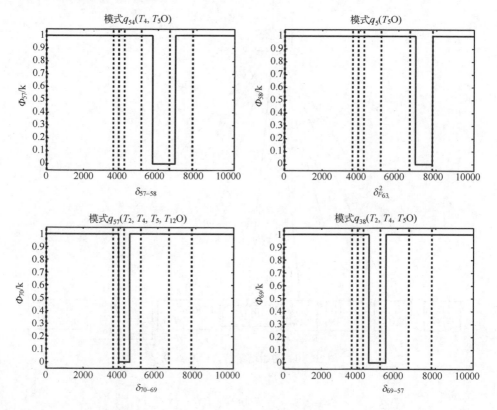

# 第10章 基于行为自动抽取的混杂动态系统诊断

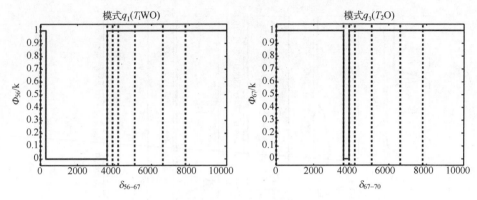

图 10.11 二进制残差

接下来,在 7800s 发生非结构性故障,由诊断器检测到。模式 $q_5$ 的一致性指标集用于隔离故障。根据 $FS_{58}$,观测到的特征为 $[011011000000]^t$,对应于传感器 $L41$ 中的故障(见图 10.12)。最后,混合诊断器停止并报告诊断结果。实际上,在诊断恢复之前,需要修复非结构性故障。

混合诊断器给出的报告如表 10.6 所列。第一列表示 $HA^k$ 中的模式更改,第二列表示已识别的事件。第三列对应于诊断器状态信息和生成的状态总数,第四列表示生成的残差总数。最后两列显示了识别事件的发生时间和检测时间。

表 10.6 模拟场景的混合诊断报告

| 模式变化 | 报告事件 | 当前诊断状态 | 当前时间/s | 检测时间/s |
|---|---|---|---|---|
| 初始模式 $q_1$ | — | $(q_1,\{\})$ | — | — |
| $q_1 \to q_3$ | $\delta_{56-67}$ | $q_3, \{\} q_{21}, \{f_{1b}\}$<br>$q_{36}, \{f_{2b}\} q_{50}, \{f_{3b}\}$ | 3600 | 3600 |
| $q_3 \to q_{214}$ | $\delta_{67-70}$ | $q_{214}, \{\} q_{238}, \{f_{1a}\}$<br>$q_{251}, \{f_{1b}\} q_{264}, \{f_{2b}\}$<br>$q_{274}, \{f_{3a}\}$ | 3900 | 3900 |
| $q_{214} \to q_{140}$ | $\sigma_{70-69}$ | $q_{140}, \{\} q_{166}, \{f_{1a}\}$<br>$q_{179}, \{f_{1b}\}$ | 4200 | 4500 |
| $q_{140} \to q_{211}$ | $\sigma_{69-57}$ | $q_{211}, \{\} q_{248}, \{f_{1b}\}$<br>$q_{261}, \{f_{2b}\} q_{271}, \{f_{3a}\}$ | 5100 | 5400 |
| $q_{211} \to q_5$ | $\sigma_{57-58}$ | $q_5, \{\} q_{23}, \{f_{1b}\}$<br>$q_{38}, \{f_{2b}\} q_{52}, \{f_{3a}\}$ | 6600 | 6900 |
| $q_5 \to q_{885}$<br>故障在 $L_{41} \in \mathscr{F}_{ns}$ | $\delta_{\mathscr{F}_{58}^2}$ | $q_{885}, \{f_8\} q_{889}, \{f_{1b} f_8\}$<br>$q_{913}, \{f_{2b} f_8\} q_{297}, \{f_{3a} f_8\}$ | 7800 | 7800 |

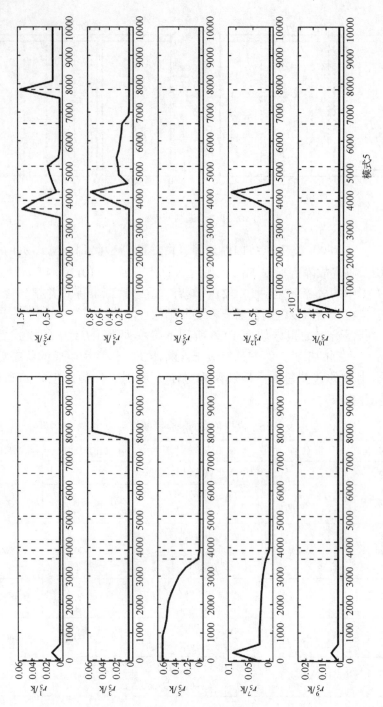

图10.12 当 $f_{41}$ 被检测到时模式 $q_{23}$ 的残差

表 10.7 详细显示了在观察和识别传入事件时如何构建增量自动机 $HA^k$、$B^k$ 和 $D^k$。第一列显示了模拟场景中发生的转换,如表 10.2 所示。第二列显示了每次模式更改时生成的残差数量如何增加。请注意,每次迭代的平均残差数为 130。其余列提供每个自动机的平均模式和状态数。关于 $B^k$,第四列强调了 Sampath 算法在构建诊断程序时必须探索的转换次数。每次迭代在 $HA^k$ 中探索属于 $\mathcal{L}_N$ 和 $\mathcal{L}_{\mathcal{F}_s}$ 的 10~61 种模式。每次迭代在 $HA^k$ 中生成属于 $\mathcal{L}_{\mathcal{F}_s}$ 的 140 种模式。另外,每次迭代计算 81~140 个诊断器状态。

表 10.7 被考虑场景的污水管网的复杂性

| 模式变化 | $\|\Phi^k\|,\|\mathcal{L}_v^k\|$ | $HA^k$ $\|\mathcal{L}_N \cup \mathcal{L}_{\mathcal{F}_s}\|+\|\mathcal{L}_{\mathcal{F}_{ns}}\|$ | $B^k$ $\|\overline{\mathcal{L}}\|(\|\overline{T}\|)$ | $D^k$ $\|\mathcal{L}_D\|$ |
|---|---|---|---|---|
| 初始模式 | 130,13 | 61+42 | 182(199) | 13 |
| $q_1 \to q_3$ | 240,24 | 137+70 | 437(495) | 32+13 |
| $q_3 \to q_{214}$ | 340,34 | 209+70 | 686(791) | 29+45=74 |
| $q_{214} \to q_{140}$ | 540,54 | 347+70 | 1180(1383) | 74+28=102 |
| $q_{140} \to q_{211}$ | 610,61 | 386+42 | 1340(1582) | 102+28=130 |
| $q_{211} \to q_5$ | 690,69 | 431+42 | 1506(1781) | 130+26=156 |
| $q_5 \to q_{885}$ 故障在 $L_{41} \in \mathcal{F}_{ns}$ | 690,69 | 0 | 0 | 156 |
| 总数 | 690,69 | 431+266=697 | 1506(1781) | 156 |

表 10.8 提供了所提出方法的结果与根据文献 [6,31] 的非增量方法获得的结果的比较,突出了所提出方法的优点。可以看出,过程复杂性随着操作模式的数量而增加。因此,非增量方法可能具有非常高的成本。

表 10.8 模拟场景的增量和非增量方法的比较

| 项 目 | 非增量方法 | 增量方法 |
|---|---|---|
| 被探索的模式数量 | 32,768 | 697 |
| 被生成的非结构故障数 | 458,752 | 266 |
| 被计算的诊断状态数 | $2^{32768}$ | 156 |
| 被计算的残差数 | $10 \times 32768 = 327,680$ | 690 |
| 空间计算复杂度 | 指数($O(2^{n_q})$) $n_q$:全局行为自动状态数 | 指数($O(2^{n_q^{nom}})$)/线性($O(2^{n_q^{nom}})$) $n_q^{nom}$:标称模式数 |

从表 10.8 可以看出,增量方法的复杂性远低于标准方法的复杂性。探索和生成模式的数量仍然非常容易处理。

## 10.6 结 论

本章介绍了一种基于行为自动机框架和用于跟踪系统模式的算法的混合

系统诊断方法。所提出的诊断方法能够检测和隔离两种类型的故障：结构性故障和非结构性故障。诊断器使用由每个模式的一组残差生成的一致性指示符提供的模式可辨别性来执行模式识别和识别的任务。已经表明，所提出的混合诊断方法可以以非增量和增量方式操作。在非增量形式中，算法在考虑全局模型的情况下执行。在增量形式中，仅构建诊断程序的有用部分，开发解释传入事件发生所需的分支。因此，所得到的诊断器适应于系统操作模式，并且在存储器存储方面要求低于构建完整的飞行器诊断器。增量方法通过应用于基于巴塞罗那污水管网的代表性部分的案例研究来说明，并将其复杂性与非增量方法进行比较。

所提出的增量方法可以通过离线计算对应于具有最高概率的模式的诊断器的部分，特别是标称模式，并且在必要时构建所提出的其余诊断器。这将实现更好的空间/时间复杂性。

本书提出的应用程序的实现完全是软件，因为采样时间足够大，可以实现实时操作。在采样时间较短的情况下，需要使用硬件或混合硬件/软件实现。这些替代实施架构将成为未来研究工作的一部分。

## 参考文献

［1］Arogeti, A., Wang, D., & Low, C. B. (2010). Mode identification of hybrid systems in the presence of fault. IEEE Transactions on Industrial Electronics, 57 (4), 1452–1467.

［2］Bayoudh, M. (2009). Active Diagnosis of Hybrid Systems Guided by Diagnosability Properties- Application to Autonomous Satellites. PhD thesis, l'Université de Toulouse, Institut National Polytechnique, Toulouse, France.

［3］Bayoudh, M., & Travé-Massuyès, L. (2014). Diagnosability analysis of hybrid systems cast in a discrete-event framework. Discrete Event Dynamic Systems, 24 (3), 309–338.

［4］Bayoudh, M., Travé-Massuyès, L., & Olive, X. (2007). State tracking in the hybrid space. In 18th International Workshop on Principles of Diagnosis (DX-07), May 2007 (pp. 221–228).

［5］Bayoudh, M., Travé-Massuyès, L., & Olive, X. (2008). Coupling continuous and discrete event system techniques for hybrid system diagnosability analysis. In 18th European Conference on Artificial Intelligence (ECAI 2008), July 2008 (pp. 219–223).

［6］Bayoudh, M., Travé-Massuyès, L., & Olive, X. (2008). Hybrid systems diagnosis by coupling continuous and discrete event techniques. In 17th IFAC World Congress (Vol. 41, pp. 7265–7270).

［7］Bayoudh, M., Travé-Massuyès, L., & Olive, X. (2009). On-line analytic redundancy relations instantiation guided by component discrete-dynamics for a class of non-linear hybrid systems. In Proceedings of the Decision and Control Conference CDC/CCC 2009, Shanghai (China) (pp. 6970-6975).

[8] Benazera, E., & Travé-Massuyès, L. (2009). Set-theoretic estimation of hybrid system configurations. IEEE Transactions on Systems, Man and Cybernetics—Part B: Cybernetics, 39 (5), 1277-1291.

[9] Blanke, M., Kinnaert, M., Lunze, J., & Staroswiecki, M. (2006). Diagnosis and fault tolerant control (2nd ed.). New York: Springer.

[10] Blom, H. A. P., & Bar-Shalom, Y. (1988) The interacting multiple model algorithm for systems withMarkovian switching coefficients. IEEE Transactions on Automatic Control, 33, 780-783 (1988).

[11] Bregon, A., Alonso, C., Biswas, G., Pulido, B., & Moya, N. (2012). Fault diagnosis in hybrid systems using possible conflicts. In 8th IFAC Symposium on Fault Detection, Supervision and Safety of Technical Processes (pp. 132-137).

[12] Cassandras, C., & Lafortune, S. (2008). Introduction to discrete event systems. NewYork: Springer.

[13] Chow, E., & Willsky, A. (1984). Analytical redundancy and the design of robust failure detection systems. IEEE Transactions on Automatic Control, 29 (7), 603-614.

[14] Cocquempot, V., Staroswiecki, M., & El Mezyani, T. (2003). Switching time estimation and fault detection for hybrid systems using structured parity residuals. In Proceedings of the 15th IFAC Symposium on Fault Detection, Supervision and Safety of Technical Processes (pp. 681-686).

[15] Daigle, M. (2008). A Qualitative Event-Based Approach to Fault Diagnosis of Hybrid Systems. PhD thesis, Faculty of the Graduate School of Vanderbilt University, Nashville, TN.

[16] de Freitas, N. (2002). Rao-Blackwellised particle filtering for fault diagnosis. In Proceedings of the IEEE Aerospace Conference 2002 (Vol. 4, pp. 1767-1772).

[17] Ding, X., Kinnaert, M., Lunze, J., & Staroswiecki, M. (2008). Model based fault diagnosis techniques. Berlin: Springer.

[18] Georges, J.-P., Theilliol, D., Cocquempot, V., Ponsart, J.-C., & Aubrun, C. (2011). Fault tolerance in networked control systems under intermittent observations. International Journal of Applied Mathematics and Computer Science, 21 (4), 639-648.

[19] Hofbaur, M., & Williams, B. (2004). Hybrid estimation of complex systems. IEEE Transactions on Systems, Man, and Cybernetics—Part B: Cybernetics, 34 (5), 2178-2191.

[20] Krysander, M., Åslund, J., & Nyberg, M. (2008). An efficient algorithm for finding minimal over-constrained sub-systems for model-based diagnosis. IEEE Transactions on Systems, Man, and Cybernetics—Part A: Systems and Humans, 38 (1), 197-206.

[21] Lygeros, J., Henrik, K., & Zhang, J. (2003). Dynamical properties of hybrid automata. IEEE Transactions on Automatic Control, 48, 2-17.

[22] Meseguer, J., Puig, V., & Escobet, T. (2010). Fault diagnosis using a timed discrete-event approach based on interval observers: Application to sewer networks. IEEE Transac-

tions on Systems, Man, and Cybernetics—Part A: Systems and Humans, 40 (5), 900-916.

[23] Meseguer, J., Puig, V., & Escobet, T. (2010). Observer gain effect in linear interval observer-based fault detection. Journal of Process Control, 20 (8), 944-956.

[24] Narasimhan, S., & Biswas, G. (2007). Model-based diagnosis of hybrid systems. IEEE Transactions on Systems, Man and Cybernetics, 37 (3), 348-361.

[25] Pencolé, Y. (2006 - 2015). Diades: Diagnosis of discrete - event systems. http://homepages.laas.fr/ypencole/DiaDes/

[26] Rienmuller, T., Hofbaur, M. W., Travé-Massuyès, L., & Bayoudh, M. (2013). Mode set focused hybrid estimation. International Journal of AppliedMathematics and Computer Science, 23 (1), 13 pp.

[27] Sampath, M., Sengupta, R., & Lafortune, S. (1995). Diagnosability of discrete-event system. IEEE Transactions on Automatic Control, 40 (9), 1555-1575.

[28] Travé-Massuyès, L., Bayoudh, M., & Olive, X. (2008). Hybrid systems diagnosis by coupling continuous and discrete event techniques. In Proceedings of the 17th World Congress, Seoul, Korea, July 2008 (pp. 7265-7270).

[29] Travé-Massuyès, L., Bayoudh, M., & Olive, X. (2009). On-line analytic redundancy relations instantiation guided by component discrete - dynamics for a class of non - linear hybrid systems. In Joint 48th IEEE Conference on Decision and Control and 28th Chinese Control Conference, December 2009, Shanghai, P. R. China (pp. 6970-6975).

[30] Vento, J., Puig, V., & Sarrate, R. (2010). Fault detection and isolation of hybrid system using diagnosers that combine discrete and continuous dynamics. In 2010 Conference on Control and Fault-Tolerant Systems (SysTol), October 2010 (pp. 149-154).

[31] Vento, J., Puig, V., & Sarrate, R. (2011). A methodology for building a fault diagnoser for hybrid systems. In 9th European Workshop on Advance Control and Diagnosis, Budapest, Hungry, November 2011.

[32] Vento, J., Puig, V., & Sarrate, R. (2012). Parity space hybrid system diagnosis under model uncertainty. In 2012 20th Mediterranean Conference on Control Automation (MED), July 2012 (pp. 685-690).

[33] Vento, J., Puig, V., Sarrate, R., & Travé-Massuyès, L. (2012). Fault detection and isolation of hybrid systems using diagnosers that reason on components. IFAC Proceedings Volumes, 45 (20), 1250-1255. 8th IFAC Symposium on Fault Detection, Supervision and Safety of Technical Processes.

[34] Vento, J., Travé-Massuyès, L., Puig, V., & Sarrate, R. (2015). An incremental hybrid system diagnoser automaton enhanced by discernibility properties. IEEE Transactions on Systems, Man, and Cybernetics: Systems, 45 (5), 788-804.

[35] Vento, J., Travé-Massuyès, L., Sarrate, R., & Puig, V. (2013). Hybrid automaton incremental construction for online diagnosis. In International Workshop on Principles of Diagnosis, October 2013 (pp. 186-191).

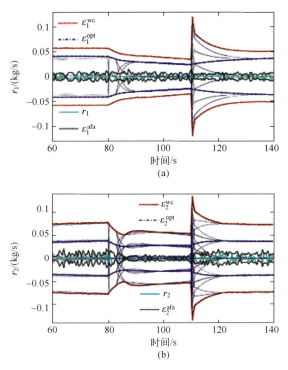

图 3.12 标称运行期间（a）残差 $r_1$ 和（b）残差 $r_2$
与最优自适应阈值以及最差条件自适应阈值的响应

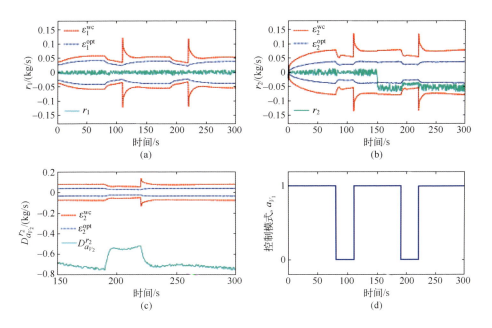

彩 1

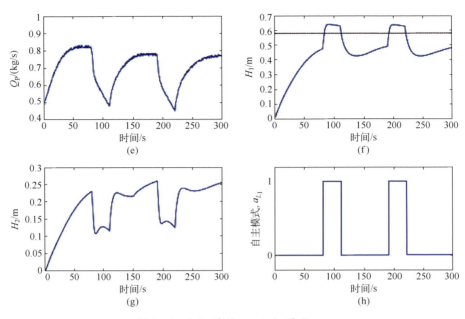

图3.13 （a）残差 $r_1$；（b）残差 $r_2$；（c）在阀 $V_2$ 发生堵塞故障后，$D^{r_2}_{a_{V_2}}$ 使用残差 $r_2$ 及其对 $a_{V_2}$ 的灵敏度的区别对比；（d）受控模式 $a_{V_1}$；（e）输入 $Q_p$；（f）$H_1$；（g）$H_2$；（h）使用测量 $H_1$ 预测自主模式 $a_{L_1}$ 激活情况。

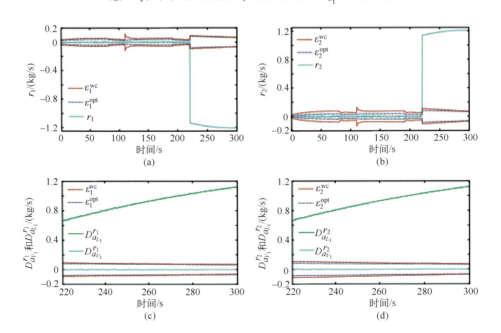

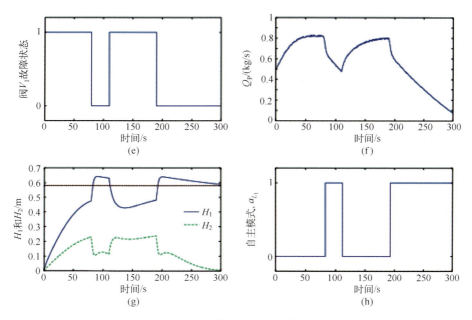

图 3.14 (a) 残差 $r_1$; (b) 残差 $r_2$;
(c, d) 在阀 $V_1$ 出现卡在关闭位置故障后,
$D^{r_1}_{a_{V_1}}$, $D^{r_2}_{a_{V_1}}$ 和 $D^{r_1}_{a_{L_1}}$, $D^{r_2}_{a_{L_1}}$ 使用残差 $r_1$, $r_2$ 及其对 $a_{V_1}$, $a_{L_1}$ 的
灵敏度的区别对比;(e) 阀 $V_1$ 故障状态;(f) 输入 $Q_p$;(g) $H_1$ 和 $H_2$;
(h) 使用测量 $H_1$ 预测自主模式 $a_{L_1}$ 的激活情况。

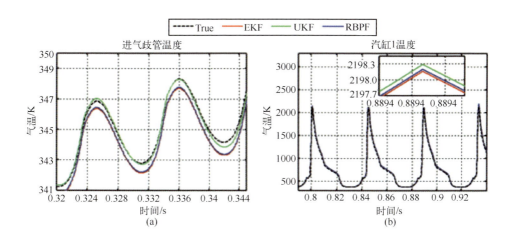

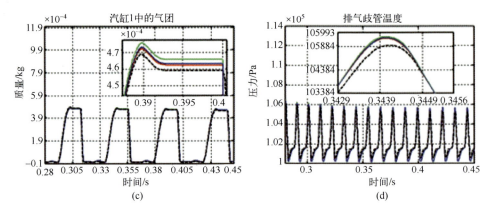

图 7.3 自适应 $Q$ 和 $R$ 矩阵下不同估计量的发动机状态估计结果：
（a）进气歧管（IM）温度；（b）汽缸 1 温度；
（c）汽缸 1 中的空气质量；（d）排气歧管（EM）压力。

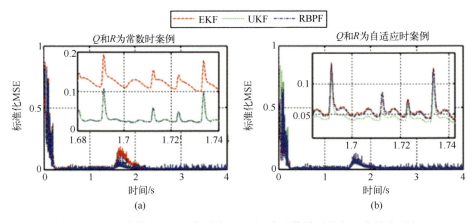

图 7.4 （a）常数和（b）自适应 $Q/R$ 矩阵下估计量的归一化均方误差

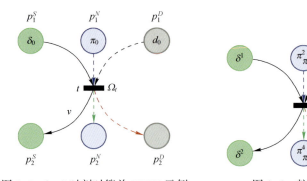

图 9.3 $k=0$ 时刻时简单 HPPN 示例　　图 9.4 粒子簇描述